普通高等学校公共基础类“互联网+”系列教材

物理学教程

（上册）

主　编　丛红璐　刘雪华

副主编　王林杰　王健莹　于　娜

参编者　张巧巧　史伟伟

北京交通大学出版社

·北京·

内 容 简 介

本书是编者根据教育部颁布的《理工科类大学物理课程教学基本要求》(2023 年版)，在总结多年教学经验的基础上编写而成的。

本书分上、下两册，上册主要内容有质点运动学、质点动力学、刚体和流体的运动、机械振动与机械波、气体动理论和热力学基础。本书每章配有本章小结、习题和习题参考答案，附录介绍了矢量的基本运算、国际单位制的基本单位、常用的基本物理常量和重要的物理参数、历年诺贝尔物理学奖获得者等。

本书可作为高等学校理工科非物理类专业的大学物理课程教材，也可作为农林院校各专业的大学物理课程教材和参考书。

图书在版编目（CIP）数据

物理学教程. 上册 / 丛红璐，刘雪华主编. -- 北京 : 北京交通大学出版社，2025. 1.
(2026.3 重印) -- ISBN 978-7-5121-5465-0

Ⅰ. O4

中国国家版本馆 CIP 数据核字第 20252FT507 号

物理学教程（上册）
WULIXUE JIAOCHENG（SHANG CE）

策划编辑：刘建明　　责任编辑：刘　蕊
出版发行：北京交通大学出版社　　电话：010-51686414　　http://www.bjtup.com.cn
地　　址：北京市海淀区高梁桥斜街 44 号　　邮编：100044
印 刷 者：北京华宇信诺印刷有限公司
经　　销：全国新华书店
开　　本：185 mm×260 mm　　印张：15　　字数：355 千字
版 印 次：2025 年 1 月第 1 版　　2026 年 3 月第 4 次印刷
定　　价：49.00 元

本书如有质量问题，请向北京交通大学出版社质监组反映。对您的意见和批评，我们表示欢迎和感谢。
投诉电话：010-51686043，51686008；传真：010-62225406；E-mail：press@bjtu.edu.cn。

前 言

物理学是研究物质的基本结构、基本运动形式、相互作用及其转化规律的自然科学，是其他自然科学和工程技术的基础，物理学的研究方法对其他学科的研究有指导作用。

以物理学为内容的大学物理课程，是高等学校理工科各专业学生必修的一门通识性基础课。该课程所教授的基本概念、基本理论和基本方法是构成学生科学素养的重要组成部分，是一个科学工作者和工程技术人员必备的。该课程在帮助学生树立科学的世界观，增强学生分析问题和解决问题的能力，培养学生的探索精神和创新意识等方面，具有其他课程不能替代的重要作用。

为适应高等教育新形势下大学物理课程改革和发展的需要，编者根据教育部颁布的《理工科类大学物理课程教学基本要求》（2023 年版），在总结多年教学经验的基础上编写了这本教材。

本书在内容上简明扼要，深入浅出，在讲述物理基础理论的基础上，加强对高新技术、前沿科学知识的介绍。在物理公式推导上，不刻意追求复杂的推导过程，力求用通俗易懂的语言来阐述物理公式的内涵，并用许多实例来解释物理现象和物理规律。本书配备的习题内容涵盖面广，难易程度适中，题目类型齐全，具有很强的实用性。

本书分上、下两册，共 5 篇。上册主要内容有质点运动学、质点动力学、刚体和流体的运动、机械振动与机械波、气体动理论和热力学基础。下册主要内容有静电场、恒定磁场、电磁感应与电磁波、波动光学、狭义相对论和量子物理基础。书中每章配有本章小结、习题和习题参考答案，附录介绍了矢量的基本运算、国际单位制的基本单位、常用的基本物理常量和重要的物理参数、历年诺贝尔物理学奖获得者等，方便读者查阅。书中带“*”符号的章节为选学内容。本书的习题配有详细的解答过程，供读者学习时参考。本书为贯彻落实立德树人根本任务，融入课程思政元素，内容包括我国物理学领域取得的重大成果、中国传统文化中的物理学等。

本书由丛红璐、刘雪华主编。编写分工如下：丛红璐编写了第 1 章、第 2 章、第 3 章、第 7 章、第 8 章、第 9 章，并负责全书的整理、统稿和最终审核工作；王林杰编写了第 4 章；王健莹编写了第 5 章，第 7 章、第 8 章和第 9 章的小结；于娜编写了第 6 章；赵玉娜编写了第 10 章；成爽编写了第 11 章；刘雪华编写了第 12 章，并对全书的内容和习题详解进行了初步审核；张巧巧编写了附录和第 10 章的小结；史伟伟编写了第 1 章、第 2 章、第 3 章、第 11 章和第 12 章的小结。

本书凝聚了很多未能直接参加本书编写工作的老师们多年的辛勤劳动，本书的编写得到了学校、教务处和学院领导的大力支持与帮助，在此一并表示感谢。

由于编者水平有限，书中难免存在一些错误和不妥之处，恳请读者批评指正。

编　者

2024 年 12 月

目　录

第1篇　力　学

第 2 篇　热　学

第1篇　力　　学

力学是物理学中最古老的学科。在西方，力学可追溯到公元前 4 世纪古希腊学者柏拉图（Plato，Πλατών，前 427—前 347）认为圆运动是天体最完美的运动和亚里士多德（Aristotle，前 384—前 322）关于力产生运动的说法；在中国，力学可以追溯到公元前 5 世纪《墨经》中关于杠杆原理的论述。力学成为一门科学理论始于 17 世纪伽利略（Galileo Galilei，1564—1642）论述惯性运动，继而牛顿（Isaac Newton，1643—1727）提出了后来以他的名字命名的三个运动定律。

以牛顿定律为基础的力学理论称为牛顿力学或经典力学，它曾经被誉为完美普遍的理论，兴盛了约 300 年。直到 20 世纪初才发现经典力学在高速和微观领域具有局限性，这两个领域后来分别被相对论和量子力学所取代，但在一般的技术领域，如机械制造、土木建筑、水利设施、航空航天等，经典力学仍然是重要的基础理论。

本篇主要讲述质点运动学、质点动力学、刚体和流体的运动和机械振动与机械波，主要介绍牛顿三定律和直接利用它们对力学问题进行动力学分析的方法，动量、角动量、能量等概念和相应的守恒定律及其应用等内容。

第1章 质点运动学

机械运动研究的是一个物体相对于另一个物体的位置，或物体内部的一部分相对于其他部分的位置随时间的变化关系，并不追究运动发生的原因。本章主要介绍描述质点做机械运动的物理量，如位置矢量、位移、速度和加速度等，讨论这些物理量随时间的变化以及相互关系，讨论曲线运动中的切向加速度和法向加速度，介绍相对运动。

1.1 参考系、坐标系、质点

1.1.1 运动的绝对性和相对性

宇宙中一切物体都在不停地运动，绝对静止的物体是没有的。在观察一个物体的位置及位置的变化时，总要涉及和其他物体的相互关系，所以要选取其他物体作为参考，选取的参考物不同，对物体运动情况的描述也就不同，这就是**运动描述的相对性**。例如，当我们说一列火车开动了，这显然是指火车相对于车站而言的；相对于火车里的人而言，火车却是静止的。正如恩格斯所说："单个物体的运动是不存在的，只有在相对的意义下才可以谈运动。"

1.1.2 参考系

为描述物体的运动而选的参考物叫作**参考系**。参考系的选择是任意的，但不同的参考系对同一物体运动情况的描述是不同的。例如，在匀速直线运动的车厢中自由下落的物体，相对于车厢是做直线运动；相对于地面却是做抛物线运动。因此，在描述物体的运动情况时，必须指明是对什么参考系而言的。参考系的选择是任意的，通常以对问题的研究最方便、最简单为原则，在讨论地面上物体的运动时，通常选地球作为参考系。在讨论从地球上发射人造卫星等情况时，通常选择太阳为参考系。

1.1.3 坐标系

为了把物体相对参考系的运动定量地表示出来，需要在参考系上建立适当的坐标系。一般在参考系上选定一点作为坐标原点，取通过坐标原点并标有长度的线作为坐标轴。常用的坐标系有直角坐标系、自然坐标系、极坐标系、球面坐标系和柱面坐标系等。

1.1.4 质点

任何物体都有一定的大小、形状、质量和内部结构。当物体的形状、大小与所研究的问题无关，或者对运动的影响很小，可以忽略不计时，可以近似地把物体看成一个具有一定质量、能量等某些物理属性而没有形状和大小的理想物体，称为**质点**。

质点是经过科学抽象而形成的理想模型。物体能否被视为质点并不是绝对的，要具体问题具体分析。当物体的线度比它运动的空间范围小很多时，通常物体可视为质点。例如，研究地球绕太阳的公转时，由于地球的平均半径（约为 6.4×10^3 km）比地球到太阳的距离（约为 1.5×10^8 km）小得多，这时可将地球当作一个质点。当研究地球的自转时，如果仍把地球看作一个质点，将无法解决实际问题。

如果一个物体既不转动也不变形，只有平动，则物体上各点的运动情况（轨迹、速度、加速度）必然相同，此时整个物体的运动情况可用物体上任一点的运动来代表。因此当一个物体只发生平动时，也可将物体视为质点。

当一个物体不能视为质点时，可以把整个物体看作由无数质点构成的**质点系**，分析这些质点的运动情况，就有可能了解整个物体的运动规律。从理论上说，研究质点运动的规律也是研究物体运动的基础。

就物体的一般运动而言，虽然物体各部分的运动可能不同，但如果将物体分割成许多足够微小的部分，总可以使每一部分内部各点的运动情况基本相同，从而可将这些微小部分视为质点处理，通过分析这些质点的运动就能分析出整个物体的运动情况，因此分析质点的运动是研究实际物体复杂运动的基础。在本书有关力学的各章中，除刚体与流体的运动外，都是把物体当作质点来处理的。

1.1.5 国际单位制和量纲

物理量的单位制有很多种，这不仅给工农业生产、人民生活带来了诸多不便，而且也不规范。1984 年，我国国务院颁布实行以国际单位制（SI）为基础的法定计量单位。

国际单位制的 7 个**基本量**为质量、长度、时间、电流、热力学温度、物质的量、发光强度，其相应**基本单位**为千克（kg）、米（m）、秒（s）、安培（A）、开尔文（K）、摩尔（mol）、坎德拉（cd）。

非基本量可根据定义或物理定律用基本量来导出，从基本量导出的量称为**导出量**，相应的单位称为**导出单位**。

按照上述基本量和基本单位的规定，速度的单位为米每秒，符号为 m/s；角速度的单位为弧度每秒，符号为 rad/s；力的单位名称为牛顿，简称牛，符号为 N，$1\ \text{N}=1\ \text{kg}\cdot\text{m/s}^2$。

因为导出量是由基本量导出的，所以导出量可用基本量的某种组合表示。这种由基本量的组合来表示物理量的式子称为该物理量的**量纲式**。如果用 L、M 和 T 分别表示长度、质量和时间的量纲，则其他物理量 Q 的量纲式可表示为

$$\dim Q = \mathrm{L}^{\alpha}\mathrm{M}^{\beta}\mathrm{T}^{\gamma}$$

其中，α、β 和 γ 称为量纲指数，通常把上式右端 $\mathrm{L}^{\alpha}\mathrm{M}^{\beta}\mathrm{T}^{\gamma}$ 称为左端物理量 Q 的量纲。例如，速度的量纲是 LT^{-1}，角速度的量纲是 T^{-1}，力的量纲是 MLT^{-2}，等等。

量纲服从的规律叫作**量纲法则**，它在科学研究中具有重要作用。例如，因为只有量纲相同的量才能相加减或用等号连接，所以只要考查等式两端各项量纲是否相同，就可初步校验等式的正确性；量纲法则可为探索复杂的物理规律提供线索；量纲法则还可以用于单位换算。

1.2 位置矢量、位移、速度、加速度

1.2.1 位置矢量

为了描述质点的运动，在参考系中任选一固定点 O 作为坐标原点。如图 1-2-1 所示，设 t 时刻，质点位于 P 点，从坐标原点向质点的位置引一有向线段 $\boldsymbol{OP}$，记作 $\boldsymbol{r}$，则 $\boldsymbol{r}$ 称为质点的**位置矢量**，简称**位矢**。位矢 $\boldsymbol{r}$ 从 O 点指向 P 点，它既指明了质点相对于坐标原点 O 的空间方位，也指明了质点到坐标原点的空间距离。

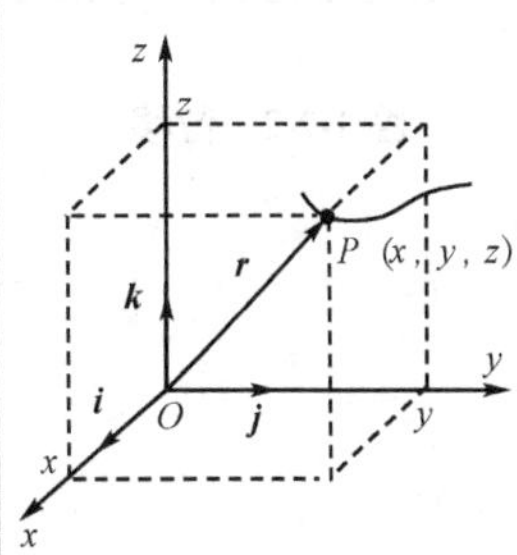

图 1-2-1 位置矢量

在图 1-2-1 所示的直角坐标系中，设 t 时刻质点位置为 $P(x,y,z)$，则它的位置矢量可表示为

$$\boldsymbol{r} = x\boldsymbol{i} + y\boldsymbol{j} + z\boldsymbol{k} \tag{1-2-1}$$

式中 $\boldsymbol{i}$、$\boldsymbol{j}$、$\boldsymbol{k}$ 分别表示沿 x、y、z 三个坐标轴正方向的单位矢量。

若用 r 表示位置矢量 $\boldsymbol{r}$ 的大小，则有

$$r = |\boldsymbol{r}| = \sqrt{x^2 + y^2 + z^2} \tag{1-2-2}$$

当质点运动时，它相对坐标原点 O 的位置矢量 $\boldsymbol{r}$ 是随时间变化的，因此 $\boldsymbol{r}$ 是时间的函数，在直角坐标系中可以写成

$$\boldsymbol{r} = \boldsymbol{r}(t) = x(t)\boldsymbol{i} + y(t)\boldsymbol{j} + z(t)\boldsymbol{k} \tag{1-2-3}$$

上式称为**质点的运动方程**。

质点的运动方程也可写成分量形式，即

$$x = x(t),\quad y = y(t),\quad z = z(t) \tag{1-2-4}$$

消去式（1-2-4）中的时间 t，即可得到质点的**轨迹方程**。

例 1-2-1 已知质点的运动方程为 $\boldsymbol{r} = a\cos\omega t\boldsymbol{i} + b\sin\omega t\boldsymbol{j}$，求质点的轨迹方程。

解 将质点的运动方程写成分量形式

$$x = a\cos\omega t,\quad y = b\sin\omega t$$

消去分量形式中的时间 t，得到质点的轨迹方程为

$$\frac{x^2}{a^2} + \frac{y^2}{b^2} = 1$$

质点的轨迹是一个以（0, 0）为中心，a 和 b 为半轴的椭圆。

1.2.2 位移

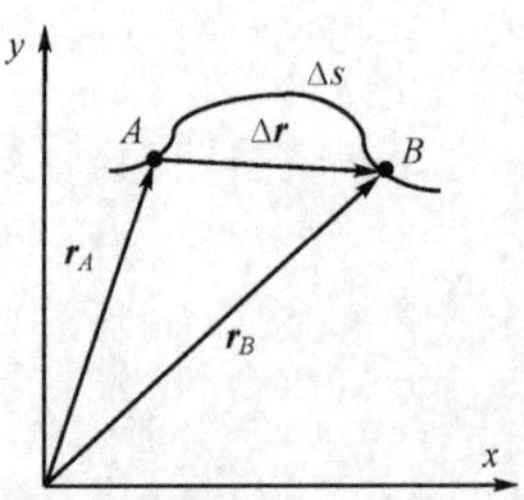

图 1-2-2 位移

如图 1-2-2 所示，质点沿任意曲线运动，在 t 时刻和 $t+\Delta t$ 时刻质点分别位于点 A 和点 B，两点的位置矢量分别为 $\boldsymbol{r}_A$ 和 $\boldsymbol{r}_B$。显然，在时间间隔 Δt 内，位置矢量的长度和方向都发生了变化。我们将由起点 A 指向终点 B 的有向线段 $\Delta\boldsymbol{r}$ 称为点 A 到点 B 的**位移矢量**，简称**位移**。

位移是矢量，它是描述物体位置变化的物理量。其方向表示 B 点相对于 A 点的空间方位，其大小 $|\Delta\boldsymbol{r}|$ 表示 A 点到 B 点的直线距离。从图 1-2-2 中可以看到 A 点到 B 点的位移为

$$\Delta\boldsymbol{r} = \boldsymbol{r}_B - \boldsymbol{r}_A \tag{1-2-5}$$

在直角坐标系中，若 A 点和 B 点的位置矢量写为

$$\boldsymbol{r}_A = x_A\boldsymbol{i} + y_A\boldsymbol{j} + z_A\boldsymbol{k},\quad \boldsymbol{r}_B = x_B\boldsymbol{i} + y_B\boldsymbol{j} + z_B\boldsymbol{k}$$

则位移表达式为

$$\Delta\boldsymbol{r} = \boldsymbol{r}_B - \boldsymbol{r}_A = (x_B - x_A)\boldsymbol{i} + (y_B - y_A)\boldsymbol{j} + (z_B - z_A)\boldsymbol{k} \tag{1-2-6}$$

位移的大小为

$$|\Delta \boldsymbol{r}| = |\boldsymbol{r}_B - \boldsymbol{r}_A| = \sqrt{(x_B - x_A)^2 + (y_B - y_A)^2 + (z_B - z_A)^2} \quad (1\text{-}2\text{-}7)$$

如图 1-2-3 所示，位移的模只能记作$|\Delta \boldsymbol{r}|$，不能记作Δr，Δr通常表示两个位置矢量模的增量，即$\Delta r = |\boldsymbol{r}_B| - |\boldsymbol{r}_A|$，而位移的模$|\Delta \boldsymbol{r}| = |\boldsymbol{r}_B - \boldsymbol{r}_A|$表示位置矢量增量的模，通常情况下$|\Delta \boldsymbol{r}| \neq \Delta r$。

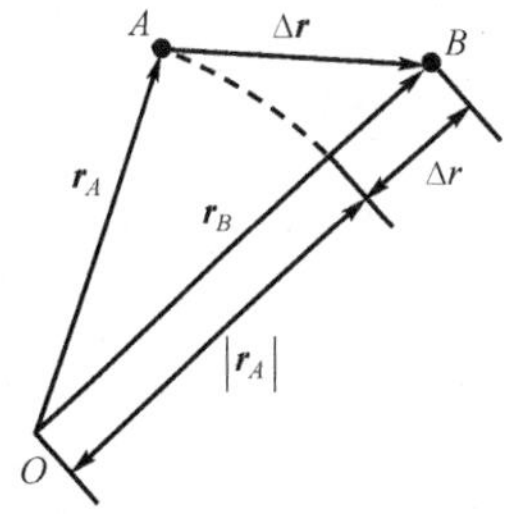

图 1-2-3　位移的大小

注意：位移表示物体位置的改变，并非质点所经历的路程。路程是标量，是在Δt时间内质点运动轨迹的长度，图 1-2-2 中质点的路程为曲线AB的长度，通常记为Δs。一般情况下$|\Delta \boldsymbol{r}| \neq \Delta s$，只有当$\Delta t$趋近于零时，才有$|\mathrm{d}\boldsymbol{r}| = \mathrm{d}s$；即使当$\Delta t$趋近于零时，位移的模$|\mathrm{d}\boldsymbol{r}|$与$\mathrm{d}r$依然不等，即$|\mathrm{d}\boldsymbol{r}| \neq \mathrm{d}r$。在国际单位制中，位移和路程的单位为米，符号为 m。

1.2.3　速度

1. 平均速度

在力学中，只有当质点的位置矢量和速度同时被确定，质点的运动状态才能被确定。设在Δt时间内，质点的位移为$\Delta \boldsymbol{r}$，把位移$\Delta \boldsymbol{r}$与时间Δt的比值，称为质点在时间间隔Δt内的**平均速度**，即

$$\overline{\boldsymbol{v}} = \frac{\Delta \boldsymbol{r}}{\Delta t} \quad (1\text{-}2\text{-}8)$$

平均速度$\overline{\boldsymbol{v}}$是矢量，其方向与$\Delta \boldsymbol{r}$的方向相同，平均速度的大小与时间$\Delta t$内单位时间的位移大小相同。

在直角坐标系下，由式（1-2-6）可知

$$\Delta \boldsymbol{r} = \Delta x\boldsymbol{i} + \Delta y\boldsymbol{j} + \Delta z\boldsymbol{k} \quad (1\text{-}2\text{-}9)$$

平均速度可写为

$$\overline{\boldsymbol{v}} = \frac{\Delta \boldsymbol{r}}{\Delta t} = \frac{\Delta x}{\Delta t}\boldsymbol{i} + \frac{\Delta y}{\Delta t}\boldsymbol{j} + \frac{\Delta z}{\Delta t}\boldsymbol{k} = \overline{v}_x\boldsymbol{i} + \overline{v}_y\boldsymbol{j} + \overline{v}_z\boldsymbol{k}$$

其中，$\overline{v}_x$、$\overline{v}_y$和$\overline{v}_z$分别是平均速度$\overline{\boldsymbol{v}}$在$x$轴、$y$轴和$z$轴上的分量。

2. 瞬时速度

在Δt时间内，质点各个时刻的运动情况不一定相同，质点的运动速度和方向可能发生变化，平均速度不能精确地反映质点某一时刻的运动特点。若要得到质点在某一时刻或某一位置的速度，需要用质点的瞬时速度进行描述。

当Δt趋近于零时，质点平均速度的极限叫作质点在t时刻的**瞬时速度**，简称**速度**，用$\boldsymbol{v}$表示，即

$$\boldsymbol{v} = \lim_{\Delta t \to 0} \frac{\Delta \boldsymbol{r}}{\Delta t} = \frac{\mathrm{d}\boldsymbol{r}}{\mathrm{d}t} \quad (1\text{-}2\text{-}10)$$

显然，**速度等于位置矢量对时间的一阶导数**。

速度的方向为$\Delta t \to 0$时，平均速度$\Delta \boldsymbol{r}/\Delta t$或位移$\Delta \boldsymbol{r}$的极限方向，即沿质点所在处轨道的切线方向，并指向质点前进的一方。

在直角坐标系下，瞬时速度可写为

$$\boldsymbol{v}=\frac{\mathrm{d}\boldsymbol{r}}{\mathrm{d}t}=\frac{\mathrm{d}x}{\mathrm{d}t}\boldsymbol{i}+\frac{\mathrm{d}y}{\mathrm{d}t}\boldsymbol{j}+\frac{\mathrm{d}z}{\mathrm{d}t}\boldsymbol{k}=v_x\boldsymbol{i}+v_y\boldsymbol{j}+v_z\boldsymbol{k} \tag{1-2-11}$$

其中v_x、v_y和v_z分别是速度$\boldsymbol{v}$在x轴、y轴和z轴上的投影。而$\boldsymbol{v}_x$、$\boldsymbol{v}_y$和$\boldsymbol{v}_z$是矢量，表示速度$\boldsymbol{v}$在x轴、y轴和z轴上的**分速度**。

3. 速率

把质点经过的路程Δs与时间Δt的比值，定义为质点在时间Δt内的**平均速率**，用符号$\overline{v}$表示，即

$$\overline{v}=\frac{\Delta s}{\Delta t} \tag{1-2-12}$$

注意：平均速度$\overline{\boldsymbol{v}}$与平均速率$\overline{v}$的区别如下。

（1）平均速度$\overline{\boldsymbol{v}}$是矢量，其方向就是位移$\Delta \boldsymbol{r}$的方向，而平均速率$\overline{v}$是标量。

（2）平均速度$\overline{\boldsymbol{v}}$和平均速率$\overline{v}$在数值上一般不相等。例如，质点沿闭合曲线运动一周，质点的位移为零，平均速度也为零，但质点的路程不为零，平均速率不为零。

在$\Delta t \to 0$的极限条件下，图 1-2-2 中曲线AB的长度Δs与直线AB的长度$|\Delta \boldsymbol{r}|$相等，即在$\Delta t \to 0$时，$\mathrm{d}s=|\mathrm{d}\boldsymbol{r}|$，所以质点在$t$时刻的**瞬时速率**（简称**速率**）表示为

$$v=\lim_{\Delta t\to 0}\frac{\Delta s}{\Delta t}=\frac{\mathrm{d}s}{\mathrm{d}t}=\frac{|\mathrm{d}\boldsymbol{r}|}{\mathrm{d}t}=|\boldsymbol{v}| \tag{1-2-13}$$

即瞬时速率就是瞬时速度的模。

在直角坐标系中，由式（1-2-11）可知，速率表示为

$$v=|\boldsymbol{v}|=\sqrt{v_x^2+v_y^2+v_z^2} \tag{1-2-14}$$

在国际单位制中，速度和速率的单位均为米每秒，符号为 m/s。

1.2.4 加速度

在变速运动中，物体速度的大小和方向都有可能随时间发生变化。**加速度**是描述质点运动速度的大小和方向随时间变化快慢的物理量。

1. 平均加速度

图 1-2-4 速度的增量

如图 1-2-4 所示，t时刻质点位于A点，速度为$\boldsymbol{v}_A$，$t+\Delta t$时刻质点运动到B点，速度为$\boldsymbol{v}_B$。在Δt时间内，质点速度的增量为

$$\Delta \boldsymbol{v}=\boldsymbol{v}_B-\boldsymbol{v}_A$$

质点速度增量 $\Delta\boldsymbol{v}$ 与其经历的时间 Δt 之比，称为这段时间内质点运动的**平均加速度**，用 $\boldsymbol{a}$ 表示，即

$$\overline{\boldsymbol{a}}=\frac{\Delta \boldsymbol{v}}{\Delta t} \tag{1-2-15}$$

2. 瞬时加速度

为了精确地描述质点速度的变化，须引入瞬时加速度。当 Δt 趋近于零时，质点平均加速度的极限称为质点在 t 时刻的**瞬时加速度**，简称**加速度**，用 $\boldsymbol{a}$ 表示，即

$$\boldsymbol{a}=\lim_{\Delta t\to 0}\frac{\Delta \boldsymbol{v}}{\Delta t}=\frac{\mathrm{d}\boldsymbol{v}}{\mathrm{d}t}=\frac{\mathrm{d}^2\boldsymbol{r}}{\mathrm{d}t^2} \tag{1-2-16}$$

式（1-2-16）表明：**质点的加速度等于速度对时间的一阶导数，或位置矢量对时间的二阶导数。**

在直角坐标系中，加速度可表示为

$$\begin{aligned}\boldsymbol{a}&=\frac{\mathrm{d}^2\boldsymbol{r}}{\mathrm{d}t^2}=\frac{\mathrm{d}^2x}{\mathrm{d}t^2}\boldsymbol{i}+\frac{\mathrm{d}^2y}{\mathrm{d}t^2}\boldsymbol{j}+\frac{\mathrm{d}^2z}{\mathrm{d}t^2}\boldsymbol{k}\\&=\frac{\mathrm{d}v_x}{\mathrm{d}t}\boldsymbol{i}+\frac{\mathrm{d}v_y}{\mathrm{d}t}\boldsymbol{j}+\frac{\mathrm{d}v_z}{\mathrm{d}t}\boldsymbol{k}\\&=a_x\boldsymbol{i}+a_y\boldsymbol{j}+a_z\boldsymbol{k}\end{aligned} \tag{1-2-17}$$

式中 $a_x=\frac{\mathrm{d}v_x}{\mathrm{d}t}=\frac{\mathrm{d}^2x}{\mathrm{d}t^2}$，$a_y=\frac{\mathrm{d}v_y}{\mathrm{d}t}=\frac{\mathrm{d}^2y}{\mathrm{d}t^2}$，$a_z=\frac{\mathrm{d}v_z}{\mathrm{d}t}=\frac{\mathrm{d}^2z}{\mathrm{d}t^2}$ 称为加速度在 x 轴、y 轴和 z 轴上的分量。

加速度的大小为

$$a=|\boldsymbol{a}|=\sqrt{a_x^2+a_y^2+a_z^2} \tag{1-2-18}$$

加速度的方向为当 $\Delta t\to 0$ 时，平均加速度 $\Delta\boldsymbol{v}/\Delta t$ 的极限方向或速度增量 $\Delta\boldsymbol{v}$ 的极限方向。

在国际单位之中，加速度的单位为米每二次方秒，符号为 $\mathrm{m/s^2}$。

例 1-2-2 一质点在 Oxy 平面上运动，其运动方程的分量形式为 $x=3t+5$，$y=0.5t^2+3t-4$，式中 t 的单位是 s，x 和 y 的单位是 m。（1）分别求出 $t=1\,\mathrm{s}$ 时刻和 $t=2\,\mathrm{s}$ 时刻的位置矢量，并计算这 1 s 内质点的位移；（2）求 $t=0\,\mathrm{s}$ 时刻到 $t=4\,\mathrm{s}$ 时刻内的平均速度；（3）求出质点速度矢量表达式，并计算 $t=4\,\mathrm{s}$ 时质点的速度；（4）求 $t=0\,\mathrm{s}$ 到 $t=4\,\mathrm{s}$ 内质点的平均加速度；（5）求质点加速度矢量的表达式，并计算 $t=4\,\mathrm{s}$ 时质点的加速度。

解 （1）质点位置矢量表达式（运动方程的矢量形式）为

$$\boldsymbol{r}=(3t+5)\boldsymbol{i}+(0.5t^2+3t-4)\boldsymbol{j}\ \text{（m）}$$

将 $t=1\,\mathrm{s}$ 和 $t=2\,\mathrm{s}$ 分别代入上式，有

$$\boldsymbol{r}_1=8\boldsymbol{i}-0.5\boldsymbol{j}\ \text{（m）}$$

$$\boldsymbol{r}_2 = 11\boldsymbol{i} + 4\boldsymbol{j} \text{（m）}$$

这 1 s 内的位移为

$$\Delta\boldsymbol{r} = \boldsymbol{r}_2 - \boldsymbol{r}_1 = 3\boldsymbol{i} + 4.5\boldsymbol{j} \text{（m）}$$

（2）$t=0\,\text{s}$，$t=4\,\text{s}$ 质点的位置矢量分别为

$$\boldsymbol{r}_0 = 5\boldsymbol{i} - 4\boldsymbol{j} \text{（m）}$$

$$\boldsymbol{r}_4 = 17\boldsymbol{i} + 16\boldsymbol{j} \text{（m）}$$

所以平均速度为

$$\overline{\boldsymbol{v}} = \frac{\Delta\boldsymbol{r}}{\Delta t} = \frac{\boldsymbol{r}_4 - \boldsymbol{r}_0}{4-0} = \frac{12\boldsymbol{i} + 20\boldsymbol{j}}{4} = 3\boldsymbol{i} + 5\boldsymbol{j} \text{（m/s）}$$

（3）根据速度的定义有

$$\boldsymbol{v} = \frac{\mathrm{d}\boldsymbol{r}}{\mathrm{d}t} = 3\boldsymbol{i} + (t+3)\boldsymbol{j} \text{（m/s）}$$

则 $t=4\,\text{s}$ 时质点的速度为

$$\boldsymbol{v}_4 = 3\boldsymbol{i} + 7\boldsymbol{j} \text{（m/s）}$$

（4）$t=0\,\text{s}$，$t=4\,\text{s}$ 质点的速度为

$$\boldsymbol{v}_0 = 3\boldsymbol{i} + 3\boldsymbol{j} \text{（m/s）}$$

$$\boldsymbol{v}_4 = 3\boldsymbol{i} + 7\boldsymbol{j} \text{（m/s）}$$

所以质点的平均加速度为

$$\overline{\boldsymbol{a}} = \frac{\Delta\boldsymbol{v}}{\Delta t} = \frac{\boldsymbol{v}_4 - \boldsymbol{v}_0}{4} = \frac{4}{4}\boldsymbol{j} = 1\boldsymbol{j} \text{（m/s}^2\text{）}$$

（5）根据加速度的定义有

$$\boldsymbol{a} = \frac{\mathrm{d}\boldsymbol{v}}{\mathrm{d}t} = 1\boldsymbol{j} \text{（m/s}^2\text{）}$$

所以该质点的加速度方向沿 y 轴正向，大小恒为 1 m/s^2。

1.3 曲线运动的描述

1.3.1 自然坐标系

加速度是矢量，其方向是当 $\Delta t \to 0$ 时，平均加速度 $\Delta\boldsymbol{v}/\Delta t$ 的极限方向或速度增量 $\Delta\boldsymbol{v}$ 的极限方向，而不是速度的方向。如图 1-3-1 所示，质点做曲线运动时，加速度的方向一般与速度的方向不同，当两者成钝角时，速率减小；成锐角时，速率增大；成直角时，速率不变。从图 1-3-1

中可以看出，质点做曲线运动时，质点加速度的方向总是指向曲线的凹侧。

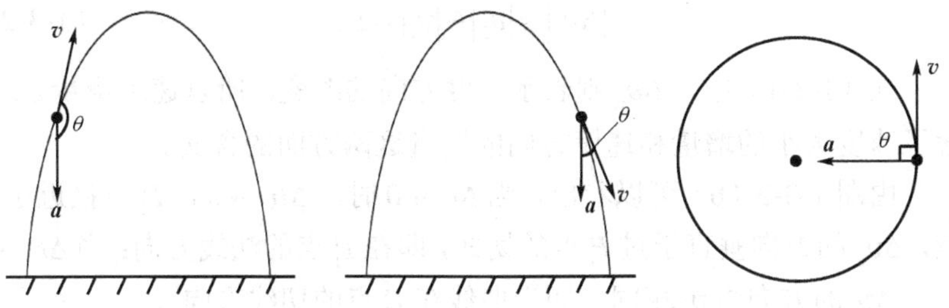

（a）$\boldsymbol{a}$ 与 $\boldsymbol{v}$ 成钝角　（b）$\boldsymbol{a}$ 与 $\boldsymbol{v}$ 成锐角　（c）$\boldsymbol{a}$ 与 $\boldsymbol{v}$ 成直角

图 1-3-1　曲线运动中的加速度与速度的方向

为计算方便，常采用自然坐标系讨论质点的曲线运动。如图 1-3-2 所示，当质点运动轨迹已知时，在运动轨迹上任取一点 O 为坐标原点，轨迹切向和法向的单位矢量分别用 $\boldsymbol{t}$ 和 $\boldsymbol{n}$ 表示，则质点任意时刻的位置可用质点距离原点的轨道长度 s 来确定，这样的坐标系称为**自然坐标系**。

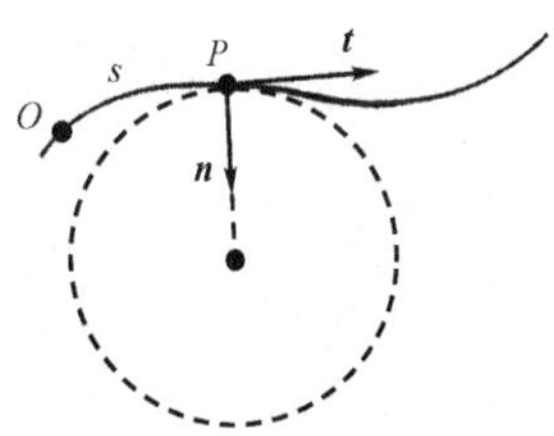

图 1-3-2　自然坐标系

只要已知用自然坐标系表示的质点运动方程 $s = f(t)$，就可以求出质点在任意时刻的速度和加速度。需要指出的是，当参考系选定后，无论选择何种坐标系，物体的运动性质都不会改变，选择合适的坐标系可使计算变得简便。

1.3.2 自然坐标系中加速度的表示

设质点的运动轨迹如图 1-3-3（a）所示，t 时刻质点位于 P_1 点，速度为 $\boldsymbol{v}_1$；$t+\Delta t$ 时刻质点运动到 P_2 点，速度为 $\boldsymbol{v}_2$，P_1 和 P_2 两点的邻切角为 $\Delta\theta$，质点运动路程为 Δs。如图 1-3-3（b）所示，在 Δt 时间内，质点速度增量为 $\Delta\boldsymbol{v}$，根据图 1-3-3（b）中的矢量关系有

$$\Delta\boldsymbol{v} = \Delta\boldsymbol{v}_{\mathrm{t}} + \Delta\boldsymbol{v}_{\mathrm{n}} \tag{1-3-1}$$

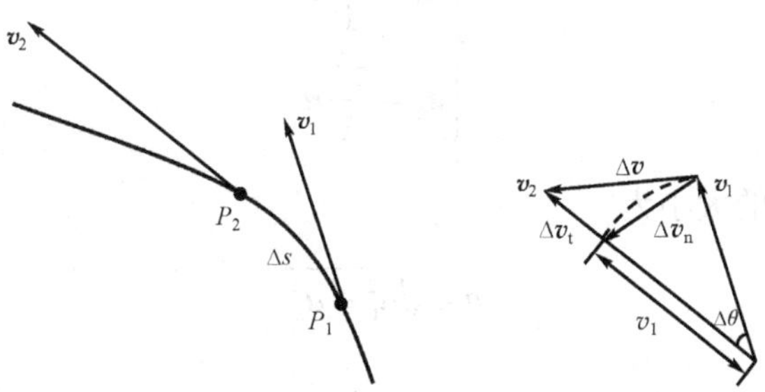

（a）运动轨迹　（b）矢量关系

图 1-3-3　曲线运动中的切向加速度和法向加速度

式（1-3-1）中，$\Delta\boldsymbol{v}_{\mathrm{t}}$的大小是$\boldsymbol{v}_2$大小和$\boldsymbol{v}_1$大小之差，表示$P_1$和$P_2$两点速度大小的改变，即

$$\left|\Delta\boldsymbol{v}_{\mathrm{t}}\right| = \left|\boldsymbol{v}_2\right| - \left|\boldsymbol{v}_1\right| = \Delta v \tag{1-3-2}$$

式（1-3-1）中，$\Delta\boldsymbol{v}_{\mathrm{n}}$则表示速度方向的改变。所以速度增量$\Delta\boldsymbol{v}$包含了速度大小的增量和速度方向的增量这两方面的含义。

由图 1-3-3（b）可以看出，当$\Delta t \to 0$时，$\Delta\theta \to 0$，P_2点接近于P_1点，$\Delta\boldsymbol{v}_{\mathrm{n}}$的方向垂直于过$P_1$点的切线，即在$P_1$点的法线方向；当$\Delta t \to 0$时，$\Delta\boldsymbol{v}_{\mathrm{t}}$的方向与$\boldsymbol{v}_1$相同，即沿曲线在$P_1$点的切线方向。

由图 1-3-3（b）还可以看出，当$\Delta t \to 0$时，$\Delta\theta \to 0$，由于P_1、P_2两点是任意的，因此省去速度的下标，有$\left|\mathrm{d}\boldsymbol{v}_{\mathrm{n}}\right| = v\mathrm{d}\theta$，可得

$$\begin{aligned}\boldsymbol{a} &= \lim_{\Delta t\to 0}\frac{\Delta\boldsymbol{v}}{\Delta t} = \lim_{\Delta t\to 0}\frac{\Delta\boldsymbol{v}_{\mathrm{t}}}{\Delta t} + \lim_{\Delta t\to 0}\frac{\Delta\boldsymbol{v}_{\mathrm{n}}}{\Delta t}\\ &= \frac{\mathrm{d}v}{\mathrm{d}t}\boldsymbol{t} + v\frac{\mathrm{d}\theta}{\mathrm{d}t}\boldsymbol{n}\end{aligned} \tag{1-3-3}$$

式（1-3-3）中$\dfrac{\mathrm{d}\theta}{\mathrm{d}t} = \dfrac{\mathrm{d}\theta}{\mathrm{d}s}\dfrac{\mathrm{d}s}{\mathrm{d}t} = v\dfrac{1}{\rho}$，其中$\rho = \dfrac{\mathrm{d}s}{\mathrm{d}\theta}$为$P_1$点的曲率半径，式（1-3-3）可改写为

$$\boldsymbol{a} = \frac{\mathrm{d}v}{\mathrm{d}t}\boldsymbol{t} + \frac{v^2}{\rho}\boldsymbol{n} = \boldsymbol{a}_{\mathrm{t}} + \boldsymbol{a}_{\mathrm{n}} \tag{1-3-4}$$

式（1-3-4）为加速度在自然坐标系中的表示，$\boldsymbol{a}_{\mathrm{t}}$称为**切向加速度**，$a_{\mathrm{t}} = \dfrac{\mathrm{d}v}{\mathrm{d}t}$反映速度大小的变化率；$\boldsymbol{a}_{\mathrm{n}}$称为**法向加速度**，$a_{\mathrm{n}} = \dfrac{v^2}{\rho}$反映速度方向的变化率。

圆周运动是曲线运动的一个重要特例，若质点做半径为R的圆周运动，则式（1-3-4）中质点的切向加速度和法向加速度可写为

$$\begin{cases}\boldsymbol{a}_{\mathrm{t}} = \dfrac{\mathrm{d}v}{\mathrm{d}t}\boldsymbol{t}\\ \boldsymbol{a}_{\mathrm{n}} = \dfrac{v^2}{R}\boldsymbol{n}\end{cases} \tag{1-3-5}$$

加速度的大小为

$$a = \sqrt{a_{\mathrm{t}}^2 + a_{\mathrm{n}}^2} \tag{1-3-6}$$

注意：

（1）$\dfrac{\mathrm{d}\boldsymbol{v}}{\mathrm{d}t}$与$\dfrac{\mathrm{d}v}{\mathrm{d}t}$的物理意义不同，$\dfrac{\mathrm{d}\boldsymbol{v}}{\mathrm{d}t} = \boldsymbol{a}$是质点运动的总加速度，

包括了切向加速度和法向加速度，而 $\frac{\mathrm{d}v}{\mathrm{d}t}=a_{\mathrm{t}}$ 只表示切向加速度分量，$\left|\frac{\mathrm{d}\boldsymbol{v}}{\mathrm{d}t}\right|$ 一般也不等于 $\frac{\mathrm{d}v}{\mathrm{d}t}$。

（2）质点运动时，如果 $a_{\mathrm{t}}\neq 0$、$a_{\mathrm{n}}=0$，那么速度不改变方向只改变大小，这就是变速直线运动；如果 $a_{\mathrm{t}}=0$、$a_{\mathrm{n}}\neq 0$，那么速度只改变方向不改变大小，这就是匀速（率）曲线运动。一般情况下，质点运动时同时伴随着切向加速度和法向加速度的变化。

（3）对于圆周运动，如果 $a_{\mathrm{t}}=0$，则 $\boldsymbol{a}=\boldsymbol{a}_{\mathrm{n}}=\frac{v^2}{R}\boldsymbol{n}$，这就是匀速（率）圆周运动。

例 1-3-1　已知一小球以速度 $\boldsymbol{v}_0$ 做平抛运动，若不计空气阻力，求 t 时刻小球的切向加速度 $\boldsymbol{a}_{\mathrm{t}}$ 的大小和法向加速度 $\boldsymbol{a}_{\mathrm{n}}$ 的大小。

解　由图 1-3-4 可知

$$a_{\mathrm{t}}=g\sin\theta=g\frac{v_y}{v}=g\frac{gt}{\sqrt{v_0^2+g^2t^2}}=\frac{g^2t}{\sqrt{v_0^2+g^2t^2}}$$

$$a_{\mathrm{n}}=g\cos\theta=g\frac{v_x}{v}=\frac{gv_0}{\sqrt{v_0^2+g^2t^2}}$$

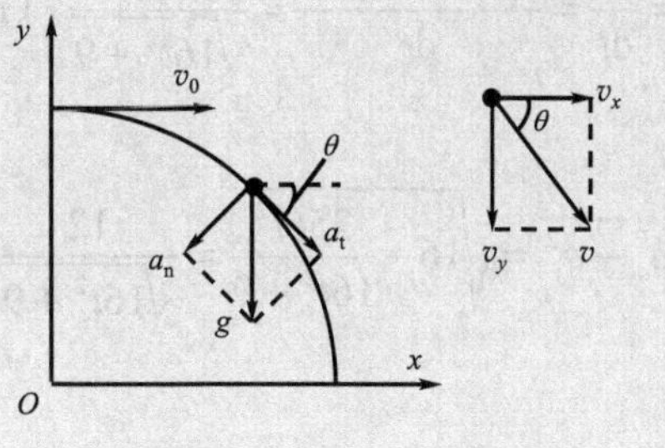

图 1-3-4　例 1-3-1 图

例 1-3-2　质点做半径为 R 的圆周运动，路程表达式为 $s=at+bt^3$，其中 a、b 均为常数。求质点在 t 时刻的速率 v、切向加速度 $\boldsymbol{a}_{\mathrm{t}}$ 的大小、法向加速度 $\boldsymbol{a}_{\mathrm{n}}$ 的大小和加速度 $\boldsymbol{a}$ 的大小。

解　质点在 t 时刻的速率为

$$v=\frac{\mathrm{d}s}{\mathrm{d}t}=\frac{\mathrm{d}\left(at+bt^3\right)}{\mathrm{d}t}=a+3bt^2$$

切向加速度的大小为

$$a_{\mathrm{t}}=\frac{\mathrm{d}v}{\mathrm{d}t}=\frac{\mathrm{d}\left(a+3bt^2\right)}{\mathrm{d}t}=6bt$$

法向加速度的大小为

$$a_{\mathrm{n}}=\frac{v^2}{R}=\frac{\left(a+3bt^2\right)^2}{R}$$

加速度的大小为

$$a=\sqrt{a_{\mathrm{t}}^2+a_{\mathrm{n}}^2}=\sqrt{36b^2t^2+\frac{\left(a+3bt^2\right)^4}{R^2}}$$

例 1-3-3 一质点在 x、y 平面内运动，其运动方程为 $\boldsymbol{r}=\left(2t^2+3\right)\boldsymbol{i}+\left(3t-2\right)\boldsymbol{j}$，式中 $\boldsymbol{r}$ 的单位是 m，t 的单位是 s。求质点在 t 时刻的速度、加速度、切向加速度的大小和法向加速度的大小。

解 质点在 t 时刻的速度为

$$\boldsymbol{v}=\frac{\mathrm{d}\boldsymbol{r}}{\mathrm{d}t}=\frac{\mathrm{d}\left[\left(2t^2+3\right)\boldsymbol{i}+\left(3t-2\right)\boldsymbol{j}\right]}{\mathrm{d}t}=4t\boldsymbol{i}+3\boldsymbol{j}\ \text{（m/s）}$$

加速度为

$$\boldsymbol{a}=\frac{\mathrm{d}\boldsymbol{v}}{\mathrm{d}t}=\frac{\mathrm{d}\left(4t\boldsymbol{i}+3\boldsymbol{j}\right)}{\mathrm{d}t}=4\boldsymbol{i}\ \text{（m/s}^2\text{）}$$

切向加速度的大小为

$$a_{\mathrm{t}}=\frac{\mathrm{d}v}{\mathrm{d}t}=\frac{\mathrm{d}\left(\sqrt{16t^2+9}\right)}{\mathrm{d}t}=\frac{16t}{\sqrt{16t^2+9}}\ \text{（m/s}^2\text{）}$$

法向加速度的大小为

$$a_{\mathrm{n}}=\sqrt{a^2-a_{\mathrm{t}}^2}=\sqrt{16-\frac{256t^2}{16t^2+9}}=\frac{12}{\sqrt{16t^2+9}}\ \text{（m/s}^2\text{）}$$

1.3.3 圆周运动的角量描述

质点做圆周运动时，由于其轨道的曲率半径处处相等，速度方向始终沿圆周的切线方向，因此质点的圆周运动常用以平面自然坐标系为基础的线量和以平面极坐标系为基础的角量描述。

1. 平面极坐标系

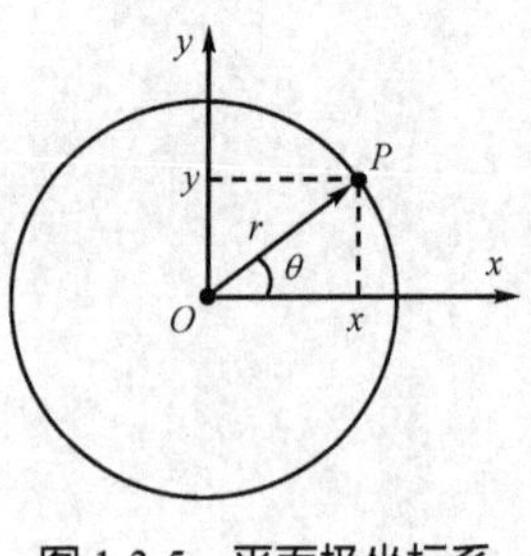

图 1-3-5 平面极坐标系

设有一质点在 Oxy 平面内做圆周运动，如图 1-3-5 所示，若以圆心 O 为平面极坐标系的坐标原点，称为**极点**，任引一条射线 Ox，称为**极轴**，连接极点和质点所在位置的直线 r 称为**极径**，极径总是取正值，极径 r 与极轴之间的夹角 θ 称为**角坐标**。通常规定从极轴沿逆时针方向量得的 θ 角为正，反之为负，因而角坐标 θ 是一个代数量。直角坐标系

中质点位于 P 处的坐标 (x,y) 可表示为 $x=r\cos\theta$、$y=r\sin\theta$，这种以 (r,θ) 为坐标的参考系称为平面极坐标系。

2. 圆周运动的角量描述

如图 1-3-6 所示，一质点在 Oxy 平面内做半径为 r 的圆周运动，以圆心为极点建立平面极坐标系。t 时刻质点位于 P_1 处，角坐标为 θ_1，$t+\Delta t$ 时刻质点位于 P_2 处，角坐标为 θ_2。角坐标 θ 随时间的变化关系

$$\theta=\theta(t) \tag{1-3-7}$$

称为**质点做圆周运动时的运动方程**。

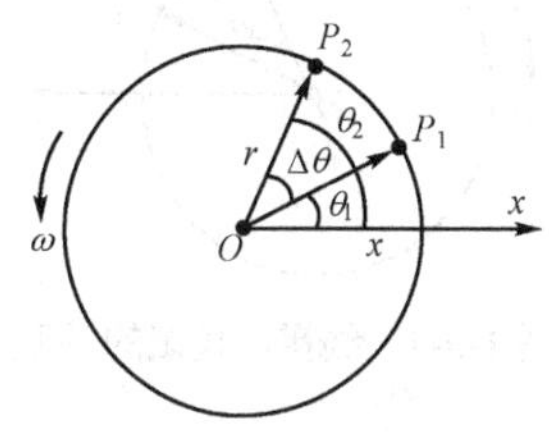

图 1-3-6　圆周运动的角量

$\Delta\theta=\theta_2-\theta_1$ 称为 Δt 时间内质点转过的**角位移**。在国际单位制中，角坐标与角位移的单位均是弧度，符号为 rad。

与前文引入速度和加速度的方法一样，**角速度**用 ω 表示，可写为

$$\omega=\lim_{\Delta t\to 0}\frac{\Delta\theta}{\Delta t}=\frac{\mathrm{d}\theta}{\mathrm{d}t} \tag{1-3-8}$$

即，角速度等于角坐标对时间的一阶导数，角速度的单位为弧度每秒，符号为 rad/s。

角加速度用 α 表示，可写为

$$\alpha=\lim_{\Delta t\to 0}\frac{\Delta\omega}{\Delta t}=\frac{\mathrm{d}\omega}{\mathrm{d}t}=\frac{\mathrm{d}^2\theta}{\mathrm{d}t^2} \tag{1-3-9}$$

即，角加速度等于角速度对时间的一阶导数或角坐标对时间的二阶导数，角加速度的单位为弧度每二次方秒，符号为 $\mathrm{rad/s^2}$。

角速度是矢量，其方向可由右手螺旋法则判断，即右手四指沿质点的旋转方向弯曲，与四指垂直的大拇指的指向表示角速度的方向，例如图 1-3-6 中的角速度的方向垂直纸面向外。在圆周运动中，质点的角速度也可以看作代数量，它的正负决定于质点的运动方向，通常规定逆时针方向为正，顺时针方向为负。当质点沿圆周做加速运动时，ω 与 α 同号；做减速运动时，ω 与 α 异号；做匀速运动时，ω 为常量，α 等于零。当质点做匀变速圆周运动时，α 为常量。

质点做圆周运动时，由式（1-3-7）可知，质点的角坐标是时间 t 的函数，与匀变速直线运动所满足的规律类似，在匀变速圆周运动中有

$$\begin{cases}\omega=\omega_0+\alpha t\\ \theta=\theta_0+\omega_0 t+\dfrac{1}{2}\alpha t^2\\ \omega^2-\omega_0^2=2\alpha(\theta-\theta_0)\end{cases} \tag{1-3-10}$$

3. 线量与角量的关系

我们把描述质点运动的物理量，如速度 $\boldsymbol{v}$、加速度 $\boldsymbol{a}$、切向加速度 $\boldsymbol{a}_\mathrm{t}$ 和法向加速度 $\boldsymbol{a}_\mathrm{n}$ 等称为线量；把描述质点做圆周运动的物理量，如角坐标 θ、角速度 ω、角加速度 α 等称为角量。

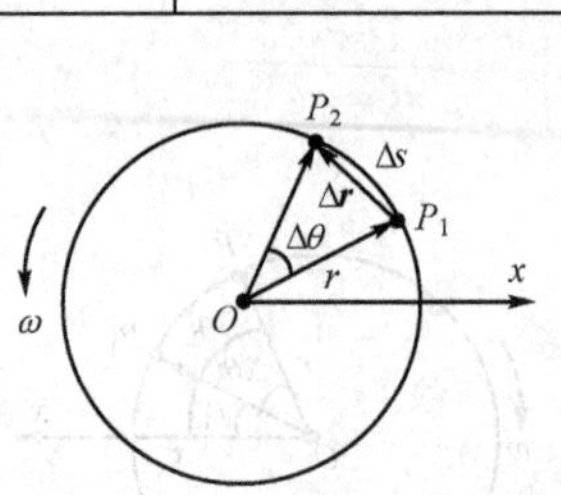

图 1-3-7　线量与角量的关系

如图 1-3-7 所示，质点做圆周运动，t 时刻质点位于 P_1 处，$t+\Delta t$ 时刻质点位于 P_2 处。根据弧长定理，质点做圆周运动的路程 $\Delta s = r\Delta\theta$，当 $\Delta t \to 0$ 时，路程与位移的大小相等，即

$$ds = |d\boldsymbol{r}| = r d\theta \tag{1-3-11}$$

将式（1-3-11）两端求导，可得线速度与角速度的关系，即

$$v = \frac{ds}{dt} = r\frac{d\theta}{dt} = r\omega \tag{1-3-12}$$

将式（1-3-12）两端求导，可得切向加速度与角加速度的关系，即

$$a_t = \frac{dv}{dt} = r\frac{d\omega}{dt} = r\alpha \tag{1-3-13}$$

而法向加速度与角速度的关系为

$$a_n = \frac{v^2}{r} = r\omega^2 \tag{1-3-14}$$

式（1-3-11）～式（1-3-14）就是描述圆周运动的线量与角量之间的关系。

例 1-3-4　地球同步卫星绕地球做圆周运动的周期与地球自转的周期相同（地球自转周期准确值是 23 小时 56 分 4 秒，这里取 24 小时），因此它始终定点在地球赤道上空，已知它距赤道表面的高度为 $h = 5.6R_e$，$R_e = 6.37\times10^6$ m 为地球半径，求此同步卫星的速率和向心加速度。

解　根据题意，同步卫星的角速度为

$$\omega = \frac{2\pi}{T} = \frac{2\pi}{24\times3\,600} \approx 7.27\times10^{-5}\ \text{(rad/s)}$$

同步卫星的轨道半径为

$$R = h + R_e = 5.6\times6.37\times10^6 + 6.37\times10^6 \approx 42.0\times10^6\ \text{(m)}$$

同步卫星的速率

$$v = R\omega = 42.0\times10^6\times7.27\times10^{-5} \approx 3.05\times10^3\ \text{(m/s)}$$

同步卫星的向心加速度

$$a_n = R\omega^2 = 42.0\times10^6\times(7.27\times10^{-5})^2 \approx 2.22\times10^{-1}\ (\text{m/s}^2)$$

一颗地球同步卫星可覆盖地球三分之一的地区，因此只要发射三颗地球同步卫星，使它们彼此相隔 120° 就能实现全球通信。1984 年 4 月 8 日，我国成功发射了第一颗地球同步轨道试验通信卫星“东方红二号”，实现了中国卫星通信零的突破，我国成为了世界上第五个掌握卫星通信技术的国家，也是少数几个能发射地球同步卫星的国家之一。

例 1-3-5　如图 1-3-8 所示，一超声速飞机在高空 A 点时的水平速率为 539 m/s，沿近似于圆弧的曲线俯冲到 B 点，其速率为 609 m/s，所经历的时间为 3 s。设圆弧 $\overset{\frown}{AB}$ 的半径约为

3.5×10^3 m，且飞机从 A 点到 B 点的俯冲过程可视为匀变速率圆周运动。求：（1）飞机在 B 点的加速度大小；（2）飞机由 A 点到 B 点所经历的路程。

解　（1）由于飞机在 $\overset{\frown}{AB}$ 之间做半径为 $R=3.5\times10^3$ m 的匀变速圆周运动，所以飞机在 B 点的法向加速度大小为

$$a_{\mathrm{n}}=\frac{v_B^2}{R}=\frac{609^2}{3.5\times10^3}\approx106\ (\mathrm{m/s^2})$$

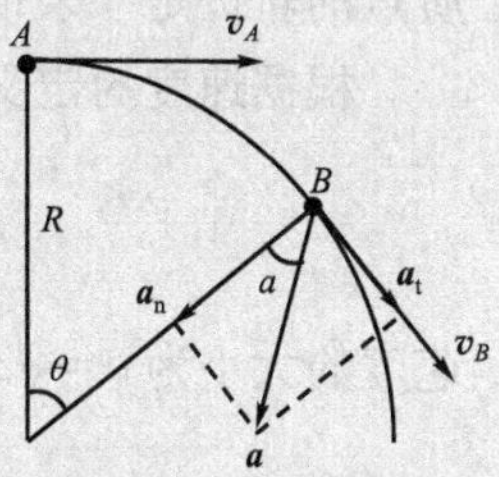

图 1-3-8　例 1-3-5 图

根据切向加速度大小的定义 $a_{\mathrm{t}}=\dfrac{\mathrm{d}v}{\mathrm{d}t}$，有

$$\int_{v_A}^{v_B}\mathrm{d}v=\int_0^t a_{\mathrm{t}}\mathrm{d}t=a_{\mathrm{t}}\int_0^t\mathrm{d}t$$

所以 B 点的切向加速度大小

$$a_{\mathrm{t}}=\frac{v_B-v_A}{t}=\frac{609-539}{3}\approx23.3\ (\mathrm{m/s^2})$$

因此飞机在 B 点的加速度大小为

$$a=\sqrt{a_{\mathrm{t}}^2+a_{\mathrm{n}}^2}=\sqrt{23.3^2+106^2}\approx109\ (\mathrm{m/s^2})$$

（2）由于飞机的运动可视为匀变速率圆周运动，所以切向加速度 a_{t} 的大小和角加速度 α 的大小均为常量。在时间 t 内，飞机转过的角度为

$$\theta=\omega_A t+\frac{1}{2}\alpha t^2$$

其中 ω_A 是飞机在 A 点的角速度。因此在此时间内，飞机由 A 点到 B 点所经历的路程为

$$s=R\theta=R\omega_A t+\frac{1}{2}R\alpha t^2=v_A t+\frac{1}{2}a_{\mathrm{t}}t^2$$

$$=539\times3+\frac{1}{2}\times23.3\times3^2\approx1\,722\ (\mathrm{m})$$

1.4　运动学中的两类问题

前面介绍了描述质点运动的基本物理量，如位置矢量（角坐标）、速度（角速度）和加速度（角加速度）等。对于质点运动学，主要有两类基本问题。

（1）已知质点的运动方程 $\boldsymbol{r}(t)$，求某时刻质点的速度 $\boldsymbol{v}$ 和加速度 $\boldsymbol{a}$，这类问题主要运用求导的方法求解。

例 1-4-1　一质点的运动方程为 $\boldsymbol{r}=3t\boldsymbol{i}-4t^2\boldsymbol{j}$，式中 $\boldsymbol{r}$ 的单位是 m，t 的单位是 s，求质点运动的轨迹、速度和加速度。

解 将运动方程写成分量形式

$$x = 3t\ ,\quad y = -4t^2$$

对运动方程分量形式消去变量 t 得轨迹方程

$$4x^2 + 9y = 0$$

质点的轨迹是一条顶点在原点的抛物线。

根据速度的定义得

$$\boldsymbol{v} = \frac{\mathrm{d}\boldsymbol{r}}{\mathrm{d}t} = 3\boldsymbol{i} - 8t\boldsymbol{j}$$

速度的大小为 $v = \sqrt{3^2 + (8t)^2}$ m/s，与 x 轴的夹角 $\theta = \arctan\left(\frac{-8t}{3}\right)$。

根据加速度的定义得

$$\boldsymbol{a} = \frac{\mathrm{d}\boldsymbol{v}}{\mathrm{d}t} = -8\boldsymbol{j}\ \ (\mathrm{m/s^2})$$

即加速度的大小为 8 m/s²，方向沿 y 轴的负方向。

例 1-4-2 一质点做半径为 1 m 的圆周运动，它通过的弧长 s 按 $s = t + 2t^2$（式中 s 的单位是 m，t 的单位是 s）的规律变化。求质点在 2 s 时的速率、切向加速度的大小和法向加速度的大小。

解 由速率的定义，有

$$v = \frac{\mathrm{d}s}{\mathrm{d}t} = 1 + 4t$$

将 $t = 2$ s 代入上式，得 2 s 时的速率为

$$v = 1 + 4t = 1 + 4\times 2 = 9\ \ (\mathrm{m/s})$$

对速率求一阶导数，得切向加速度的大小为

$$a_{\mathrm{t}} = \frac{\mathrm{d}v}{\mathrm{d}t} = 4\ \ (\mathrm{m/s^2})$$

切向加速度恒为 4 m/s²。

质点法向加速度的大小为

$$a_{\mathrm{n}} = \frac{v^2}{R} = \frac{9^2}{1} = 81\ \ (\mathrm{m/s^2})$$

（2）已知质点的加速度及初始条件（$t = 0$ 时刻质点的位置和速度），求质点的运动方程，这类问题主要运用积分的方法求解。

例 1-4-3 有一质点初始时刻静止在坐标原点，若获得加速度 $\boldsymbol{a} = 2\boldsymbol{i} + 3\boldsymbol{j}$，式中 $\boldsymbol{a}$ 的单位是 m/s²。求质点获得此加速度后的速度及位置矢量。

解 根据速度和加速度的关系

$$a = \frac{\mathrm{d}\boldsymbol{v}}{\mathrm{d}t} = 2\boldsymbol{i} + 3\boldsymbol{j}$$

有

$$\mathrm{d}\boldsymbol{v} = (2\boldsymbol{i} + 3\boldsymbol{j})\,\mathrm{d}t$$

对上式左右两端积分并代入初始条件有

$$\int_0^{v} \mathrm{d}\boldsymbol{v} = \int_0^{t} (2\boldsymbol{i} + 3\boldsymbol{j})\,\mathrm{d}t$$

得

$$\boldsymbol{v} = 2t\boldsymbol{i} + 3t\boldsymbol{j}$$

位置矢量与速度的关系为

$$\boldsymbol{v} = \frac{\mathrm{d}\boldsymbol{r}}{\mathrm{d}t} = 2t\boldsymbol{i} + 3t\boldsymbol{j}$$

有

$$\mathrm{d}\boldsymbol{r} = (2t\boldsymbol{i} + 3t\boldsymbol{j})\,\mathrm{d}t$$

对上式左右两端积分并代入初始条件有

$$\int_0^{r} \mathrm{d}\boldsymbol{r} = \int_0^{t} (2t\boldsymbol{i} + 3t\boldsymbol{j})\,\mathrm{d}t$$

得

$$\boldsymbol{r} = t^2\boldsymbol{i} + \frac{3}{2}t^2\boldsymbol{j}$$

例 1-4-4　一质点从静止开始做半径为 $R = 0.1\ \mathrm{m}$ 的圆周运动，角加速度 $\alpha = 2 + 3t$，式中 α 的单位是 $\mathrm{rad/s^2}$，t 的单位是 s。求：$t = 2\ \mathrm{s}$ 时质点的角速度、法向加速度、切向加速度和总加速度的大小。

解　根据角速度和角加速度的关系

$$\alpha = \frac{\mathrm{d}\omega}{\mathrm{d}t} = 2 + 3t$$

有

$$\mathrm{d}\omega = (2 + 3t)\,\mathrm{d}t$$

对上式左右两端积分并代入初始条件有

$$\int_0^{\omega} \mathrm{d}\omega = \int_0^{t} (2 + 3t)\,\mathrm{d}t$$

得

$$\omega = 2t + \frac{3}{2}t^2$$

$t = 2\ \mathrm{s}$ 时角速度的大小为

$$\omega = 2t + \frac{3}{2}t^2 = 2\times 2 + \frac{3}{2}\times 2^2 = 10 \quad (\mathrm{rad/s})$$

法向加速度的大小为

$$a_n = R\omega^2 = 0.1\times10^2 = 10 \ (\text{m/s}^2)$$

$t = 2$ s 时角加速度的大小为

$$\alpha = 2 + 3t = 2 + 2\times3 = 8 \ (\text{rad/s}^2)$$

切向加速度的大小为

$$a_t = R\alpha = 0.1\times8 = 0.8 \ (\text{m/s}^2)$$

总加速度的大小为

$$a = \sqrt{a_t^2 + a_n^2} = \sqrt{(0.8)^2 + 10^2} \approx 10.03 \ (\text{m/s}^2)$$

*1.5 相对运动

前面所研究的问题都是相对已选定的参考系进行的，参考系的选择是任意的。对于不同的参考系，同一物体的运动形式可能不同，这反应了运动描述的相对性。下面研究同一质点在有相对运动的两个参考系中的位移、速度和加速度之间的关系。

如图 1-5-1 所示，设有两个参考系，一个为 S 系（$Oxyz$ 坐标系），另一个为 S' 系（$O'x'y'z'$ 坐标系），开始时两坐标系重合在一起，且 S' 系相对于 S 系以恒定速度 $\boldsymbol{u}$ 沿 x 轴运动。

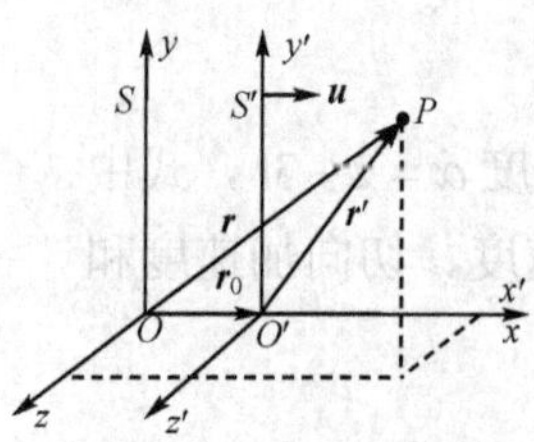

图 1-5-1 质点在两个坐标系中的位置矢量

习惯上把 S 系称为**静止参考系**，把 S' 系称为**运动参考系**。把物体相对于静止参考系的运动称为**绝对运动**，把物体相对于运动参考系的运动称为**相对运动**，把运动参考系相对于静止参考系的运动称为**牵连运动**。一般情况下，在研究地面上物体的运动时，选择地球作为静止参考系比较方便。

如图 1-5-1 所示，初始时刻重合的两个坐标系，经过 Δt 时间后 O' 点相对 O 点的位置矢量为 $\boldsymbol{r}_0 = \boldsymbol{u}t$，此时有一质点运动到空间 P 点，P 点相对于 S 系和 S' 系的位置矢量分别为 $\boldsymbol{r}$ 和 $\boldsymbol{r}'$。这三个矢量的关系为

$$\boldsymbol{r} = \boldsymbol{r}' + \boldsymbol{r}_0 = \boldsymbol{r}' + \boldsymbol{u}t \tag{1-5-1}$$

将式（1-5-1）两端对时间求导，得

$$\boldsymbol{v} = \boldsymbol{v}' + \boldsymbol{u} \tag{1-5-2}$$

式（1-5-2）中 $\boldsymbol{v}$ 是质点相对于 S 系的速度，称为**绝对速度**；$\boldsymbol{v}'$ 是质点相对于 S' 系的速度，称为**相对速度**；$\boldsymbol{u}$ 是 S' 系相对于 S 系的速度，称为**牵连速度**。式（1-5-2）表明：**绝对速度等于相对速度与牵连速度的矢量和**，这一关系称为**伽利略速度变换**。

将式（1-5-2）两端对时间求导，得

$$\boldsymbol{a} = \boldsymbol{a}' + \boldsymbol{a}_0 \tag{1-5-3}$$

式（1-5-3）中 $\boldsymbol{a}$ 是质点相对于 S 系的加速度，称为**绝对加速度**；$\boldsymbol{a}'$ 是质点相对于 S' 系的加速度，称为**相对加速度**；$\boldsymbol{a}_0$ 是 S' 系相对于 S 系的加速度，称为**牵连加速度**。式（1-5-3）表明：**绝对加速度等于相对加速度与牵连加速度的矢量和**。

如果 S' 系相对 S 系做匀速直线运动，即 $\boldsymbol{u}$ 为常数，则

$$\boldsymbol{a}_0 = \frac{\mathrm{d}\boldsymbol{u}}{\mathrm{d}t} = 0$$

于是有

$$\boldsymbol{a} = \boldsymbol{a}' \tag{1-5-4}$$

上式说明，在相对做匀速直线运动的参考系中观测同一质点的运动时，所测得的加速度相等。

需要说明的是，当质点的速度接近光速时，式（1-5-1）、式（1-5-2）和式（1-5-3）不再适用。此时各物理量满足的是洛伦兹变换，此问题将在狭义相对论中讨论。

在同一参考系中讨论质点系中各质点间的相对运动时，可以利用以上结论表示质点间的相对位置矢量和相对速度。

如图 1-5-2 所示，质点系由 A、B 两质点组成。它们相对坐标原点 O 的位置矢量分别为 $\boldsymbol{r}_A$ 和 $\boldsymbol{r}_B$，质点 B 相对质点 A 的位置矢量为 $\boldsymbol{r}_{BA}$。根据几何关系有

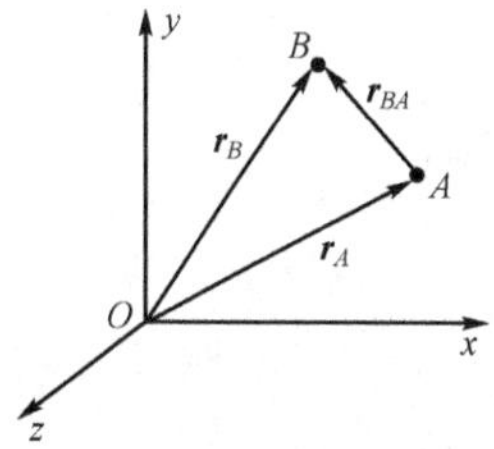

图 1-5-2　位置矢量的相对关系

$$\boldsymbol{r}_{BA} = \boldsymbol{r}_B - \boldsymbol{r}_A \tag{1-5-5}$$

将式（1-5-5）对时间求一阶导数，得质点 B 相对质点 A 的速度为

$$\boldsymbol{v}_{BA} = \boldsymbol{v}_B - \boldsymbol{v}_A \tag{1-5-6}$$

例 1-5-1　当船以 3 m/s 的速率相对河岸向东匀速前进时，测得风相对于船以 3 m/s 的速率向北吹。问：气象站广播的风向如何？

解　建立如图 1-5-3 所示的坐标系，选河岸为静止参考系（S 系），船为运动参考系（S' 系）。则船相对于河岸的速度为牵连速度，即 $\boldsymbol{u} = 3\boldsymbol{i}$ m/s；风相对于船的速度为相对速度，即 $\boldsymbol{v}' = 3\boldsymbol{j}$ m/s，气象站广播的风向应为绝对速度，根据伽利略速度变换有

$$\boldsymbol{v} = \boldsymbol{v}' + \boldsymbol{u} = 3\boldsymbol{j} + 3\boldsymbol{i} \ \ (\mathrm{m/s})$$

风速的大小为

$$v = \sqrt{v'^2 + u^2} = \sqrt{3^2 + 3^2} = 3\sqrt{2} \approx 4.2 \ \ (\mathrm{m/s})$$

风向与 y 轴的夹角为

$$\theta = \arctan\left(\frac{u}{v'}\right) = \arctan(1) = 45^\circ$$

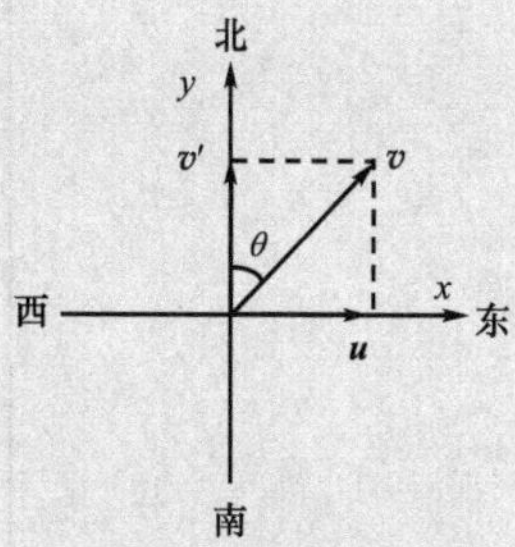

图 1-5-3　例 1-5-1 图

所以风往北偏东 45° 方向吹，气象站广播为西南风，风速大小为 4.2 m/s。

此题也可利用速度的相对关系求解，设气象站广播的风速为$\boldsymbol{v}_{风地}$，则有

$$\boldsymbol{v}_{风地}=\boldsymbol{v}_{风船}+\boldsymbol{v}_{船地}=3\boldsymbol{j}+3\boldsymbol{i}\ (\mathrm{m/s})$$

所以气象站广播为西南风，风速大小为 4.2 m/s。

1.6 本章小结

1. 参考系

为描述物体的运动而选的参考物叫作参考系。

2. 位置矢量、位移、速度、加速度

位置矢量：$\boldsymbol{r}=x\boldsymbol{i}+y\boldsymbol{j}+z\boldsymbol{k}$

位移：$\Delta\boldsymbol{r}=\boldsymbol{r}(t+\Delta t)-\boldsymbol{r}(t)$

速度：$\boldsymbol{v}=\dfrac{\mathrm{d}\boldsymbol{r}}{\mathrm{d}t}=v_x\boldsymbol{i}+v_y\boldsymbol{j}+v_z\boldsymbol{k}$

加速度：$\boldsymbol{a}=\dfrac{\mathrm{d}\boldsymbol{v}}{\mathrm{d}t}=\dfrac{\mathrm{d}^2\boldsymbol{r}}{\mathrm{d}t^2}=a_x\boldsymbol{i}+a_y\boldsymbol{j}+a_z\boldsymbol{k}$

3. 曲线运动的描述

用自然坐标系表示的速度：$\boldsymbol{v}=\dfrac{\mathrm{d}s}{\mathrm{d}t}\boldsymbol{t}$

用自然坐标系表示的加速度：$\boldsymbol{a}=\dfrac{\mathrm{d}v}{\mathrm{d}t}\boldsymbol{t}+\dfrac{v^2}{\rho}\boldsymbol{n}=\boldsymbol{a}_{\mathrm{t}}+\boldsymbol{a}_{\mathrm{n}}$

4. 圆周运动

角速度：$\omega=\dfrac{\mathrm{d}\theta}{\mathrm{d}t}=\dfrac{v}{r}$

角加速度：$\alpha=\dfrac{\mathrm{d}\omega}{\mathrm{d}t}=\dfrac{\mathrm{d}^2\theta}{\mathrm{d}t^2}$

加速度：$\boldsymbol{a}=\boldsymbol{a}_{\mathrm{t}}+\boldsymbol{a}_{\mathrm{n}}$

切向加速度：$a_{\mathrm{t}}=\dfrac{\mathrm{d}v}{\mathrm{d}t}=r\dfrac{\mathrm{d}\omega}{\mathrm{d}t}=r\alpha$

法向加速度：$a_{\mathrm{n}}=\dfrac{v^2}{r}=r\omega^2$

***5. 相对运动**

伽利略速度变换：$\boldsymbol{v}=\boldsymbol{v}'+\boldsymbol{u}$

将伽利略速度变换对时间求导，得绝对加速度等于相对加速度与

牵连加速度的矢量和。

$$\boldsymbol{a} = \boldsymbol{a}' + \boldsymbol{a}_0$$

如果 S' 系相对 S 系做匀速直线运动，即 $\boldsymbol{u}$ 为常数，则

$$\boldsymbol{a} = \boldsymbol{a}'$$

即在相对做匀速直线运动的参考系中观测同一质点的运动时，所测得的加速度相等。

1.7　习　　题

扫码查看习题答案

1. 某质点做直线运动，其运动方程为 $x=-t-4t^2+2$，则该质点做（　　）。

（A）匀加速直线运动，加速度沿 x 轴正方向

（B）匀加速直线运动，加速度沿 x 轴负方向

（C）变加速直线运动，加速度沿 x 轴正方向

（D）变加速直线运动，加速度沿 x 轴负方向

2. 运动质点某瞬时位于位置矢量 $\boldsymbol{r}(x,y)$ 的端点处，其速度大小为（　　）。

（A）$\dfrac{\mathrm{d}r}{\mathrm{d}t}$　　（B）$\dfrac{\mathrm{d}\boldsymbol{r}}{\mathrm{d}t}$

（C）$\dfrac{\mathrm{d}|\boldsymbol{r}|}{\mathrm{d}t}$　　（D）$\sqrt{\left(\dfrac{\mathrm{d}x}{\mathrm{d}t}\right)^2+\left(\dfrac{\mathrm{d}y}{\mathrm{d}t}\right)^2}$

3. 一质点做半径为 R 的匀速率圆周运动，每 t 秒转一圈，在 $2t$ 时间间隔中，质点平均速度大小和平均速率大小分别为（　　）。

（A）$\dfrac{2\pi R}{t}$，$\dfrac{2\pi R}{t}$　　（B）0，$\dfrac{2\pi R}{t}$

（C）0，0　　（D）$\dfrac{2\pi R}{t}$，0

4. 质点做曲线运动，$\boldsymbol{r}$ 表示位置矢量，$\boldsymbol{v}$ 表示速度，$\boldsymbol{a}$ 表示加速度，s 表示路程，a_t 表示切向加速度，下列表达式中，（　　）。

①$\dfrac{\mathrm{d}v}{\mathrm{d}t}=a$　②$\dfrac{\mathrm{d}r}{\mathrm{d}t}=v$　③$\dfrac{\mathrm{d}s}{\mathrm{d}t}=v$　④$\left|\dfrac{\mathrm{d}\boldsymbol{v}}{\mathrm{d}t}\right|=a_t$

（A）只有①④是对的　　（B）只有②④是对的

（C）只有②是对的　　（D）只有③是对的

5. 质点以速度 $v=4+t^2$（式中 v 的单位是 m/s，t 的单位是 s）做直线运动。设质点运动方向为 x 轴正向，已知 $t=3\,\mathrm{s}$ 时，质点位于 $x=9\,\mathrm{m}$

处，则该质点的运动方程为（　　）。

（A）$x=2t$　　（B）$x=4t+\frac{1}{2}t^2$

（C）$x=4t+\frac{1}{3}t^3-12$　　（D）$x=4t+\frac{1}{3}t^3+12$

6. 若一质点做匀加速圆周运动，则（　　）。

（A）质点切向加速度与速度同向，法向加速度变大

（B）质点切向加速度与速度同向，法向加速度变小

（C）质点切向加速度与速度反向，法向加速度变大

（D）质点切向加速度与速度反向，法向加速度变小

7. 一质点做半径 $R=5\,\text{m}$ 的匀速圆周运动，速率大小为 $\pi\,\text{m/s}$，则该质点在 5 s 内的位移大小是__________m，经过的路程是__________m。

8. 已知质点运动方程为 $\boldsymbol{r}=t\boldsymbol{i}+(t^3+3)\boldsymbol{j}$，式中 $\boldsymbol{r}$ 的单位是 m，t 的单位是 s。则速度与时间 t 的关系为__________，$t=2\,\text{s}$ 时的加速度为__________m/s^2。

9. 质点沿 x 轴运动，其加速度随时间的变化关系为 $a=3+2t$，式中 a 的单位是 m/s^2，t 的单位是 s。初始时刻质点的速度 $v_0=5\,\text{m/s}$，则 $t=3\,\text{s}$ 时质点的速度为__________m/s。

10. 质点做半径为 R 的圆周运动，运动方程为 $\theta=3+2t^2$，式中 θ 的单位是 rad，t 的单位是 s。则 t 时刻质点的角加速度 $\alpha=$__________rad/s^2，法向加速度 $a_n=$__________m/s^2。

11. 一质点从静止开始做半径 $R=1\,\text{m}$ 的圆周运动，其角加速度随时间 t 的变化规律是 $\alpha=12t^2-6t$，式中 α 的单位是 rad/s^2，t 的单位是 s。则质点的角速度 $\omega=$__________rad/s，切向加速度 $a_t=$__________m/s^2。

12. 一质点做直线运动，其坐标 x 与时间 t 的关系曲线如图 1-7-1 所示，则该质点在第__________s 的瞬时速度为零，在第__________s 之间速度与加速度同方向。

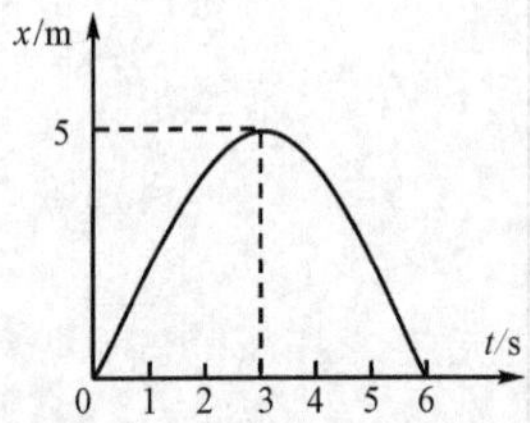

图 1-7-1　习题 12 图

13. 在一般曲线运动中，切向加速度改变速度的__________，法向加速度改变速度的__________（填“大小”或“方向”）；在匀速圆周运动中切向加速度的大小 a_t__________0，法向加速度的大小 a_n__________0。（填“=”或“≠”）。

14. 一质点在 Oxy 平面上运动，其运动方程为 $x=2+3t$、$y=t^2+2t+3$，式中 x、y 的单位是 m，t 的单位是 s。（1）求出质点的轨迹方程；（2）分别求出 $t=1\,\text{s}$ 时刻和 $t=2\,\text{s}$ 时刻的位置矢量，并计算这 1 s 内质点的位移；（3）求 $t=0\,\text{s}$ 时刻到 $t=4\,\text{s}$ 时刻内的平均速度；（4）求出质点速度矢量表达式，并计算 $t=4\,\text{s}$ 时质点的速度；

（5）求 $t=0\ \text{s}$ 到 $t=4\ \text{s}$ 内质点的平均加速度；（6）求质点加速度矢量的表达式，并计算 $t=4\ \text{s}$ 时质点的加速度。

15. 一质点沿 x 轴做直线运动，t 时刻位于 $x=4.5t^2-2t^3$ 处，式中 x 的单位是 m，t 的单位是 s。求：（1）第 2 s 内的平均速度；（2）第 2 s 末的瞬时速度；（3）第 2 s 内的路程。

16. 一质点沿 x 轴运动，其加速度 $a=4t$ 。已知 $t=0$ 时，质点位于 x_0 处且初速度 $v_0=0$ 。求质点位置与时间的关系式。

17. 已知一质点做直线运动，其加速度为 $a=4+3t$ ，式中 a 的单位是 m/s^2， t 的单位是 s。初始时刻 $x_0=5\ \text{m}$， $v_0=0$ ，求质点在 $t=10\ \text{s}$ 时的速度和位置。

18. 一质点做半径 $R=0.1\ \text{m}$ 的圆周运动，质点角坐标随时间的变化关系为 $\theta=2t+3t^3$ ，式中 θ 的单位是 rad， t 的单位是 s。求 $t=2\ \text{s}$ 时质点的角速度大小、角加速度大小、切向加速度大小和法向加速度大小。

19. 一质点在半径 $R=0.4\ \text{m}$ 的圆形轨道上自静止开始做匀角加速转动，其角加速度为 $\alpha=0.2\ \text{rad/s}$，求 $t=2\ \text{s}$ 时质点的角速度、速度、法向加速度、切向加速度和加速度的大小。

20. A 船相对地面以 30 km/h 的速率向东行驶，另有 B 船在其不远处相对地面以 40 km/h 的速率向北行驶。求：在 A 船上看 B 船的速度是多少？

第 2 章　质点动力学

在第 1 章质点运动学中，主要介绍了如何描述质点和质点系机械运动的问题，但没有涉及质点和质点系运动状态发生变化的原因。质点动力学研究物体之间的相互作用及其对运动状态变化的影响，牛顿关于运动的三个定律是整个动力学的基础。

本章主要阐述牛顿运动定律以及运用牛顿运动定律分析和解决问题的方法。在研究力对时间和空间的积累效应时，引入动量、冲量、功与能等物理量，进而论述动量定理和动量守恒定律以及动能定理和机械能守恒定律，最后介绍质点的角动量定理和角动量守恒定律。

2.1　牛顿运动定律及其应用

2.1.1　牛顿运动定律

图 2-1-1　牛顿

牛顿（Isaac Newton，1643—1727）（见图 2-1-1），英国科学家，经典物理学的奠基人，他的不朽巨著《自然哲学的数学原理》总结了前人和自己关于力学以及微积分等方面的研究成果，其中包含了牛顿三大定律和万有引力定律，以及质量、动量、力和加速度等概念。

1. 牛顿第一定律

牛顿第一定律表述为：**任何物体都要保持其静止或匀速直线运动状态，直到外力迫使它改变运动状态为止。**

牛顿第一定律指出，任何物体都具有保持其运动状态不变的性质，这个性质称为**惯性**。因此牛顿第一定律也称**惯性定律**。惯性是任何物体都具有的基本属性，无论其运动情况如何。

牛顿第一定律还指出，正是由于物体具有惯性，所以要使物体的运动状态发生变化，一定要使物体受到外力，这说明力是改变物体运动状态的原因。由于自然界中不受外力的物体是不存在的，因此牛顿第一定律无法直接用实验来验证，而是从大量实验事实中概括总结出来的。

若质点处于静止或匀速直线运动状态，统称为质点处于**平衡状态**，质点处于平衡状态的条件是作用于质点的合力为零。

若物体在参考系中不受其他物体作用而保持静止或匀速直线运动，则这个参考系称为**惯性参考系**，简称**惯性系**。如果一参考系相对于惯性系静止或匀速直线运动，则此参考系也是惯性系。在研究近地物体的运动时，可忽略地球自转和公转的影响，可将地球近似认为是惯性系。

2. 牛顿第二定律

设质量为 m 的物体在某时刻的速度为 $\boldsymbol{v}$，将物体的质量与速度的乘积称为物体的**动量**，用 $\boldsymbol{p}$ 表示，即

$$\boldsymbol{p}=m\boldsymbol{v} \tag{2-1-1}$$

牛顿第二定律表述为：**动量为 $\boldsymbol{p}$ 的物体，其动量随时间的变化率等于作用于物体的合外力**，即

$$\boldsymbol{F}=\sum_{i=1}^{n}\boldsymbol{F}_i=\frac{\mathrm{d}\boldsymbol{p}}{\mathrm{d}t}=\frac{\mathrm{d}(m\boldsymbol{v})}{\mathrm{d}t} \tag{2-1-2}$$

当物体运动速度远小于光速（$v \ll c$）时，物体的质量可认为是常量，在这种情况下，式（2-1-2）写为

$$\boldsymbol{F}=m\frac{\mathrm{d}\boldsymbol{v}}{\mathrm{d}t}=m\boldsymbol{a} \tag{2-1-3}$$

即物体所受的合外力等于物体质量与加速度的乘积。

需要指出的是，当物体的速度接近光速时，其质量与速度有关，式（2-1-3）不再成立，但式（2-1-2）仍然成立，由此可见，用动量形式表示的牛顿第二定律更具有普遍意义。

牛顿第一定律只说明任何物体都有惯性，但并没有对物体惯性的大小进行度量。牛顿第二定律表明：物体受一定外力作用时，质量大的物体获得的加速度小，改变其运动状态较为困难；质量小的物体获得的加速度大，改变其运动状态相对容易。由此可见，**质量是物体惯性大小的度量**，牛顿第二定律中的质量也常被称为**惯性质量**。

3. 牛顿第三定律

牛顿第三定律表述为：**两个物体之间的作用力 $\boldsymbol{F}$ 和反作用力 $\boldsymbol{F}'$ 总是大小相等，方向相反，作用在同一条直线上**，即

$$\boldsymbol{F}=-\boldsymbol{F}' \tag{2-1-4}$$

牛顿第三定律说明了物体之间的力具有相互作用的性质。运用牛顿第三定律分析物体受力时需要注意以下两点。

（1）作用力与反作用力是同时产生同时消失的，是同一性质的力。

（2）作用力和反作用力分别作用在不同的物体上，因此这两个力不是平衡力。

2.1.2 常见的几种力

在动力学中，对物体进行受力分析是解决问题的关键，在生活中经常遇到的力有万有引力、弹性力、摩擦力等，下面简单介绍这些力的特点。

1. 万有引力

宇宙中，任何有质量的物体之间都存在着相互吸引的力，这种力称为**万有引力**。万有引力定律表述为：**两个质量分别为 m_1 和 m_2 的质点相距为 r，它们之间万有引力的大小与两个质点质量的乘积 m_1m_2 成正比，与它们之间距离的二次方 r^2 成反比，万有引力的方向沿着两质点的连线**，即

$$F = G\frac{m_1m_2}{r^2} \tag{2-1-5}$$

式中 $G = 6.67\times10^{-11}\,\mathrm{N\cdot m^2/kg^2}$，称为万有引力常量。

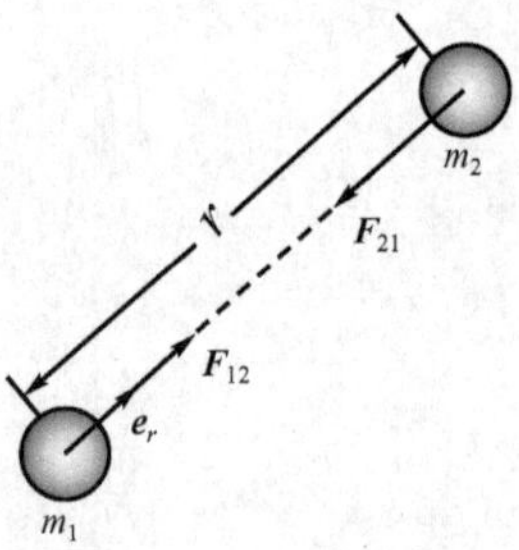

图 2-1-2 万有引力

万有引力也可写成矢量形式，如图 2-1-2 所示，设质点 m_1 作用于质点 m_2 的万有引力为 $\boldsymbol{F}_{21}$，若以 m_1 为原点做由 m_1 指向 m_2 的单位矢量 $\boldsymbol{e}_r$，则质点 m_1 作用于质点 m_2 的万有引力表示为

$$\boldsymbol{F}_{21} = -G\frac{m_1m_2}{r^2}\boldsymbol{e}_r \tag{2-1-6}$$

负号表示 $\boldsymbol{F}_{21}$ 的方向与 $\boldsymbol{e}_r$ 的方向相反。

在万有引力中涉及的质量与物体的惯性无关，它是两个物体之间万有引力大小的度量，称为**引力质量**。实验表明，对于同一物体而言，其引力质量与惯性质量相等，这是广义相对论的基本出发点之一。在后续的讨论中，不再区分引力质量和惯性质量。

2. 弹性力

当两个物体相互接触发生形变时，形变了的物体力图恢复原状而产生的力，称为**弹性力**。弹性力的表现形式有很多，常见的弹性力有：物体放在支撑面上，产生作用在支撑面上的正压力和作用在物体上的支持力；绳索被拉伸时产生的张力；弹簧发生压缩和拉伸时产生的弹性力；等等。

3. 摩擦力

两个相互接触的物体间有相对滑动的趋势，但尚未发生相对滑动时，在两个物体接触面之间产生的阻碍物体发生相对滑动的力，这个力称为**静摩擦力**。静摩擦力的方向沿接触面并与相对运动趋势方向相反，静摩擦力的大小视外力的大小而定，例如，用一外力 $\boldsymbol{F}$ 作用在置于水平地面上的物体，在物体静止的情况下，$\boldsymbol{F}$ 与静摩擦力等值反向，当增大或减小 $\boldsymbol{F}$ 时，相应的静摩擦力也随之增大或减小。当外力 $\boldsymbol{F}$ 增

大到某一数值时，物体将要开始滑动，这时的静摩擦力称为**最大静摩擦力**，用 $f_{\max}$ 表示。因此静摩擦力介于零和最大静摩擦力之间，实验表明，物体所受最大静摩擦力的大小与物体的正压力 F_{N} 成正比，即

$$f_{\max} = \mu_{\mathrm{s}} F_{\mathrm{N}} \tag{2-1-7}$$

式（2-1-7）中 μ_{s} 为静摩擦系数，它与物体两接触面的材料以及接触面的情况有关。

若外力大于最大静摩擦力，物体将在水平地面上滑动，这时物体所受的摩擦力称为**滑动摩擦力**。滑动摩擦力的方向与物体相对地面的运动方向相反，滑动摩擦力的大小与物体的正压力成正比，即

$$f = \mu F_{\mathrm{N}} \tag{2-1-8}$$

式（2-1-8）中 μ 为滑动摩擦系数，它与物体两接触面的材料、接触面的情况以及发生滑动物体的相对速度有关。一般情况下 μ 略小于 μ_{s}，在相对速度不太大时，为了计算方便，可近似认为 $\mu = \mu_{\mathrm{s}}$。

2.1.3　牛顿运动定律的应用

牛顿运动定律反应了物体所受合外力、质量和运动之间的关系。与质点运动学类似，质点动力学也分为两类问题：一类是已知质点的受力，求质点的运动状态；另一类是已知质点运动状态，求质点的受力。

式（2-1-3）是牛顿第二定律的矢量形式，在解题时常写成分量形式。在直角坐标系中，牛顿第二定律的分量形式为

$$\begin{cases} F_x = ma_x = m\dfrac{\mathrm{d}v_x}{\mathrm{d}t} = m\dfrac{\mathrm{d}^2 x}{\mathrm{d}t^2} \\ F_y = ma_y = m\dfrac{\mathrm{d}v_y}{\mathrm{d}t} = m\dfrac{\mathrm{d}^2 y}{\mathrm{d}t^2} \\ F_z = ma_z = m\dfrac{\mathrm{d}v_z}{\mathrm{d}t} = m\dfrac{\mathrm{d}^2 z}{\mathrm{d}t^2} \end{cases} \tag{2-1-9}$$

式中 F_x、F_y、F_z 表示物体所受合外力在 x、y、z 轴上的分力。

当质点在 Oxy 平面做曲线运动时，通常选自然坐标系描述质点的运动，在自然坐标系中，牛顿第二定律的分量形式为

$$\begin{cases} F_{\mathrm{t}} = ma_{\mathrm{t}} = m\dfrac{\mathrm{d}v}{\mathrm{d}t} \\ F_{\mathrm{n}} = ma_{\mathrm{n}} = m\dfrac{v^2}{\rho} \end{cases} \tag{2-1-10}$$

式中 F_{t} 和 F_{n} 分别表示合外力的切向分量和法向分量。

在应用牛顿运动定律求解力学问题时，经常使用**力的叠加原理**：

几个力同时作用在一个物体上，合力产生的加速度等于每个力单独作用在该物体上产生的加速度的矢量和，即

$$\boldsymbol{F}=\sum_{i=1}^{n}\boldsymbol{F}_i=\sum_{i=1}^{n}m\boldsymbol{a}_i=m\boldsymbol{a}_1+m\boldsymbol{a}_2+\cdots+m\boldsymbol{a}_n=m\boldsymbol{a} \qquad (2\text{-}1\text{-}11)$$

注意：牛顿力学只适用于解决宏观物体的低速运动问题。牛顿力学一般不适用于微观粒子，微观粒子的运动遵循量子力学的规律，物体做高速运动时遵循相对论力学的规律。

利用牛顿运动定律求解问题，一般的步骤和要点如下。

（1）根据问题，选择合适的研究对象。

（2）将研究对象从与之联系的其他物体中“隔离”出来，并对其进行受力分析及运动分析。在进行受力分析时，要画出物体的受力图；在进行运动分析时，要分析物体的运动状态，问题涉及多个物体时，还要找出它们之间运动学的联系。

（3）选择合适的坐标系，由牛顿第二定律列出方程并求解。

例 2-1-1 如图 2-1-3 所示，一质量为 m 的物体置于水平面上，在拉力 $\boldsymbol{F}$ 的作用下向右运动，已知物体与平面之间的滑动摩擦系数为 μ，求拉力 $\boldsymbol{F}$ 与水平面之间的夹角 θ 为多大时，能使物体获得最大的加速度。

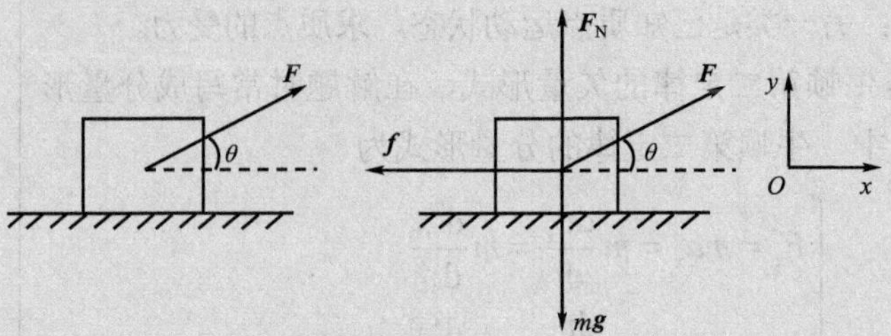

图 2-1-3 例 2-1-1 图

解 选物体为研究对象，物体的受力如图 2-1-3 所示，物体受到拉力 $\boldsymbol{F}$、重力 $m\boldsymbol{g}$、支持力 $\boldsymbol{F}_N$ 和摩擦力 $\boldsymbol{f}$ 的作用，建立如图 2-1-3 所示的直角坐标系，根据牛顿第二定律，有

$$F\cos\theta-f=ma \qquad (1)$$

$$F_N+F\sin\theta-mg=0 \qquad (2)$$

摩擦力的大小为

$$f=\mu F_N \qquad (3)$$

由（2）式得 $F_N=mg-F\sin\theta$，将其代入（3）式得

$$f=\mu(mg-F\sin\theta) \qquad (4)$$

将式（4）代入式（1）得

$$a=\frac{F}{m}(\cos\theta+\mu\sin\theta)-\mu g$$

将加速度 a 对 θ 求一阶导数，并令其为零，有

$$\frac{\mathrm{d}a}{\mathrm{d}\theta}=\frac{F}{m}(-\sin\theta+\mu\cos\theta)=0$$

即

$$\mu\cos\theta-\sin\theta=0$$

$$\tan\theta=\mu$$

因此，当 $\theta=\arctan\mu$ 时，该力能使物体获得最大的加速度。

例 2-1-2　如图 2-1-4 所示，一长度为 l 的细绳一端固定在天花板上，另一端悬挂质量为 m 的小球，当小球在水平面内绕通过圆心 O 的竖直轴做角速率为 ω 的匀速圆周运动时，求细绳和竖直方向所成的夹角 θ 是多少？

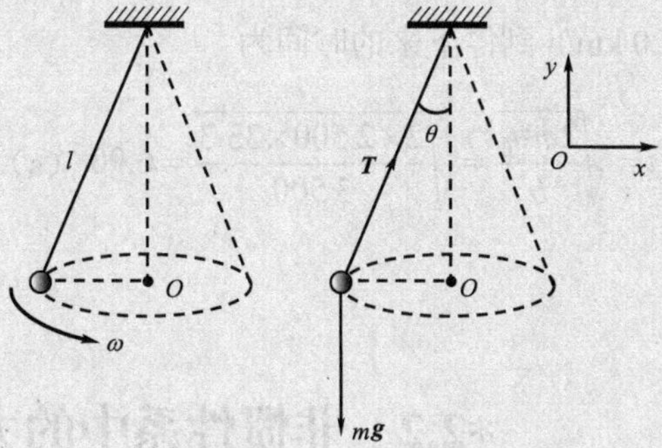

图 2-1-4　例 2-1-2 图

解　选小球为研究对象，如图 2-1-4 所示，小球受重力 mg 和绳子的拉力 $\boldsymbol{T}$，建立如图 2-1-4 所示的坐标系。由于小球在水平面内做匀速率圆周运动，所以小球在水平面内的加速度为法向加速度，方向总是指向圆心 O；小球在竖直方向所受合外力为零，根据牛顿第二定律有

$$T\sin\theta=ma_n=ml\sin\theta\omega^2 \tag{1}$$

$$T\cos\theta-mg=0 \tag{2}$$

联立式（1）和式（2）得

$$\cos\theta=\frac{g}{l\omega^2}$$

$$\theta=\arccos\left(\frac{g}{l\omega^2}\right)$$

由此可见 ω 越大，绳与竖直方向的夹角 θ 越大。

例 2-1-3 设一辆汽车的质量为 2 500 kg，在平直的高速公路上以 120 km/h 的速度行驶，若想让汽车平稳地停下来，驾驶员启动刹车装置，刹车阻力是随时间线性增加的，即 $F_f=-bt$，其中 $b=3\,500$ N/s。求此车停下来所用的时间。

解 根据题意可知，汽车在初始时刻的速度为 $v_0=33.3$ m/s，设汽车行驶的方向为 x 轴正向，由牛顿第二定律可得

$$F_f=-bt=ma$$

故汽车刹车时的加速度为

$$a=-\frac{b}{m}t$$

即汽车的加速度是时间的函数。

设汽车经过时间 t 后停下，根据速度和加速度的定义 $a=\mathrm{d}v/\mathrm{d}t$ 得

$$\int_{v_0}^{0}\mathrm{d}v=\int_0^t-\frac{b}{m}t\mathrm{d}t$$

通过上式解得，汽车由 120 km/h 到停下来的时间为

$$t=\sqrt{\frac{2mv_0}{b}}=\sqrt{\frac{2\times2\,500\times33.3}{3\,500}}=6.90\ \text{（s）}$$

*2.2 非惯性系中的力学问题

2.2.1 惯性系中的力学相对性原理

由式（1-5-4）可知，若 S' 系以恒定速度 $\boldsymbol{u}$ 相对 S 系做匀速直线运动，则质点在这两个惯性系中的加速度相等，即 $\boldsymbol{a}=\boldsymbol{a}'$，将其左右两端同时乘以物体的质量 m，有

$$\boldsymbol{F}=m\boldsymbol{a}=m\boldsymbol{a}'=\boldsymbol{F} \tag{2-2-1}$$

上式说明，在两个惯性系中，牛顿第二定律的数学表达式具有相同的形式。也就是说，在所有惯性系中，牛顿运动定律都是等价的。**对于不同的惯性系，牛顿力学的规律都具有相同的形式，在一个惯性系内部所做的任何力学实验，都不能确定该惯性系相对于其他惯性系是否在运动。这叫作力学相对性原理或伽利略相对性原理。**

2.2.2 非惯性系中的力学问题

一般来说，**相对于惯性系做加速运动的参考系为非惯性系**，牛顿运动定律在非惯性系中不成立。下面介绍两类非惯性系。

1. 做加速直线运动的非惯性系

如图 2-2-1 所示，车厢里光滑的桌面上放着一个小球，车厢以加速度 $\boldsymbol{a}_0$ 沿 x 轴正向做加速运动。

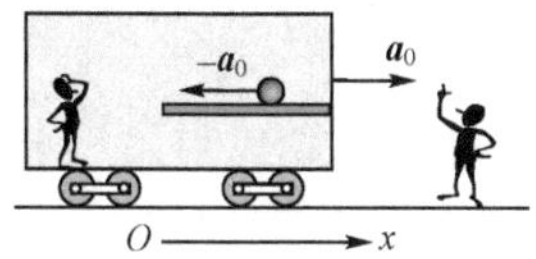

图 2-2-1　做加速直线运动的非惯性系

站在地面上的观察者来看，小球在水平方向不受力，所以保持静止，符合牛顿运动定律；站在车厢里的观察者来看，小球在水平方向不受任何力，却沿 x 轴负向做加速度为 $-\boldsymbol{a}_0$ 的加速运动，这显然与牛顿运动定律不符，即物体的运动不满足 $\boldsymbol{F}=m\boldsymbol{a}$。由于车厢相对于地面做加速运动，车厢是一个非惯性系，牛顿运动定律在此参考系中不再成立。

为了在非惯性系中仍然能够运用牛顿运动定律求解力学问题，引入**惯性力**，惯性力用 $\boldsymbol{F}_i$ 表示。惯性力的大小等于物体的质量 m 与非惯性系加速度大小 a_0 的乘积，方向与 $\boldsymbol{a}_0$ 的方向相反，即

$$\boldsymbol{F}_i=-m\boldsymbol{a}_0 \tag{2-2-2}$$

在非惯性系中，作用在物体上的力既有真实力 $\boldsymbol{F}$，又有惯性力 $\boldsymbol{F}_i$，那么牛顿第二定律的数学表达式为

$$\boldsymbol{F}+\boldsymbol{F}_i=m\boldsymbol{a} \tag{2-2-3}$$

车厢里的观察者在非惯性系中观察小球的运动，小球水平方向受到真实的合外力为零，即 $\boldsymbol{F}=0$，小球只受惯性力 $\boldsymbol{F}_i$ 作用，根据式（2-2-3）有

$$\boldsymbol{F}_i=m\boldsymbol{a}=-m\boldsymbol{a}_0$$

则，非惯性系中小球的加速度为

$$\boldsymbol{a}=-\boldsymbol{a}_0$$

即车厢里的观察者看小球沿 x 轴负向做加速度为 $\boldsymbol{a}_0$ 的加速运动，因此通过引入惯性力，在非惯性系中也可应用牛顿运动定律求解力学问题了。

2. 匀速转动的非惯性系

如图 2-2-2 所示，长度为 l 的细绳一端固定在光滑转盘的中心，另一端系一质量为 m 的小球。当转盘以角速度 ω 绕通过盘心并垂直于盘面的竖直轴做匀速转动时，小球随转盘一起转动。

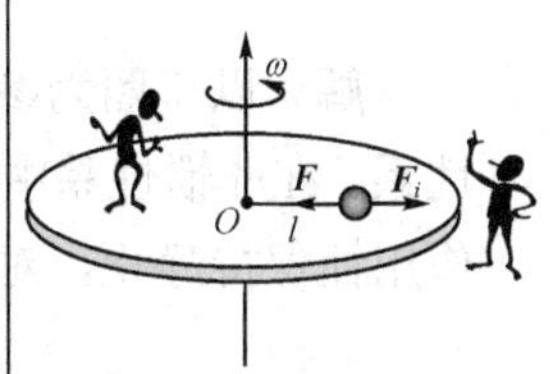

图 2-2-2　做匀速转动的非惯性系

站在地面参考系中的观察者来看，绳子对小球的作用力为指向转盘中心的向心力 $\boldsymbol{F}$，力的大小为 $F=ml\omega^2$，向心力使小球做圆周运动。

站在圆盘上的观察者来看，小球受到了细绳的拉力作用却保持静

止，这不符合牛顿运动定律。原因在于转盘相对于地面（惯性系）做匀速转动，转盘参考系是一个非惯性系，牛顿运动定律在此参考系中不再成立。

与做加速直线运动的非惯性系类似，需要引入惯性力来解决牛顿运动定律不适用的问题，在匀速转动的非惯性系中引入的惯性力 $\boldsymbol{F}_i$ 叫作**惯性离心力**。惯性离心力与向心力的大小相等，方向相反。

站在转盘上的观察者在非惯性系中观察小球的运动，小球水平方向受到的真实力为绳子的拉力，即 $F = ml\omega^2$，小球受惯性离心力的大小为 $F_i = -ml\omega^2$，方向与向心加速度的方向相反，根据式（2-2-3）有

$$\boldsymbol{F} + \boldsymbol{F}_i = m\boldsymbol{a} = 0$$

因此，非惯性系中小球的加速度为

$$\boldsymbol{a} = 0$$

即在转盘上的观察者看小球保持静止，因此通过引入惯性离心力，在匀速转动的非惯性系中牛顿第二定律也可以应用。

注意：惯性力是在非惯性系中的虚拟力，它与真实力的区别在于它不是因物体之间的相互作用而产生的。惯性力没有施力物体，也不存在反作用力，引入惯性力的目的是能够在非惯性系中应用牛顿运动定律解决问题。

例 2-2-1 动力摆可用来测量车辆的加速度。如图 2-2-3 所示，一根质量可忽略不计的细绳一端固定在车厢顶部，另一端系一质量为 m 的小球，当列车以加速度 $\boldsymbol{a}_0$ 行驶时，细绳与竖直方向的夹角为 θ，求加速度 $\boldsymbol{a}_0$ 与摆角 θ 的关系。

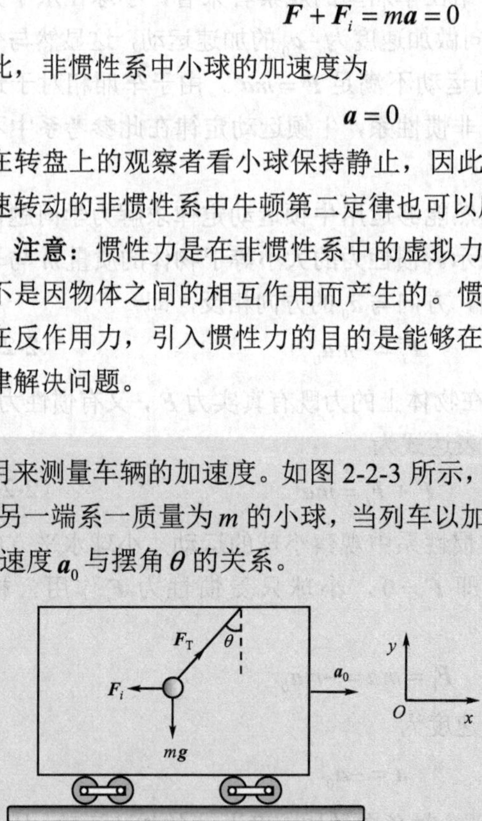

图 2-2-3 例 2-2-1 图

解 以车厢为参考系，由于车厢相对地面以加速度 $\boldsymbol{a}_0$ 做直线运动，所以此参考系为非惯性系。在非惯性系中的观察者认为，小球受到重力 $m\boldsymbol{g}$、细绳的拉力 $\boldsymbol{F}_T$ 和惯性力 $\boldsymbol{F}_i = -m\boldsymbol{a}_0$ 的作用而保持静止，对小球应用牛顿第二定律，有

$$x\text{方向：}\quad F_T \sin\theta - ma_0 = 0$$

$$y\text{方向：}\quad F_T \cos\theta - mg = 0$$

解得

$$a_0 = g\tan\theta$$

一般情况下，车辆的加速度不是很大，若 $\theta < 5^\circ$，则 $a_0 \approx g\theta$。这样由摆角 θ 可以很方便地测出车辆的加速度。

2.3　动量定理与动量守恒定律

应用牛顿运动定律原则上可以求出任何物体的运动规律，但在数学运算上，很多问题的求解都十分困难。从本节开始，在牛顿运动定律的基础上，得出一些具有普遍意义的运动定理，应用这些定理求解动力学问题往往比直接应用牛顿运动定律更加方便。

2.3.1　质点的动量定理

牛顿第二定律给出了力的瞬时效应，本节从力的时间积累效应出发，在冲量和动量概念的基础上，讨论质点及质点系的动量定理和动量守恒定律。

如前文所述，牛顿第二定律的表达式为

$$\boldsymbol{F} = \frac{\mathrm{d}\boldsymbol{p}}{\mathrm{d}t} = \frac{\mathrm{d}(m\boldsymbol{v})}{\mathrm{d}t}$$

将上式分离变量，得

$$\boldsymbol{F}\mathrm{d}t = \mathrm{d}\boldsymbol{p} = \mathrm{d}(m\boldsymbol{v})$$

将上式两边积分得

$$\int_{t_1}^{t_2} \boldsymbol{F}\mathrm{d}t = \boldsymbol{p}_2 - \boldsymbol{p}_1 = m\boldsymbol{v}_2 - m\boldsymbol{v}_1 \qquad (2\text{-}3\text{-}1)$$

式中 $\boldsymbol{p}_1$ 和 $\boldsymbol{v}_1$ 是质点在 t_1 时刻的动量和速度，$\boldsymbol{p}_2$ 和 $\boldsymbol{v}_2$ 是质点在 t_2 时刻的动量和速度。式（2-3-1）左侧的积分表示合力 $\boldsymbol{F}$ 在 t_1 到 t_2 这段时间内的积累效应，称为力的**冲量**，用符号 $\boldsymbol{I}$ 表示，即

$$\boldsymbol{I} = \int_{t_1}^{t_2} \boldsymbol{F}\mathrm{d}t$$

于是式（2-3-1）可表示为

$$\boldsymbol{I} = \boldsymbol{p}_2 - \boldsymbol{p}_1 \qquad (2\text{-}3\text{-}2)$$

式（2-3-2）的物理意义是：**在一段时间内，作用在质点上合力的冲量等于质点动量的增量**。这就是**质点的动量定理**。

质点的动量定理在直角坐标系中的分量形式为

$$\begin{cases} I_x = \int_{t_1}^{t_2} F_x \mathrm{d}t = mv_{2x} - mv_{1x} \\ I_y = \int_{t_1}^{t_2} F_y \mathrm{d}t = mv_{2y} - mv_{1y} \\ I_z = \int_{t_1}^{t_2} F_z \mathrm{d}t = mv_{2z} - mv_{1z} \end{cases} \quad (2\text{-}3\text{-}3)$$

显然，质点所受合力在某一方向上的分力的冲量只能改变该方向上的动量。

冲量是矢量，在恒力情况下，冲量的方向与恒力的方向相同；在变力情况下，Δt 时间内的冲量是各个瞬时冲量的矢量和，即这时的冲量由 $\int_{t_1}^{t_2} \boldsymbol{F}\mathrm{d}t$ 确定。但无论过程多么复杂，Δt 时间内的冲量总是等于这段时间内质点动量的增量，冲量的方向与动量的增量的方向相同。

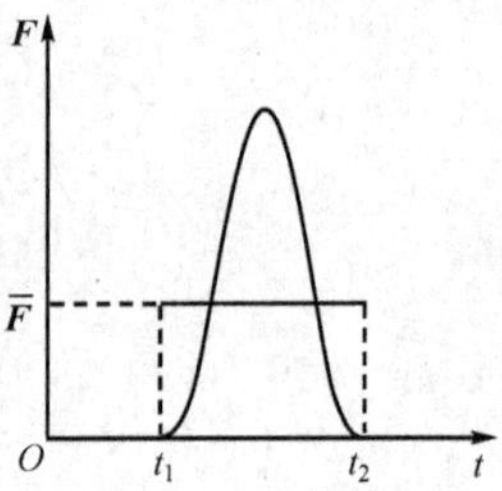

图 2-3-1　冲力示意图

质点的动量定理表明，作用在质点上的合力在某段时间内的冲量，只与该段时间末了和初始两时刻的动量之差有关，而与质点在该时间内动量变化的细节无关。因此，动量定理在打击、碰撞等问题中特别有用。在这类问题中，物体相互作用的时间极短（如两个钢球相碰撞的作用时间仅为 10^{-5} s 的数量级），但力的峰值却很大，而且变化很快，这种力通常称为冲力，如图 2-3-1 所示。冲力随时间变化的规律很难测定，然而我们能够很容易地测出物体在冲力作用下动量的增量，再利用动量定理计算出冲力的冲量。如果知道碰撞所经历的时间，就可以求出冲力的平均值。

例 2-3-1　如图 2-3-2 所示，质量为 0.05 kg 的钢球，以 10 m/s 的速率与钢板法线成 45° 的方向撞击在钢板上，并以相同的速率和角度弹回。设钢球和钢板的碰撞时间为 0.05 s。求在碰撞时间内钢板所受的平均冲力。

解　建立如图 2-3-2 所示的坐标系，由题意可知 $v_1 = v_2 = v = 10$ m/s，$\boldsymbol{v}_1$ 和 $\boldsymbol{v}_2$ 沿 x 轴和 y 轴的分量分别为

$$v_{1x} = -v\cos\alpha，\quad v_{1y} = v\sin\alpha$$

$$v_{2x} = v\cos\alpha，\quad v_{2y} = v\sin\alpha$$

由动量定理的分量形式可得，在碰撞过程中钢球所受的冲量为

$$\overline{F}_x \Delta t = mv_{2x} - mv_{1x} = 2mv\cos\alpha$$

$$\overline{F}_y \Delta t = mv_{2y} - mv_{1y} = 0$$

因此，钢球所受的平均冲力为

$$\overline{F} = \overline{F}_x = \frac{2mv\cos\alpha}{\Delta t} = \frac{2\times 0.05\times 10\times \cos 45^\circ}{0.05} \approx 14.1\ (\mathrm{N})$$

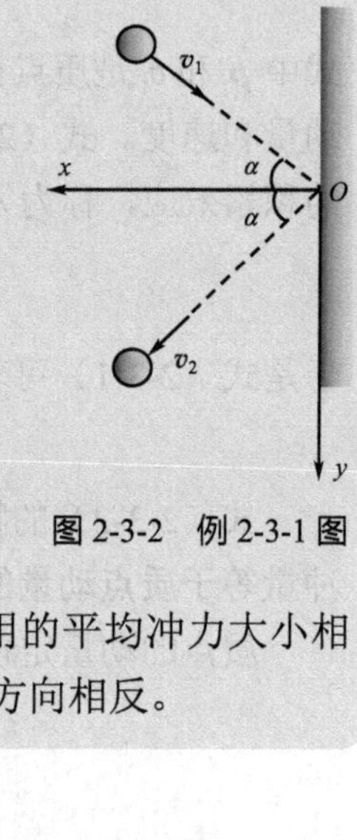

图 2-3-2　例 2-3-1 图

根据牛顿第三定律，钢球对钢板作用的平均冲力与钢板对钢球作用的平均冲力大小相等，方向相反。因此，钢板所受平均冲力的大小为 14.1 N，方向与 x 轴方向相反。

2.3.2 质点系的动量定理

由若干质点组成的系统称为**质点系**，一个不能抽象为质点的物体可认为是由无限多个质点所组成，因此质点系概括了力学中最普遍的研究对象。下面研究作用在质点系上的力与质点系的动量变化之间的关系。

系统所受的力分为内力和外力，**系统内各质点之间的相互作用力称为内力，系统外其他物体对系统内任意质点的作用力称为外力**。如图 2-3-3 所示，质点系由质量分别为 m_1 和 m_2 的两个质点组成，设作用在质点上的外力分别为 $\boldsymbol{F}_1$ 和 $\boldsymbol{F}_2$，两质点相互作用的内力分别为 $\boldsymbol{F}_{12}$ 和 $\boldsymbol{F}_{21}$。根据质点的动量定理，在 t_1 到 t_2 时间内，两质点所受力的冲量和动量增量的关系分别为

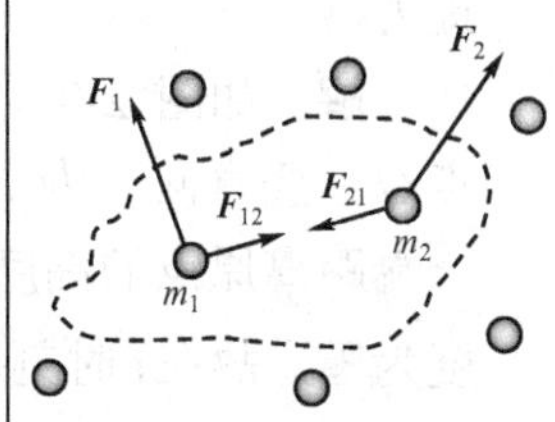

图 2-3-3　质点系的内力和外力

$$\int_{t_1}^{t_2}(\boldsymbol{F}_1+\boldsymbol{F}_{12})\mathrm{d}t=m_1\boldsymbol{v}_1-m_1\boldsymbol{v}_{10}$$

$$\int_{t_1}^{t_2}(\boldsymbol{F}_2+\boldsymbol{F}_{21})\mathrm{d}t=m_2\boldsymbol{v}_2-m_2\boldsymbol{v}_{20}$$

将上两式相加，有

$$\int_{t_1}^{t_2}(\boldsymbol{F}_1+\boldsymbol{F}_2)\mathrm{d}t+\int_{t_1}^{t_2}(\boldsymbol{F}_{12}+\boldsymbol{F}_{21})\mathrm{d}t=(m_1\boldsymbol{v}_1+m_2\boldsymbol{v}_2)-(m_1\boldsymbol{v}_{10}+m_2\boldsymbol{v}_{20})$$

由牛顿第三定律知 $\boldsymbol{F}_{12}=-\boldsymbol{F}_{21}$，因此上式写为

$$\int_{t_1}^{t_2}(\boldsymbol{F}_1+\boldsymbol{F}_2)\mathrm{d}t=(m_1\boldsymbol{v}_1+m_2\boldsymbol{v}_2)-(m_1\boldsymbol{v}_{10}+m_2\boldsymbol{v}_{20})$$

上式表明，对于由两个质点组成的系统，作用在系统上的合外力的冲量等于系统内两质点动量之和的增量，即系统动量的增量。将这一结果推广到多个质点组成的系统，将作用于系统的合外力用 $\boldsymbol{F}_{\mathrm{ex}}$ 表示，有

$$\int_{t_1}^{t_2}\left(\sum_{i=1}^{n}\boldsymbol{F}_{i,\mathrm{ex}}\right)\mathrm{d}t=\int_{t_1}^{t_2}\boldsymbol{F}_{\mathrm{ex}}\mathrm{d}t=\sum_{i=1}^{n}m_i\boldsymbol{v}_i-\sum_{i=1}^{n}m_i\boldsymbol{v}_{i0} \qquad (2\text{-}3\text{-}4)$$

若系统初动量和末动量分别用 $\boldsymbol{p}_0$ 和 $\boldsymbol{p}$ 表示，则上式可改写为

$$\boldsymbol{I}=\boldsymbol{p}-\boldsymbol{p}_0 \qquad (2\text{-}3\text{-}5)$$

上式表明，**作用于系统的合外力的冲量等于系统动量的增量**，这就是**质点系的动量定理**。

在无限小的时间间隔内，质点系的动量定理可写为

$$\boldsymbol{F}_{\mathrm{ex}}\mathrm{d}t=\mathrm{d}\boldsymbol{p}$$

或

$$F_{ex} = \frac{d\boldsymbol{p}}{dt} \quad (2\text{-}3\text{-}6)$$

上式表明，**作用于质点系的合外力等于质点系的动量随时间的变化率**。

例 2-3-2 如图 2-3-4 所示，一密度均匀的柔软链条长度为l，其质量线密度为λ，将其卷成一堆放在地面上。若将链条的一端以速率v向上提起，当链条一端被提到距离地面高度为y时，求手的提力。

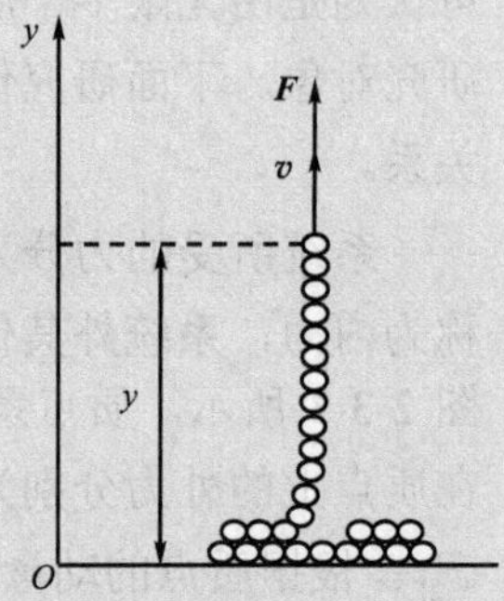

图 2-3-4 例 2-3-2 图

解 如图 2-3-4 所示，选地面为参考系，地面上的点为坐标原点O，竖直向上为y轴正向，以整个链条为系统。设t时刻链条的一端距离原点的高度为y，其速率为v。由于在地面部分的链条速度为零，故在t时刻链条的动量为

$$\boldsymbol{p} = \lambda y v \boldsymbol{j}$$

由于λ和v均为常量，所以链条的动量随时间的变化率为

$$\frac{d\boldsymbol{p}}{dt} = \lambda v \frac{dy}{dt}\boldsymbol{j} = \lambda v^2 \boldsymbol{j} \quad (1)$$

地面上的链条所受重力和支持力是平衡力，而链条被提起部分受到手的提力$\boldsymbol{F}$和重力$\lambda y \boldsymbol{g}$，所以系统所受的合外力为

$$\boldsymbol{F} + \lambda y \boldsymbol{g} = \boldsymbol{F} - \lambda y g \boldsymbol{j} \quad (2)$$

根据质点系动量定理，联立式（1）和式（2）得

$$\boldsymbol{F} - \lambda y g \boldsymbol{j} = \lambda v^2 \boldsymbol{j}$$

有

$$\boldsymbol{F} = \left(\lambda v^2 + \lambda y g\right)\boldsymbol{j}$$

2.3.3 质点系的动量守恒定律

从式（2-3-6）可以看出，当系统所受合外力为零时，即$\boldsymbol{F}_{ex} = 0$时，系统的总动量保持不变，有

$$\boldsymbol{p} = \sum_{i=1}^{n} m_i \boldsymbol{v}_i = \text{常矢量} \quad (2\text{-}3\text{-}7)$$

这就是**动量守恒定律**，它的表述为：**当系统所受合外力为零时，系统的总动量保持不变**。

动量守恒定律在直角坐标系下的分量形式为

$$
\begin{cases}
F_x = 0, & \sum_{i=1}^{n} m_i v_{ix} = p_x = \text{常量} \\
F_y = 0, & \sum_{i=1}^{n} m_i v_{iy} = p_y = \text{常量} \\
F_z = 0, & \sum_{i=1}^{n} m_i v_{iz} = p_z = \text{常量}
\end{cases}
$$

即，如果系统在某一方向所受合外力为零，则系统在该方向上的动量守恒。

注意：

（1）动量守恒定律表明：只要质点系不受外力或作用于质点系的合外力为零，质点系的动量守恒。只有外力对系统的动量变化有贡献，质点系内各质点相互作用的内力虽然不能改变整个系统的动量，但却能改变质点系内各质点的动量，即能使质点系内各质点的动量发生转移。在转移过程中，某一质点或某些质点获得动量的同时，质点系内其他质点必然失去与之相等的动量。

（2）系统动量守恒的条件是合外力为零。在碰撞、打击、爆炸等问题中，因为物体相互作用的时间很短，相互作用的内力很大，外力与内力相比往往可忽略不计，在这种情况下，可近似认为系统动量守恒。

（3）若系统合外力不为零，但系统在某一方向上的合外力为零，则在该方向上系统动量守恒。

（4）动量守恒定律只适用于惯性系，在应用动量守恒时，各质点的速度必须是相对于同一惯性系的速度。

（5）虽然在质点系动量守恒定律的推导过程中应用了牛顿运动定律，但是绝不能认为动量守恒定律是牛顿运动定律的推论，动量守恒定律是独立于牛顿运动定律的自然界中普适的定律。动量守恒定律不仅适用于宏观物体的机械运动，而且适用于分子、原子等微观粒子的运动。

例 2-3-3　一架质量为 $M = 1.5\times10^4\ \text{kg}$ 的战斗机水平飞行，发现目标后，把一枚质量为 $m = 7\ \text{kg}$ 的炮弹以相对机身 $v = 570\ \text{m/s}$ 的速度向正前方射出。求战斗机的飞行速度减小了多少？

解　以战斗机和炮弹组成的系统为研究对象，发射炮弹时，火药爆炸的内力远远大于外力，故系统水平方向动量守恒。设发射炮弹前后战斗机的飞行速度分别为 V_0 和 V，根据动量守恒定律，有

$$(M + m)V_0 = MV + m(v + V)$$

解得

$$V_0 - V = \frac{mv}{M+m} = \frac{7\times 570}{1.5\times 10^4 + 7} \approx 0.266 \text{（m/s）}$$

即，战斗机的飞行速度减小了 0.266 m/s。

2.4 动能定理与机械能守恒定律

本节研究力的空间积累效应，讨论功与能的关系，建立质点及质点系的动能定理，介绍保守力做功的特点，引入势能的概念，并研究功能原理和机械能守恒定律。

2.4.1 功和功率

1. 恒力的功

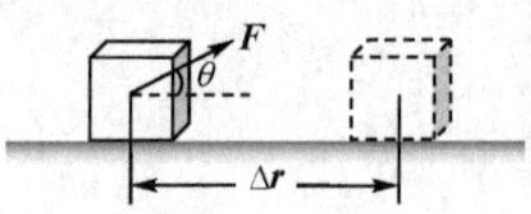

图 2-4-1 恒力的功

如图 2-4-1 所示，一个物体在恒力 $\boldsymbol{F}$ 的作用下发生位移 $\Delta\boldsymbol{r}$，$\boldsymbol{F}$ 与 $\Delta\boldsymbol{r}$ 的夹角为 θ。功定义为：**力在位移方向上的投影与该位移大小的乘积**。若用 W 表示功，则力 $\boldsymbol{F}$ 所做的功为

$$W = F\cos\theta|\Delta\boldsymbol{r}| = \boldsymbol{F}\cdot\Delta\boldsymbol{r} \tag{2-4-1}$$

功是标量，只有大小没有方向，功的正负由夹角 θ 决定。当 $0 \leqslant \theta < 90^\circ$ 时，力对物体做正功；当 $90^\circ < \theta \leqslant 180^\circ$ 时，力对物体做负功或者说物体克服外力做功；当 $\theta = 90^\circ$ 时，力对物体不做功。

2. 变力的功

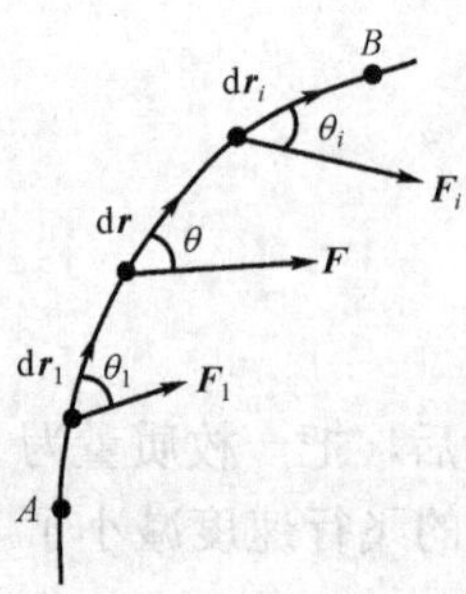

图 2-4-2 变力的功

如果一质点在变力 $\boldsymbol{F}$ 的作用下沿如图 2-4-2 所示的曲线由 A 点运动到 B 点，在曲线上的不同点，力的大小、方向以及力与位移方向的夹角都可能发生变化。为计算力 $\boldsymbol{F}$ 所做的功，可将路径分成许多小段，每段可近似认为是一个直线小位移，在每个小位移上力的大小和方向近似认为不变，即可近似地看作恒力。小位移为无穷小量，可认为与轨迹重合，称为元位移。力在元位移上的功称为元功，则变力 $\boldsymbol{F}$ 在元位移 $\mathrm{d}\boldsymbol{r}$ 上所做的元功为

$$\mathrm{d}W = \boldsymbol{F}\cdot\mathrm{d}\boldsymbol{r} \tag{2-4-2}$$

质点由 A 点运动到 B 点，变力所做的功等于力在每段元位移上所做元功的代数和，即

$$W = \int \mathrm{d}W = \int_A^B \boldsymbol{F}\cdot\mathrm{d}\boldsymbol{r} = \int_A^B F\cos\theta|\mathrm{d}\boldsymbol{r}| = \int_A^B F\cos\theta\,\mathrm{d}s \tag{2-4-3}$$

其中 $\mathrm{d}s = |\mathrm{d}\boldsymbol{r}|$，式（2-4-3）为变力做功的一般表达式。

功常用图示法来计算，如图 2-4-3 所示，以路程 s 为横坐标，以

$F\cos\theta$ 为纵坐标作图，图中阴影部分的面积等于 $F\cos\theta$ 在 $\mathrm{d}s$ 上做的元功。曲线与边界线所围的面积就是变力 $\boldsymbol{F}$ 在整个路程上做的总功。

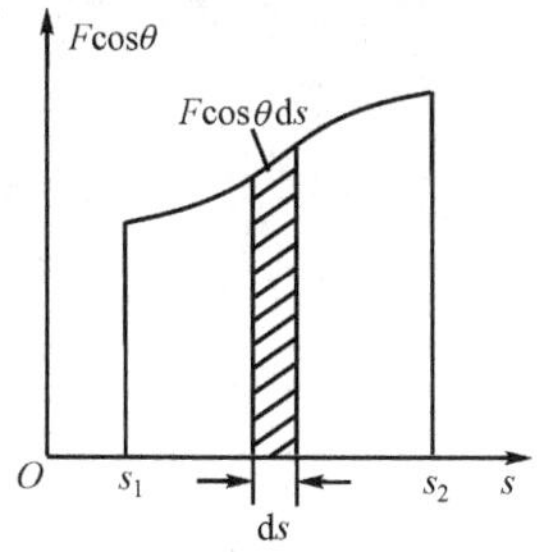

图 2-4-3 变力做功的图示

在直角坐标系中，$\boldsymbol{F}$ 和 $\mathrm{d}\boldsymbol{r}$ 的分量形式为

$$\boldsymbol{F} = F_x\boldsymbol{i} + F_y\boldsymbol{j} + F_z\boldsymbol{k}$$

$$\mathrm{d}\boldsymbol{r} = \mathrm{d}x\boldsymbol{i} + \mathrm{d}y\boldsymbol{j} + \mathrm{d}z\boldsymbol{k}$$

那么式（2-4-3）可写为

$$W = \int_A^B \boldsymbol{F}\cdot\mathrm{d}\boldsymbol{r} = \int_A^B \left(F_x\mathrm{d}x + F_y\mathrm{d}y + F_z\mathrm{d}z\right) \tag{2-4-4}$$

当质点同时受到若干个力 $\boldsymbol{F}_1$，$\boldsymbol{F}_2$，…，$\boldsymbol{F}_N$ 的作用时，由力的叠加原理可知，合力 $\boldsymbol{F}$ 对质点所做的功为

$$\begin{aligned} W &= \int \boldsymbol{F}\cdot\mathrm{d}\boldsymbol{r} = \int\left(\boldsymbol{F}_1 + \boldsymbol{F}_2 + \cdots + \boldsymbol{F}_N\right)\cdot\mathrm{d}\boldsymbol{r} \\ &= \int \boldsymbol{F}_1\cdot\mathrm{d}\boldsymbol{r} + \int \boldsymbol{F}_2\cdot\mathrm{d}\boldsymbol{r} + \cdots + \int \boldsymbol{F}_N\cdot\mathrm{d}\boldsymbol{r} \end{aligned}$$

即

$$W = W_1 + W_2 + \cdots + W_N \tag{2-4-5}$$

式（2-4-5）说明，合力 $\boldsymbol{F}$ 对质点所做的功等于每个分力所做功的代数和。

3. 功率

把**力在单位时间内所做的功**称为**功率**，功率用 P 表示，设 Δt 时间内，力 $\boldsymbol{F}$ 所做的功为 ΔW，则这段时间的**平均功率**为

$$\bar{P} = \frac{\Delta W}{\Delta t} \tag{2-4-6}$$

当 $\Delta t \to 0$ 时，平均功率的极限叫作力的**瞬时功率**，即

$$P = \lim_{\Delta t\to 0}\frac{\Delta W}{\Delta t} = \frac{\mathrm{d}W}{\mathrm{d}t} = \boldsymbol{F}\cdot\boldsymbol{v} \tag{2-4-7}$$

即**瞬时功率等于力与速度的标量积**。

国际单位制中，功的单位是焦耳，简称焦，符号为 J；功率的单位是瓦特，简称瓦，符号为 W。

例 2-4-1 如图 2-4-4 所示，质量为 m 的物体在变力 $\boldsymbol{F}$ 的作用下沿 x 轴正向运动，力 $\boldsymbol{F}$ 与 x 轴的夹角为 θ，已知力的大小及 θ 随位置 x 的变化规律分别为：$F = 6x$，$\cos\theta = 0.70 - 0.02x$，其中 F 的单位是 N，x 的单位是 m。求质点从 $x_1 = 10\,\mathrm{m}$ 运动到 $x_2 = 20\,\mathrm{m}$ 过程中力 $\boldsymbol{F}$ 所做的功。

解 变力 $\boldsymbol{F}$ 在位移方向的元功为

$$\mathrm{d}W = F_x\mathrm{d}x = F\cos\theta\mathrm{d}x = 6x(0.70 - 0.02x)\mathrm{d}x$$

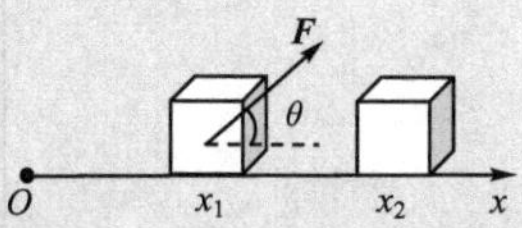

图 2-4-4 例 2-4-1 图

质点从 $x_1 = 10\,\mathrm{m}$ 运动到 $x_2 = 20\,\mathrm{m}$ 的过程中，力做的功为

$$W=\int_{x_1}^{x_2}\mathrm{d}W=\int_{10}^{20}6x(0.70-0.02x)\mathrm{d}x$$
$$=\int_{10}^{20}4.2x\mathrm{d}x-\int_{10}^{20}0.12x^2\mathrm{d}x=350\ \text{（J）}$$

2.4.2 质点和质点系的动能定理

1. 质点的动能定理

力对物体做功，物体的运动状态就会发生变化，下面讨论力对质点做功与质点动能变化之间的关系。

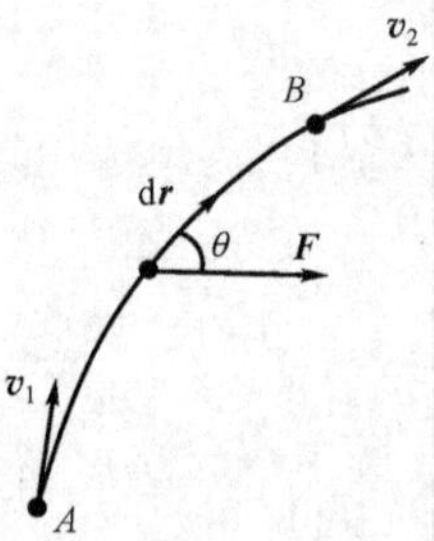

图 2-4-5 动能定理

如图 2-4-5 所示，质量为 m 的质点在合力 $\boldsymbol{F}$ 的作用下，沿曲线由 A 点运动到 B 点，A、B 两点处质点的速度分别为 $\boldsymbol{v}_1$ 和 $\boldsymbol{v}_2$，在曲线上任意一点，力 $\boldsymbol{F}$ 与元位移 $\mathrm{d}\boldsymbol{r}$ 之间的夹角为 θ，由式（2-4-2）得，力 $\boldsymbol{F}$ 在元位移 $\mathrm{d}\boldsymbol{r}$ 上做的元功为

$$\mathrm{d}W=\boldsymbol{F}\cdot\mathrm{d}\boldsymbol{r}=F\cos\theta|\mathrm{d}\boldsymbol{r}| \tag{2-4-8}$$

根据牛顿第二定律及切向加速度的定义，有

$$F\cos\theta=ma_{\mathrm{t}}=m\frac{\mathrm{d}v}{\mathrm{d}t}$$

考虑到 $|\mathrm{d}\boldsymbol{r}|=\mathrm{d}s=v\mathrm{d}t$，式（2-4-8）写为

$$\mathrm{d}W=m\frac{\mathrm{d}v}{\mathrm{d}t}\mathrm{d}s=mv\mathrm{d}v=\mathrm{d}\left(\frac{1}{2}mv^2\right) \tag{2-4-9}$$

式中 $\frac{1}{2}mv^2$ 是与质点运动状态有关的物理量，叫作质点的动能，用 E_{k} 表示，即

$$E_{\mathrm{k}}=\frac{1}{2}mv^2$$

所以力 $\boldsymbol{F}$ 在这一过程中所做的功为

$$W=\int_{v_1}^{v_2}\mathrm{d}\left(\frac{1}{2}mv^2\right)=\frac{1}{2}mv_2^2-\frac{1}{2}mv_1^2 \tag{2-4-10}$$

用 $E_{\mathrm{k1}}=\frac{1}{2}mv_1^2$ 和 $E_{\mathrm{k2}}=\frac{1}{2}mv_2^2$ 分别表示质点在起始和终了位置的动能，式（2-4-10）写为

$$W=E_{\mathrm{k2}}-E_{\mathrm{k1}} \tag{2-4-11}$$

上式表明：**合力对质点所做的功等于质点动能的增量**，这个结论叫作**质点的动能定理**。式（2-4-9）和式（2-4-11）分别称为质点动能定理的微分形式和积分形式。

从质点动能定理可以看出以下几点。

（1）当合力做正功时（$W>0$），质点动能增加；当合力做负功时（$W<0$），质点动能减小；合力不做功时（$W=0$），质点动能不变。

（2）质点动能的改变是作用于质点的合力对质点做功所引起的，也就是说，功是动能改变的度量。

（3）合力对质点所做的功，只与质点始、末两状态的动能有关，而与质点在运动过程中动能变化的细节无关。

（4）与牛顿第二定律一样，动能定理也只适用于惯性系，在不同的惯性系中，质点的位移和速度是不同的，因此，功和能依赖于惯性系的选取。但是对不同的惯性系，动能定理的形式是相同的。

2. 质点系的动能定理

下面将质点的动能定理推广到质点系的情况。设质点系由n个质点组成，其中任意第 i 个质点的质量为m_i，在某一过程中初状态速率为v_{i1}，末状态速率为v_{i2}，用W_i表示作用于该质点的合力所做的功，对该质点应用动能定理有

$$W_i=\frac{1}{2}m_i v_{i2}^2-\frac{1}{2}m_i v_{i1}^2$$

W_i可分为两部分：一部分是外力做的功，用$W_{i,\mathrm{ex}}$表示；另一部分是内力做的功，用$W_{i,\mathrm{in}}$表示，因此上式可写为

$$W_{i,\mathrm{ex}}+W_{i,\mathrm{in}}=\frac{1}{2}m_i v_{i2}^2-\frac{1}{2}m_i v_{i1}^2$$

把质点动能定理应用于质点系内所有质点，均可得到上式的方程，把所有方程相加，得

$$\sum_{i=1}^{n}W_{i,\mathrm{ex}}+\sum_{i=1}^{n}W_{i,\mathrm{in}}=\sum_{i=1}^{n}\frac{1}{2}m_i v_{i2}^2-\sum_{i=1}^{n}\frac{1}{2}m_i v_{i1}^2 \tag{2-4-12}$$

若用W_{ex}和W_{in}分别表示作用于质点系各质点所有外力做的功和所有内力做的功，即$W_{\mathrm{ex}}=\sum\limits_{i=1}^{n}W_{i,\mathrm{ex}}$，$W_{\mathrm{in}}=\sum\limits_{i=1}^{n}W_{i,\mathrm{in}}$；用$E_{\mathrm{k}2}$和$E_{\mathrm{k}1}$分别表示质点系末状态的动能和初状态的动能，即$E_{\mathrm{k}2}=\sum\limits_{i=1}^{n}\frac{1}{2}m_i v_{i2}^2$，$E_{\mathrm{k}1}=\sum\limits_{i=1}^{n}\frac{1}{2}m_i v_{i1}^2$，则式（2-4-12）可写为

$$W_{\mathrm{ex}}+W_{\mathrm{in}}=E_{\mathrm{k}2}-E_{\mathrm{k}1} \tag{2-4-13}$$

式（2-4-13）就是**质点系的动能定理**，它表明，**作用于质点系所有外力做的功和所有内力做的功的代数和等于质点系动能的增量**。

需要强调的是，系统内力总是成对出现的，尽管质点系内所有内力的矢量和恒等于零，但系统所有内力做功的总和可以不为零。例如，

把炮弹作为一个系统，在炮弹爆炸时，内力做的功使炮弹系统的动能增大；在荡秋千时，将人和秋千选做一个系统，靠人的内力做功可使系统的动能增大，秋千越荡越高。这些都是内力做功的总和不为零的例子。因而，**内力可以改变系统总的动能**。所以应用质点系动能定理分析力学问题时，不仅要考虑外力的功，还要考虑内力的功，外力和内力都可以改变质点系的动能。

例 2-4-2 一质量为 10 kg 的物体沿 x 轴无摩擦地滑动，$t=0$ 时物体静止于坐标原点。（1）若物体在力 $F=3+4t$（式中 F 的单位是 N，t 的单位是 s）的作用下运动了 3 s，它的速度增为多大？（2）物体在力 $F=3+4x$（式中 F 的单位是 N，x 的单位是 m）的作用下移动了 3 m，它的速度增为多大？

解 （1）根据题意可知，$t=0$ 时物体处于静止状态，根据质点的动量定理，有

$$\int_0^t F\mathrm{d}t=\int_0^3(3+4t)\,\mathrm{d}t=10v-0$$

解得

$$v=\int_0^3\frac{3+4t}{10}\mathrm{d}t=2.7\ \text{（m/s）}$$

（2）$t=0$ 时物体位于坐标原点，根据质点动能定理，有

$$\int_0^x F\mathrm{d}x=\int_0^3(3+4x)\mathrm{d}x=\frac{1}{2}\times 10v^2-0$$

解得

$$v=\sqrt{\int_0^3\frac{3+4x}{5}\mathrm{d}x}\approx 2.3\ \text{（m/s）}$$

2.4.3 保守力与非保守力、势能

1. 保守力与非保守力

下面通过分析重力、万有引力和弹簧弹性力做功的特点，引入保守力和非保守力的概念。

1）重力的功

如图 2-4-6 所示，在地球表面附近，有一个质量为 m 的质点在重力作用下由 A 点沿曲线 ACB 运动到 B 点，选地面为坐标原点，竖直向上为 y 轴正向，A 点和 B 点距地面高度分别为 y_1 和 y_2。考虑到重力沿 y 轴负向，即 $\boldsymbol{F}=-mg\boldsymbol{j}$，根据式（2-4-4）重力做功为

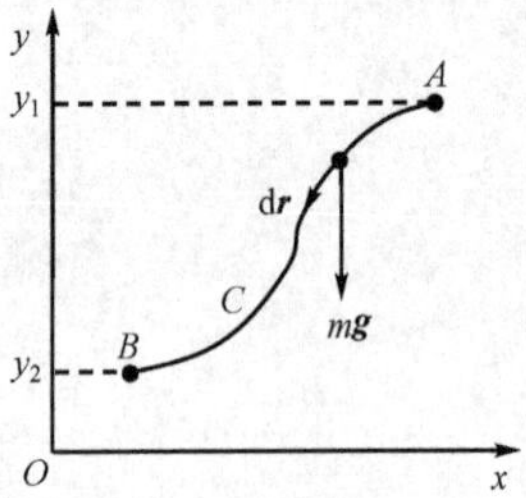

图 2-4-6 重力的功

$$W=\int_A^B\boldsymbol{F}\cdot\mathrm{d}\boldsymbol{r}=\int_A^B F_y\mathrm{d}y=-mg\int_{y_1}^{y_2}\mathrm{d}y=-(mgy_2-mgy_1)\quad(2\text{-}4\text{-}14)$$

上式表明，**重力做功只与质点的始、末位置（y_1 和 y_2）有关，而与所经过的路径无关**。

2）万有引力的功

如图 2-4-7 所示，设质量为 m 的质点在另一质量为 M 的质点的引力场中，沿任意路径由 A 点运动到 B 点。取 M 的位置为坐标原点 O，A、B 两点相对于 O 点的位置矢量分别为 $\boldsymbol{r}_A$ 和 $\boldsymbol{r}_B$。设某时刻 m 的位置矢量为 $\boldsymbol{r}$，则 m 受到 M 的万有引力为

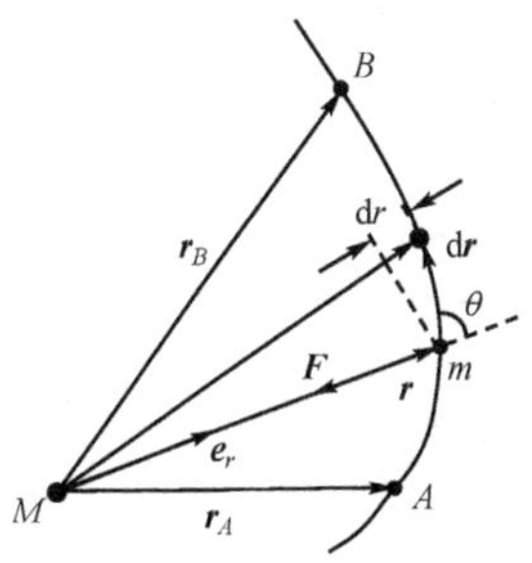

图 2-4-7　万有引力的功

$$\boldsymbol{F}=-G\frac{mM}{r^2}\boldsymbol{e}_r$$

式中 $\boldsymbol{e}_r$ 是位置矢量 $\boldsymbol{r}$ 的单位矢量。当 m 沿路径移动元位移 $\mathrm{d}\boldsymbol{r}$ 时，万有引力做的元功为

$$\mathrm{d}W=\boldsymbol{F}\cdot\mathrm{d}\boldsymbol{r}=-G\frac{mM}{r^2}\boldsymbol{e}_r\cdot\mathrm{d}\boldsymbol{r}$$

从图 2-4-7 可以看出

$$\boldsymbol{e}_r\cdot\mathrm{d}\boldsymbol{r}=|\boldsymbol{e}_r||\mathrm{d}\boldsymbol{r}|\cos\theta=|\mathrm{d}\boldsymbol{r}|\cos\theta=\mathrm{d}r$$

$\mathrm{d}r$ 是质量为 m 的质点径向距离的增量，于是万有引力的元功可写为

$$\mathrm{d}W=-G\frac{mM}{r^2}\mathrm{d}r$$

所以质量为 m 的质点沿任意路径由 A 点运动到 B 点的过程中，万有引力做的功为

$$W=\int_{r_A}^{r_B}\mathrm{d}W=\int_{r_A}^{r_B}-G\frac{mM}{r^2}\mathrm{d}r=-\left[\left(-G\frac{mM}{r_B}\right)-\left(-G\frac{mM}{r_A}\right)\right] \tag{2-4-15}$$

上式表明，**万有引力做功只与质点的始、末位置（r_A 和 r_B）有关，而与所经过的路径无关**。

3）弹簧弹性力的功

如图 2-4-8 所示，将劲度系数为 k 的轻质弹簧与质量为 m 的物体相连接。当弹簧水平方向受力为零时，弹簧不发生形变，此位置叫作**平衡位置**。以平衡位置为坐标原点 O，向右为 x 轴正向建立坐标系，弹簧弹性力与弹簧的伸长量 x 之间的关系为

$$\boldsymbol{F}=-kx\boldsymbol{i}$$

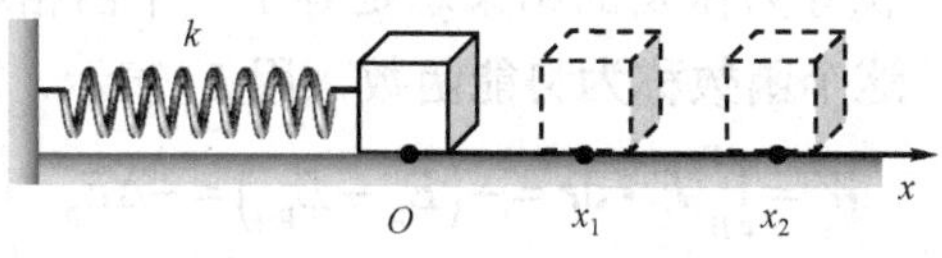

图 2-4-8　弹簧弹性力的功

在弹簧被拉长的过程中弹性力是变力，但在元位移 $\mathrm{d}x$ 上弹性力 $\boldsymbol{F}$ 可近似认为是不变的，弹性力做的元功为

$$\mathrm{d}W=\boldsymbol{F}\cdot\mathrm{d}\boldsymbol{r}=-kx\boldsymbol{i}\cdot\mathrm{d}x\boldsymbol{i}=-kx\mathrm{d}x$$

弹簧伸长量由 x_1 变到 x_2 时，弹性力所做的功为

$$W=\int_{x_1}^{x_2}\mathrm{d}W=\int_{x_1}^{x_2}-kx\mathrm{d}x=-\left(\frac{1}{2}kx_2^2-\frac{1}{2}kx_1^2\right)\tag{2-4-16}$$

从上式可以看出，在弹性限度内**弹性力所做的功只与弹簧始、末位置（x_1 和 x_2）有关，而与弹性形变的过程无关**。这一特点与重力做功和万有引力做功的特点相同。

综上所述，重力、万有引力、弹簧弹性力都有一个共同的特点：它们**所做的功只与质点的始、末位置有关，而与路径无关**。具有这样性质的力称为**保守力**。除重力、万有引力、弹簧弹性力是保守力外，静电力和分子力也是保守力。如果物体运动的路径是一个闭合回路，那么始、末位置相同，保守力做的功为零，即

$$\oint_l \boldsymbol{F}\cdot\mathrm{d}\boldsymbol{r}=0\tag{2-4-17}$$

上式说明，**物体沿任意闭合路径运动一周时，保守力对它所做的功为零**。保守力做功与路径无关的特点与保守力沿任意闭合路径一周做功为零的特点是一致的。

若**力所做的功不仅与受力质点的始、末位置有关，还与质点经过的路径有关**，或者说，**力沿任意闭合路径做的功不等于零**，这种力叫**非保守力**。例如，摩擦力，它所做的功与路径有关，路径越长，摩擦力做的功也越大。

2. 势能

势能的概念是在保守力做功的基础上提出的，在前面已经讨论了重力、万有引力和弹簧弹性力所做的功，其数学表达式分别为

$$W=-\left(mgy-mgy_0\right)$$

$$W=-\left[\left(-G\frac{mM}{r}\right)-\left(-G\frac{mM}{r_0}\right)\right]$$

$$W=-\left(\frac{1}{2}kx^2-\frac{1}{2}kx_0^2\right)$$

由此可以看出，保守力做功的结果总是等于一个由相对位置决定的函数增量的负值，**这个函数称为势能函数**，用 E_p 表示，即

$$W=\int_{P_0}^{P}\boldsymbol{F}\cdot\mathrm{d}\boldsymbol{r}=-\left(E_\mathrm{p}-E_{\mathrm{p}_0}\right)=-\Delta E_\mathrm{p}\tag{2-4-18}$$

因为势能的值具有相对的意义，只有选定了势能零点才能确定任意一点的势能，所以式（2-4-18）是势能之差，而不是势能函数本身。若选

P_0处为势能零点，即$E_{p_0}=0$，则由式（2-4-18）可得任意位置P处的势能为

$$E_p=-\int_{P_0}^{P}\boldsymbol{F}\cdot d\boldsymbol{r}=\int_{P}^{P_0}\boldsymbol{F}\cdot d\boldsymbol{r} \tag{2-4-19}$$

重力势能、万有引力势能、弹性势能可由式（2-4-19）求出，三种势能的表达式为

$$\begin{cases}\text{重力势能}\quad E_p=mgy & (\text{势能零点为 } y=0)\\ \text{引力势能}\quad E_p=-G\dfrac{mM}{r} & (\text{势能零点为 } r\to\infty)\\ \text{弹性势能}\quad E_p=\dfrac{1}{2}kx^2 & (\text{势能零点为 } x=0)\end{cases} \tag{2-4-20}$$

在国际单位制中，势能和功具有相同的单位和量纲，单位为焦耳。

有关势能概念需要注意以下几点。

（1）**势能具有相对性，势能的值与势能零点的选取有关**。原则上势能零点的位置是任意选取的，但为了计算方便，通常选式（2-4-20）中的位置为势能零点。

（2）**势能是属于系统的**。势能是由系统内物体间的保守力做功而引起的，因而势能是属于系统的。脱离系统谈单个物体的势能是没有意义的。例如，重力势能属于地球和物体组成的系统，弹性势能属于物体和弹簧组成的系统。习惯上称某物体具有多少势能，这只是叙述的简化而已，不能认为势能是某一物体的。

（3）由式（2-4-18）可知，**保守力的功等于势能增量的负值**，所以，在已知势能的情况下，由式（2-4-18）可以方便地求出保守力的功，而不再需要利用积分进行计算。

例 2-4-3　如图 2-4-9 所示，有一质量为M、半径为R的细圆环，将质量为m的质点放在圆环的中心，求圆环和质点间的引力势能。

解　在圆环上取长度为dl的线元，整个圆环可认为由无穷多个线元组成，每个线元的质量为

$$dM=\frac{M}{2\pi R}\cdot dl=\frac{M}{2\pi R}\cdot R d\theta$$

若取无穷远处为势能零点，则线元和质点之间的引力势能为

$$dE_p=-G\frac{m dM}{R}=-G\frac{mM}{2\pi R}d\theta$$

圆环和质点之间的引力势能为

$$E_p=\int_0^{2\pi}dE_p=-\int_0^{2\pi}G\frac{mM}{2\pi R}d\theta=-G\frac{mM}{R}$$

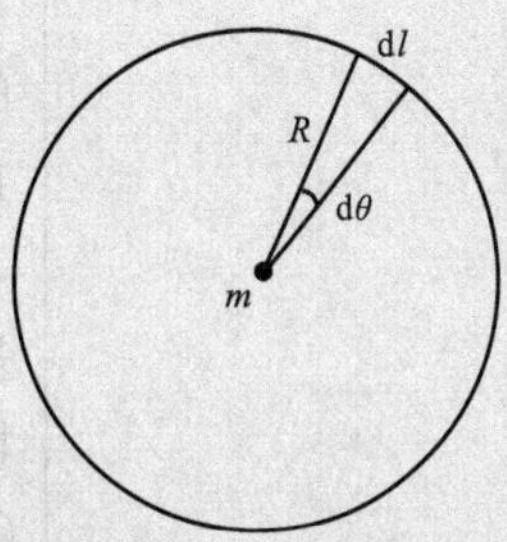

图 2-4-9　例 2-4-3 图

2.4.4 功能原理及机械能守恒定律

1. 质点系功能原理

根据式（2-4-13），质点系的动能定理为

$$W_{ex}+W_{in}=E_{k2}-E_{k1} \tag{2-4-21}$$

通过上节的讨论知道，内力分为保守内力$\boldsymbol{F}_{in,c}$和非保守内力$\boldsymbol{F}_{in,nc}$，因此内力做的功W_{in}可以分为保守内力做的功$W_{in,c}$和非保守内力做的功$W_{in,nc}$两部分，即

$$W_{in}=W_{in,c}+W_{in,nc} \tag{2-4-22}$$

将式（2-4-22）代入式（2-4-21），得

$$W_{ex}+W_{in,c}+W_{in,nc}=E_{k2}-E_{k1} \tag{2-4-23}$$

由式（2-4-18）可知，保守内力的功等于势能增量的负值，即

$$W_{in,c}=-\left(E_{p2}-E_{p1}\right) \tag{2-4-24}$$

将式（2-4-24）代入式（2-4-23），得

$$W_{ex}+W_{in,nc}=\left(E_{k2}+E_{p2}\right)-\left(E_{k1}+E_{p1}\right) \tag{2-4-25}$$

系统的动能和势能统称为机械能，用E表示，即$E=E_k+E_p$，若用E_1、E_2分别表示系统初态和末态的机械能，则式（2-4-25）写为

$$W_{ex}+W_{in,nc}=E_2-E_1 \tag{2-4-26}$$

上式表明，**质点系机械能的增量等于外力和非保守内力做功的代数和，这就是质点系的功能原理。**

功和能是有密切联系的，但又是有区别的。功总是和能量的变化及转化过程相联系，功是能量变化和转换的一种度量；而能量则代表系统在一定状态下所具有的做功本领，它与系统的状态有关。对于机械能来说，能量与系统的运动状态（即速度和位置）有关。

2. 机械能守恒定律

由式（2-4-26）表示的功能原理可知：① 若$W_{ex}+W_{in,nc}>0$，系统的机械能增加；② 若$W_{ex}+W_{in,nc}<0$，系统的机械能减少；③ 若$W_{ex}+W_{in,nc}=0$，系统的机械能不变。

考虑当$W_{ex}=0$时，存在三种情况：① 若$W_{in,nc}>0$，其他形式的能量转化为机械能，系统机械能增大，如炸弹爆炸；② 若$W_{in,nc}<0$，机械能转化为其他形式的能量，系统机械能减小，如克服摩擦力做功；③ 若$W_{in,nc}=0$，系统机械能守恒。

通过上述分析可知，质点系机械能保持恒定有两种可能：① $W_{ex}=0$

且 $W_{in,nc}=0$，即无外力做功，同时无非保守内力做功，这样的系统称为保守系统；② $W_{ex}+W_{in,nc}=0$，即在一定过程中，外力的功与非保守内力的功能够相互抵消。这两个条件虽然都能够保证系统机械能守恒，但物理意义并不相同。前者（保守系统）可以保证系统在任意时刻机械能都守恒，而后者只表示在某段特殊的过程中系统机械能守恒，并不能保证系统机械能时时守恒。一般的机械能守恒系统大都是指保守系统。在系统机械能守恒时有

$$E_{k1}+E_{p1}=E_{k2}+E_{p2} \tag{2-4-27}$$

上式的物理意义是，在质点系运动过程中，**只有保守内力做功，外力的功和非保守内力的功都为零时，质点系的机械能是守恒的**，这就是**机械能守恒定律**。

机械能守恒定律的数学表达式（2-4-27）还可以写为

$$E_{p2}-E_{p1}=-\left(E_{k2}-E_{k1}\right)$$

即

$$\Delta E_p=-\Delta E_k \tag{2-4-28}$$

上式表明，在机械能守恒的条件下，质点系内的动能和势能可以相互转化，但动能和势能之和保持不变。质点系内的动能和势能之间的转化是通过系统保守内力做功实现的。

例 2-4-4　如图 2-4-10 所示，一雪橇从高度为 50 m 的山顶 A 点沿冰道由静止下滑，山顶 A 点到山下 B 点的坡道长度为 500 m，雪橇滑至山下 B 点后又沿水平冰道继续滑行，滑行若干米后停止在 C 点。若雪橇与冰道之间的摩擦系数 $\mu=0.05$，求雪橇沿水平冰道滑行的路程。设 B 点附近可视为连续弯曲的滑道，空气阻力可忽略。

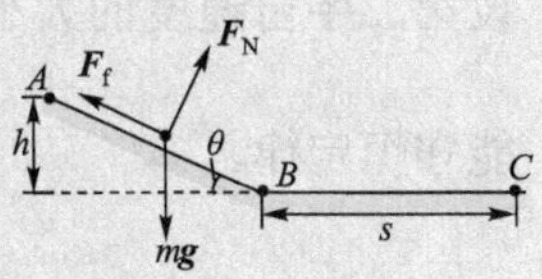

图 2-4-10　例 2-4-4 图

解　把雪橇、冰道和地球作为一个系统，在忽略空气阻力的情况下，雪橇的受力如图 2-4-10 所示。作用于雪橇上的力为重力 mg、支持力 $\boldsymbol{F}_N$ 和摩擦力 $\boldsymbol{F}_f$，雪橇在下滑过程中只有保守内力（重力）和非保守内力（摩擦力）做功，没有外力做功。由功能原理可知，雪橇在下滑过程中摩擦力所做的功为

$$W=W_1+W_2=\left(E_{p2}+E_{k2}\right)-\left(E_{p1}+E_{k1}\right) \tag{1}$$

式中 W_1 和 W_2 分别为雪橇沿斜坡下滑和沿水平冰道运动时摩擦力做的功；E_{p1} 和 E_{k1} 为雪橇在山顶 A 点时的势能和动能，E_{p2} 和 E_{k2} 为雪橇静止在水平滑道 C 点时的势能和动能。

取水平滑道处的势能为零，由题意可知，$E_{p1}=mgh$，$E_{k1}=0$，$E_{p2}=0$，$E_{k2}=0$。式（1）写为

$$W_1+W_2=-mgh \tag{2}$$

根据功的定义有

$$W_1 = \int_A^B \boldsymbol{F} \cdot \mathrm{d}\boldsymbol{r} = -\int_A^B F_{\mathrm{f}} \mathrm{d}r = -\int_A^B \mu mg\cos\theta \mathrm{d}r$$

因为坡度很小，$\cos\theta \approx 1$，设斜坡 AB 的距离为 s_1，所以有

$$W_1 = -\mu mgs_1$$

设 BC 的距离为 s_2，有

$$W_2 = \int_B^C \boldsymbol{F} \cdot \mathrm{d}\boldsymbol{r} = -\int_B^C F_{\mathrm{f}} \mathrm{d}r = -\int_B^C \mu mg\mathrm{d}r = -\mu mgs_2$$

把上述结果代入式（2）得

$$-\mu mgs_1 - \mu mgs_2 = -mgh$$

$$s_2 = \frac{h}{\mu} - s_1 = \frac{50}{0.05} - 500 = 500 \text{（m）}$$

例 2-4-5 求第二宇宙速度。第二宇宙速度对应于地面发射的人造卫星逃离地球引力后速度为零的情况。已知地球半径为 $R = 6.4\times10^6$ m。

解 以地球和物体组成的系统为研究对象，在忽略空气等其他阻力的情况下，只有保守内力做功，系统的机械能守恒。以第二宇宙速度发射人造卫星，脱离地球引力后速度为零，则系统动能为零，万有引力势能也为零，此时系统机械能为零。

选无穷远处为万有引力势能的势能零点，则物体在地面所具有的势能为

$$E_{\mathrm{p}} = -G\frac{mM}{R}$$

设第二宇宙速度的大小为 v，则人造卫星在地面时的机械能为 $\frac{1}{2}mv^2 + \left(-G\frac{mM}{R}\right)$，根据机械能守恒定律，有

$$\frac{1}{2}mv^2 + \left(-G\frac{mM}{R}\right) = 0$$

解得

$$v = \sqrt{\frac{2GM}{R}}$$

在地球表面处，有

$$mg = G\frac{mM}{R^2}$$

所以第二宇宙速度为

$$v = \sqrt{\frac{2GM}{R}} = \sqrt{2gR} = \sqrt{2\times9.8\times6.4\times10^6} = 11.2\times10^3 \text{（m/s）}$$

2.5 角动量定理与角动量守恒定律

在讨论质点和质点系平动时，用速度 $\boldsymbol{v}$ 和动量 $\boldsymbol{p}$ 描述质点的运动状态，并导出了动量定理和动量守恒定律。本节讨论质点和质点系绕固定点的转动问题，引入描述质点和质点系转动状态的物理量——角动量，通过研究角动量和力矩的关系，介绍质点和质点系的角动量定理以及角动量守恒定律。

2.5.1 质点的角动量定理和角动量守恒定律

1. 质点对参考点的角动量

如图 2-5-1（a）所示，一个质量为 m 的质点某时刻的速度为 $\boldsymbol{v}$（动量为 $\boldsymbol{p}=m\boldsymbol{v}$），在空间任选一固定点 O 作为参考点，质点相对参考点 O 的位置矢量 $\boldsymbol{r}$ 与质点动量 $m\boldsymbol{v}$ 的矢积称为质点对参考点 O 的**角动量**，用 $\boldsymbol{L}$ 表示，即

$$\boldsymbol{L}=\boldsymbol{r}\times m\boldsymbol{v} \tag{2-5-1}$$

质点的角动量 $\boldsymbol{L}$ 是矢量，其大小为

$$L=rmv\sin\theta \tag{2-5-2}$$

式中 θ 是 $\boldsymbol{r}$ 和 $\boldsymbol{v}$（或 $\boldsymbol{p}$）之间小于 180° 的夹角。

$\boldsymbol{L}$ 的方向由右手螺旋法则确定：右手拇指伸直，其余四指由 $\boldsymbol{r}$ 经小于 180° 的角转向 $\boldsymbol{v}$（或 $\boldsymbol{p}$），拇指的指向就是 $\boldsymbol{L}$ 的方向，如图 2-5-1（b）所示。

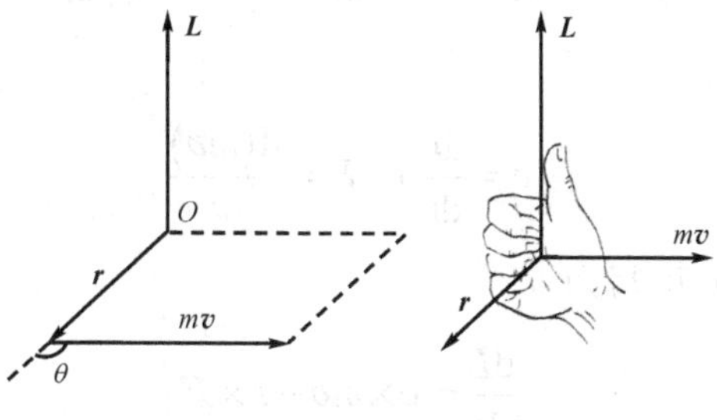

（a）角动量　　（b）右手螺旋法则

图 2-5-1　质点对参考点的角动量

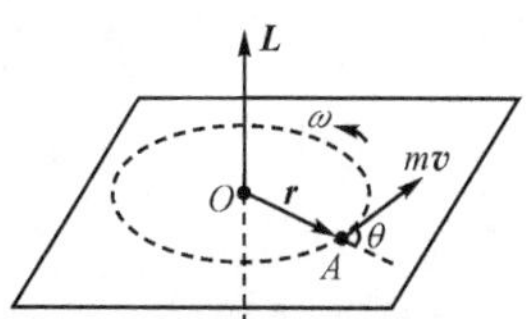

图 2-5-2　圆周运动质点对参考点的角动量

如图 2-5-2 所示，质点做半径为 r 的圆周运动，某时刻质点位于 A 点，速度为 $\boldsymbol{v}$，若以圆心 O 为参考点，$\boldsymbol{r}$ 与 $\boldsymbol{v}$ 总是相互垂直的，质点相对圆心 O 的角动量大小为

$$L=rmv=mr^2\omega \tag{2-5-3}$$

$\boldsymbol{L}$ 的方向由右手螺旋法则确定。

注意：由式（2-5-1）可知，质点的角动量与质点对参考点 O 的矢径有关，同一质点对不同参考点的位置矢量不同，因而角动量也不同。因此讨论质点的角动量时，必须指明是对哪一点的角动量。在涉及质点转动问题中，多以转动中心为参考点来表述角动量，所以角动量是描述转动状态的物理量。

在国际单位制中，角动量的单位是千克二次方米每秒，符号为 $\mathrm{kg \cdot m^2/s}$。

2. 力对参考点的力矩

为了研究质点对某参考点角动量的变化规律，以及角动量在何种条件下守恒，需要引入力矩的概念。下面引入力对参考点的力矩。

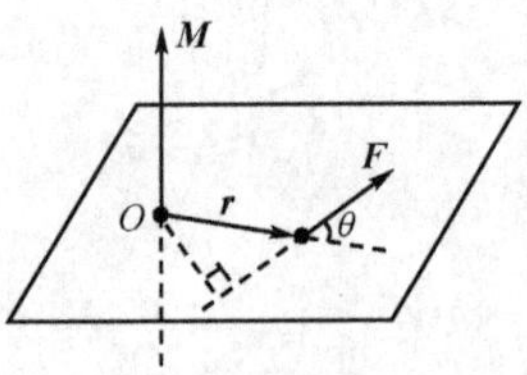

图 2-5-3 力对参考点的力矩

如图 2-5-3 所示，O 点为空间任意参考点，$\boldsymbol{F}$ 为作用力，受力质点相对参考点 O 的位置矢量 $\boldsymbol{r}$ 与力 $\boldsymbol{F}$ 的矢积，称为力 $\boldsymbol{F}$ 对参考点 O 的力矩，用 $\boldsymbol{M}$ 表示，即

$$\boldsymbol{M}=\boldsymbol{r}\times\boldsymbol{F} \tag{2-5-4}$$

力矩 $\boldsymbol{M}$ 是矢量，其大小为

$$M=rF\sin\theta \tag{2-5-5}$$

式中 θ 是 $\boldsymbol{r}$ 和 $\boldsymbol{F}$ 之间小于 180° 的夹角。$\boldsymbol{M}$ 的方向垂直于 $\boldsymbol{r}$ 和 $\boldsymbol{F}$ 组成的平面，其指向由右手螺旋法则确定。

在国际单位制中，力矩的单位是牛米，符号为 $\mathrm{N \cdot m}$。

3. 质点的角动量定理和角动量守恒定律

将质点对 O 点的角动量 $\boldsymbol{L}=\boldsymbol{r}\times m\boldsymbol{v}$ 对时间求导，得

$$\frac{\mathrm{d}\boldsymbol{L}}{\mathrm{d}t}=\frac{\mathrm{d}(\boldsymbol{r}\times m\boldsymbol{v})}{\mathrm{d}t}=\frac{\mathrm{d}\boldsymbol{r}}{\mathrm{d}t}\times m\boldsymbol{v}+\boldsymbol{r}\times\frac{\mathrm{d}(m\boldsymbol{v})}{\mathrm{d}t} \tag{2-5-6}$$

由于

$$\boldsymbol{v}=\frac{\mathrm{d}\boldsymbol{r}}{\mathrm{d}t},\quad \boldsymbol{F}=\frac{\mathrm{d}(m\boldsymbol{v})}{\mathrm{d}t}$$

所以式（2-5-6）可写为

$$\frac{\mathrm{d}\boldsymbol{L}}{\mathrm{d}t}=\boldsymbol{v}\times m\boldsymbol{v}+\boldsymbol{r}\times\boldsymbol{F}$$

由于 $\boldsymbol{v}\times m\boldsymbol{v}=0$，而 $\boldsymbol{M}=\boldsymbol{r}\times\boldsymbol{F}$，于是有

$$\boldsymbol{M}=\frac{\mathrm{d}\boldsymbol{L}}{\mathrm{d}t} \tag{2-5-7}$$

上式为质点角动量定理的微分形式，其物理意义为：作用在质点上的合力相对参考点的力矩等于质点相对同一参考点的角动量随时间的变化率。

对式（2-5-7）两端积分得

$$\int_{t_1}^{t_2} \boldsymbol{M}\mathrm{d}t = \boldsymbol{L}_2 - \boldsymbol{L}_1 \tag{2-5-8}$$

上式为**质点角动量定理的积分形式**，定义$\int_{t_1}^{t_2} \boldsymbol{M}\mathrm{d}t$为质点的**冲量矩**，则上式的物理意义为：**冲量矩等于质点角动量的变化量**。

由式（2-5-7）可知，若$\boldsymbol{M}=0$，则

$$\boldsymbol{L} = \boldsymbol{r} \times m\boldsymbol{v} = \text{常矢量} \tag{2-5-9}$$

即**作用在质点上的合力对参考点的力矩为零，则质点对该参考点的角动量守恒**，这就是**质点的角动量守恒定律**。

根据式（2-5-5）可知，$M=0$有两种情况：一是$F=0$；二是力的作用线通过参考点O（若力的延长线或反延长线通过参考点O，则$\theta=0^\circ$或$\theta=180^\circ$，$\sin\theta=0$；若力直接作用在O点，则$r=0$）。如果一**个物体所受的力始终指向或背离参考点**，这种力称为**有心力**，该参考点称为**力心**。因此，有心力对力心的力矩恒为零。

在研究天体运动和微观粒子运动时，常遇到角动量守恒的问题。例如，行星绕太阳转动时，行星所受太阳的引力是有心力，力心在太阳，因此以太阳为参考点，行星的角动量守恒。又如，当带电的微观粒子向质量较大的原子核运动时会发生散射，原子核对带电微观粒子的电场力是有心力，力心是原子核。所以微观粒子发生散射时，对力心的角动量守恒。动量守恒定律、机械能守恒定律和角动量守恒定律不仅在宏观、低速领域中成立，而且在高速、微观领域中依然成立。这些守恒定律是比牛顿运动定律更基本的规律。

如果将式（2-5-1）表示的质点对参考点的角动量和式（2-5-4）表示的质点对参考点的力矩向选定的坐标轴投影，就可以得到质点对轴的角动量和力对轴的力矩。同理，质点对参考点的角动量定理在给定坐标轴上的分量形式，就是质点对轴的角动量定理。如果质点所受外力对某固定点的力矩不为零，但力矩在某一轴的分量为零（力的作用线与轴平行或与轴相交），则质点对该轴的角动量守恒。此部分内容将在刚体部分进行详细介绍。

例 2-5-1　一质量为m的质点沿着一条空间曲线运动，在直角坐标系下，质点位置矢量随时间的变化函数为$\boldsymbol{r}=a\cos(\omega t)\boldsymbol{i}+b\sin(\omega t)\boldsymbol{j}$，其中$a$、$b$和$\omega$皆为常数，求该质点对坐标原点的角动量。

解　根据速度和位置的关系，可得质点速度为

$$\boldsymbol{v} = \frac{\mathrm{d}\boldsymbol{r}}{\mathrm{d}t} = -a\omega\sin(\omega t)\boldsymbol{i} + b\omega\cos(\omega t)\boldsymbol{j}$$

根据角动量的定义，有

$$L = r\times mv = [a\cos(\omega t)i + b\sin(\omega t)j]\times m[-a\omega\sin(\omega t)i + b\omega\cos(\omega t)j]$$
$$= mab\omega\cos^2(\omega t)k + mab\omega\sin^2(\omega t)k$$
$$= mab\omega k$$

例 2-5-2 如图 2-5-4 所示，系有细绳的小球放在光滑的水平桌面上，小球的质量为m，细绳的另一端穿过光滑的套筒并用手拉住。如果给予小球速度v_0使之在桌面上绕小孔O做半径为r_0的圆周运动，然后缓慢地往下拉绳，使小球最后做半径为r的圆周运动，求：（1）小球做半径为r的圆周运动时的速率；（2）向下拉绳过程中拉力做的功。

解 （1）小球在水平面内只受绳子的拉力作用，对小孔O拉力为有心力，所以对小孔O拉力的力矩为零，角动量守恒。设小球做半径为r的圆周运动时的速率为v，有

$$r_0 m v_0 = rmv$$

解得

$$v = \frac{r_0}{r}v_0$$

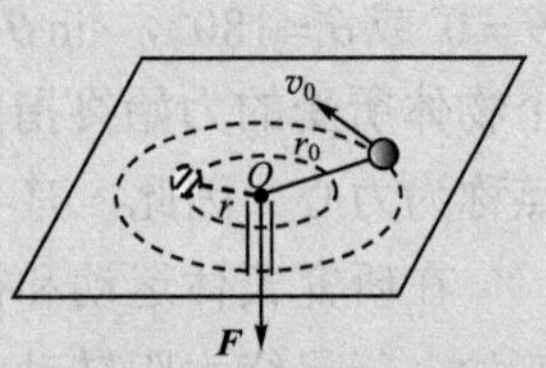

图 2-5-4 例 2-5-2 图

（2）根据动能定理，在向下拉绳的过程中拉力做的功为

$$W = \frac{1}{2}mv^2 - \frac{1}{2}mv_0^2 = \frac{1}{2}mv_0^2\left(\frac{r_0^2}{r^2}-1\right)$$

2.5.2 质点系的角动量定理和角动量守恒定律

质点系内各质点对于参考点O的角动量的矢量和称为质点系对该点的角动量，用L表示，有

$$L = \sum_{i=1}^{n} L_i = \sum_{i=1}^{n}(r_i \times m_i v_i) \tag{2-5-10}$$

对于质点系内第i个质点，应用质点角动量定理有

$$M_i = \frac{dL_i}{dt} \tag{2-5-11}$$

式中L_i是第i个质点的角动量，质点i所受的力矩M_i可分为内力矩$M_{i,in}$和外力矩$M_{i,ex}$，于是式（2-5-11）写为

$$M_{i,in} + M_{i,ex} = \frac{dL_i}{dt}$$

将上式用于质点系内各质点，并对所有质点求和，有

$$\sum_{i=1}^{n} M_{i,in} + \sum_{i=1}^{n} M_{i,ex} = \sum_{i=1}^{n}\frac{dL_i}{dt}$$

式中，$\boldsymbol{M}_{in}=\sum_{i=1}^{n}\boldsymbol{M}_{i,in}$ 为质点系中各质点彼此相互作用的内力矩之和；$\boldsymbol{M}_{ex}=\sum_{i=1}^{n}\boldsymbol{M}_{i,ex}$ 为作用于整个质点系的合外力矩。则上式可写为

$$\boldsymbol{M}_{in}+\boldsymbol{M}_{ex}=\frac{d\boldsymbol{L}}{dt} \tag{2-5-12}$$

根据牛顿第三定律，质点 i 和质点 j 之间的相互作用力 $\boldsymbol{F}_{ij}=-\boldsymbol{F}_{ji}$，且二力作用在一条直线上。如图 2-5-5 所示，O 点到 $\boldsymbol{F}_{ij}$ 和 $\boldsymbol{F}_{ji}$ 的垂直距离都等于 d，所以作用力 $\boldsymbol{F}_{ij}$ 与反作用力 $\boldsymbol{F}_{ji}$ 对 O 点的力矩大小相等，方向相反。由此可知，成对出现的内力对 O 点的力矩矢量和为零，即 $\boldsymbol{M}_{in}=0$。所以式（2-5-12）变为

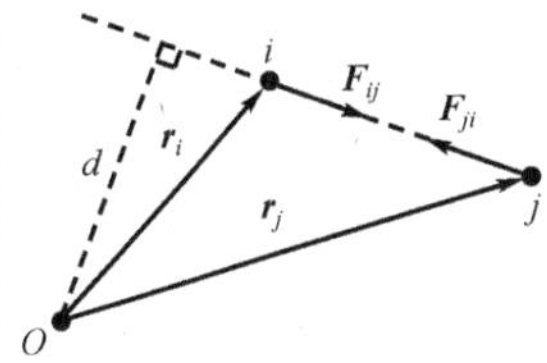

图 2-5-5　一对内力对参考点的力矩

$$\boldsymbol{M}_{ex}=\frac{d\boldsymbol{L}}{dt} \tag{2-5-13}$$

上式为**质点系角动量定理的微分形式**，其物理意义是：**质点系对于参考点 O 的角动量随时间的变化率等于外力对该点力矩的矢量和**。

对式（2-5-13）分离变量，并积分得

$$\int_{t_1}^{t_2}\boldsymbol{M}_{ex}dt=\boldsymbol{L}_2-\boldsymbol{L}_1 \tag{2-5-14}$$

上式为**质点系角动量定理的积分形式**。式（2-5-14）中左侧的积分是合外力矩对时间的积累，即冲量矩，右侧是相同时间内质点系角动量的增量。

由式（2-5-13）可知，若 $\boldsymbol{M}_{ex}=0$，则

$$\boldsymbol{L}=\text{常矢量} \tag{2-5-15}$$

即**若外力对参考点的力矩的矢量和为零，则质点系对该参考点的角动量守恒**，这就是**质点系的角动量守恒定律**。

2.6　质心和质心运动定理

2.6.1　质心

在讨论一个质点系的运动时，质点系内各个质点由于内力和外力的作用，其运动情况可能很复杂，但质点系总有一个特殊的点的运动情况比较简单。例如，由两个质量分别为 m_1、m_2（$m_1>m_2$）的小球通过一根刚性轻杆连接而成的系统，如图 2-6-1 所示。把此系统平放在水平桌面上，用力向上敲击杆的不同位置。当力的作用点接近 m_1 时，系统在向上平动的同时还将沿顺时针方向转动，见图 2-6-1（a）；当力

的作用点接近 m_2 时，系统在向上平动的同时还将沿逆时针方向转动，见图 2-6-1（b）；当力的作用点为一个特殊点 C 时，系统仅有向上的平动而没有转动，见图 2-6-1（c）。此时 C 点的运动规律就像两个小球的质量都集中在 C 点，同时外力也作用在 C 点而引起的运动。这个特殊的点 C 称为系统的**质量中心**，简称**质心**。如果将这个系统斜抛出去，虽然系统的运动规律十分复杂，但是在忽略空气阻力的情况下质心的轨迹总是一条抛物线，如图 2-6-1（d）所示。

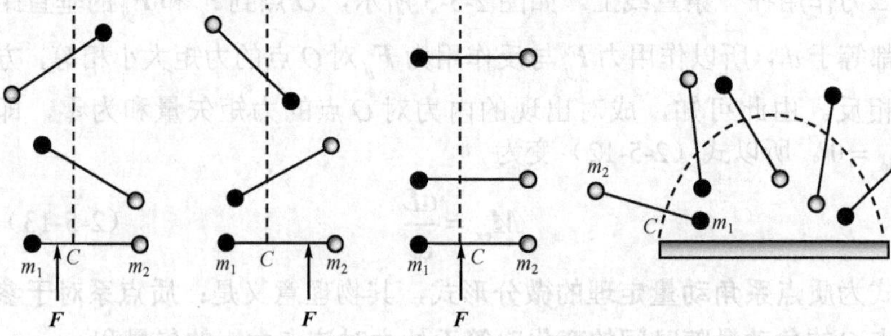

（a）接近 m_1 （b）接近 m_2 （c）特殊点 （d）轨迹

图 2-6-1 质点系的运动轨迹

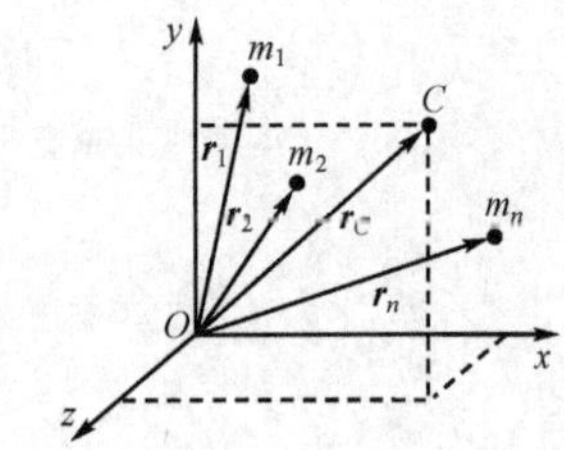

图 2-6-2 质点位置的确定

在如图 2-6-2 所示的直角坐标系中，设一个质点系由 n 个质点组成，以 $m_1, m_2, \cdots, m_i, m_n$ 分别表示各质点的质量，以 $\boldsymbol{r}_1, \boldsymbol{r}_2, \cdots, \boldsymbol{r}_i, \boldsymbol{r}_n$ 分别表示各质点的位置矢量，则此质点系质心的位置矢量 $\boldsymbol{r}_C$ 可由下式确定：

$$\boldsymbol{r}_C = \frac{\sum_{i=1}^{n} m_i \boldsymbol{r}_i}{\sum_{i=1}^{n} m_i} = \frac{\sum_{i=1}^{n} m_i \boldsymbol{r}_i}{m} \tag{2-6-1}$$

式中 $m = \sum_{i=1}^{n} m_i$ 为质点系的总质量。

通过位置矢量在直角坐标系各坐标轴的分量，由式（2-6-1）可以得到质心的三个坐标为

$$\begin{cases} x_C = \dfrac{\sum_{i=1}^{n} m_i x_i}{m} \\ y_C = \dfrac{\sum_{i=1}^{n} m_i y_i}{m} \\ z_C = \dfrac{\sum_{i=1}^{n} m_i z_i}{m} \end{cases} \tag{2-6-2}$$

对于质量连续分布的物体，可以认为物体是由无限多个**质量元**（简称**质元**）组成的，若以 dm 表示其中任意质元的质量，则物体的质心位置矢量 $\boldsymbol{r}_C$ 为

$$\boldsymbol{r}_C=\frac{\int \boldsymbol{r}\mathrm{d}m}{\int \mathrm{d}m}=\frac{\int \boldsymbol{r}\mathrm{d}m}{m} \tag{2-6-3}$$

其质心的三个坐标为

$$\begin{cases} x_C=\dfrac{\int x\mathrm{d}m}{m} \\ y_C=\dfrac{\int y\mathrm{d}m}{m} \\ z_C=\int\dfrac{z\mathrm{d}m}{m} \end{cases} \tag{2-6-4}$$

对于几何形状规则且质量分布均匀的物体，其质心就在它的几何中心处。质心的位置矢量 $\boldsymbol{r}_C$ 与坐标系的选择有关，但可以证明质心相对质点系的位置是不变的。质心位置只决定于质点系的质量和质量分布情况，与其他因素无关。

例 2-6-1　已知地球的质量 $m_\mathrm{e}=5.98\times10^{24}$ kg，月球的质量 $m_\mathrm{m}=7.35\times10^{22}$ kg，地球中心与月球中心的距离 $l=3.84\times10^5$ km。求地-月系统的质心位置。

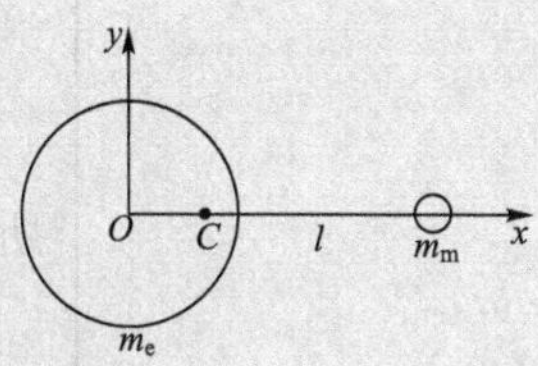

图 2-6-3　例 2-6-1 图

解　把地球和月球看作均匀球体，它们的质心就都在各自的球心处。这样可将地-月系统看作质量集中在各自的球心的两个质点。选择地球中心为原点，x 轴沿着地球中心与月球中心的连线，如图 2-6-3 所示，则系统的质心坐标为

$$x_C=\frac{m_\mathrm{e}\cdot 0+m_\mathrm{m}\cdot l}{m_\mathrm{e}+m_\mathrm{m}}=\frac{7.35\times10^{22}\times3.84\times10^5}{5.98\times10^{24}+7.35\times10^{22}}\approx4.66\times10^3\ \text{(km)}$$

这就是地-月系统的质心到地球中心的距离。这一距离约为地球半径（6.37×10^3 km）的 73.2%，约为地球到月球距离的 1.2%。

例 2-6-2　已知一质量为 M，长为 L 的均质细棒，试证明棒的质心在棒的中心。

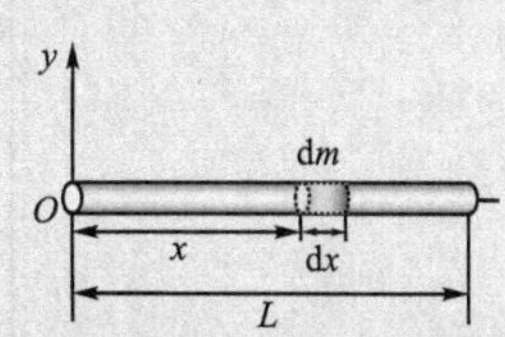

图 2.6-4　例 2-6-2 图

解　如图 2-6-4 所示，以棒的一端为坐标原点，沿棒长的方向为 x 轴建立直角坐标系。在棒上离原点 x 处取一质元 dx，其质量为

$$\mathrm{d}m=\frac{M}{L}\mathrm{d}x$$

均质细棒质心坐标为

$$x_C = \frac{\int x\mathrm{d}m}{m} = \frac{\int_0^L x\frac{M}{L}\mathrm{d}x}{M} = \frac{\frac{M}{L}\cdot\frac{1}{2}x^2\Big|_0^L}{M} = \frac{1}{2}L$$

如果将坐标原点取在棒的中点，则可计算出质心的坐标为$x_C = 0$。以上两种坐标原点的取法所得的质心坐标虽然不同，但是质心相对棒的位置仍然是棒的中点。

2.6.2 质心运动定理

将式（2-6-1）对时间求导，可以得出质心运动的速度为

$$\boldsymbol{v}_C = \frac{\mathrm{d}\boldsymbol{r}_C}{\mathrm{d}t} = \frac{\sum_{i=1}^{n} m_i \frac{\mathrm{d}\boldsymbol{r}_i}{\mathrm{d}t}}{m} = \frac{\sum_{i=1}^{n} m_i \boldsymbol{v}_i}{m} \tag{2-6-5}$$

于是可以得到

$$m\boldsymbol{v}_C = \sum_{i=1}^{n} m_i \boldsymbol{v}_i \tag{2-6-6}$$

上式中等号右侧是质点系的总动量$\boldsymbol{p}$，即

$$\boldsymbol{p} = \sum_{i=1}^{n} m_i \boldsymbol{v}_i$$

所以有

$$\boldsymbol{p} = m\boldsymbol{v}_C \tag{2-6-7}$$

上式表明，**质点系的总动量$\boldsymbol{p}$等于该质点系的质量与质心速度的乘积**，此乘积也称为**质心动量**。

将式（2-6-7）两边对时间求导，得

$$\frac{\mathrm{d}\boldsymbol{p}}{\mathrm{d}t} = m\frac{\mathrm{d}\boldsymbol{v}_C}{\mathrm{d}t} = m\boldsymbol{a}_C \tag{2-6-8}$$

式中$\boldsymbol{a}_C$是质心运动的加速度。前面在讨论质点系的动量定理时已经讲过，系统内各质点间相互作用的内力的矢量和为零，因此作用在系统上的合力就等于合外力，根据质点系动量定理，得

$$\boldsymbol{F}_{\mathrm{ex}} = m\boldsymbol{a}_C \tag{2-6-9}$$

上式表明，**作用在质点系上的合外力等于质点系的质量与质心加速度的乘积**。这称为**质心运动定理**。

质心运动定理表明，质点系质心的运动可以看成一个质点的运动，这个质点集中了整个质点系的质量，也集中了质点系所受到的所有外力。

根据质心运动定理很容易理解本节图 2-6-1（d）所举的例子。在忽略空气阻力的情况下，系统所受的外力只有重力。因此，系统质心的运动就和一个质点在重力作用下的运动一样，其轨迹是一条抛物线。

例 2-6-3　用质心运动定理求解例 2-3-2。

解　建立如图 2-6-5 所示的坐标系，被提起的链条质心的坐标 y_C 是随链条的上升而改变的。设链条的质量线密度为 λ，则链条质心的坐标为

$$y_C=\frac{\sum_i m_i y_i}{m}=\frac{\lambda y\dfrac{y}{2}+\lambda(l-y)\times 0}{\lambda l}=\frac{y^2}{2l} \tag{1}$$

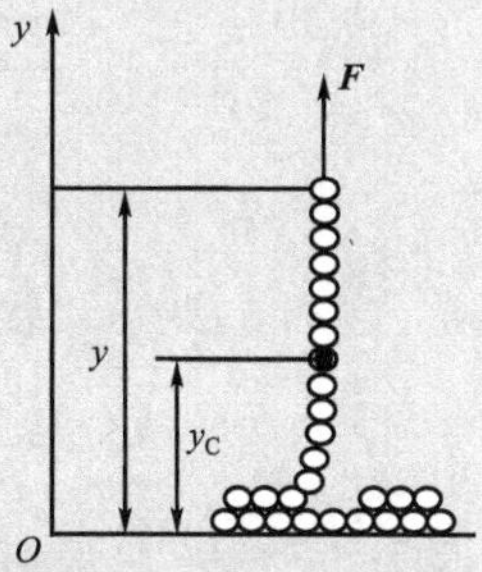

图 2.6-5　例 2-6-3 图

作用在链条的合外力为

$$\boldsymbol{F}+\lambda y\boldsymbol{g}=(F-\lambda yg)\boldsymbol{j}$$

根据质心运动定理有

$$(F-\lambda yg)\boldsymbol{j}=l\lambda\frac{\mathrm{d}^2 y_C}{\mathrm{d}t^2}\boldsymbol{j} \tag{2}$$

将式（1）对时间求二阶导数，有

$$\frac{\mathrm{d}^2 y_C}{\mathrm{d}t^2}=\frac{1}{l}\left[\left(\frac{\mathrm{d}y}{\mathrm{d}t}\right)^2+y\frac{\mathrm{d}^2 y}{\mathrm{d}t^2}\right]$$

考虑到 $v=\mathrm{d}y/\mathrm{d}t$ 及 $\mathrm{d}^2 y/\mathrm{d}t^2=0$，则上式为

$$\frac{\mathrm{d}^2 y_C}{\mathrm{d}t^2}=\frac{v^2}{l}$$

将上式代入式（2），得

$$\boldsymbol{F}=\left(\lambda v^2+\lambda yg\right)\boldsymbol{j}$$

可见，两种方法所得结果相同。

2.7　本章小结

1. 牛顿运动定律

第一定律：任何物体都要保持其静止或匀速直线运动状态，直到外力迫使它改变运动状态为止。牛顿第一定律给出了惯性和力的概念。

第二定律：动量为 $\boldsymbol{p}$ 的物体，其动量随时间的变化率等于作用于物体的合外力，即

$$\boldsymbol{F}=\frac{\mathrm{d}(m\boldsymbol{v})}{\mathrm{d}t}=\frac{\mathrm{d}\boldsymbol{p}}{\mathrm{d}t}$$

当物体的质量m是常量时，$\boldsymbol{F}=m\boldsymbol{a}$。

第三定律：两个物体之间的作用力$\boldsymbol{F}$和反作用力$\boldsymbol{F}'$总是大小相等，方向相反，作用在同一条直线上，即

$$\boldsymbol{F}=-\boldsymbol{F}'$$

2. 常见的几种力

万有引力：$F=G\frac{m_1m_2}{r^2}$，$G=6.67\times10^{-11}\,\mathrm{N\cdot m^2/kg}$为万有引力常量。

重力：$F=mg$，$g=9.8\,\mathrm{m/s^2}$为重力加速度。

弹性力：当两个物体相互接触发生形变时，形变了的物体力图恢复原状而产生的力。

弹簧的弹性力$F=-kx$，k为劲度系数。

摩擦力：静摩擦力$0\leqslant f\leqslant f_{\max}$，$f_{\max}=\mu_s F_N$，$\mu_s$为静摩擦系数。

滑动摩擦力：$f=\mu F_N$，μ为滑动摩擦系数。

3. 应用牛顿运动定律解题的一般步骤

选对象，分析受力情况，画出受力图，分析运动情况，选择坐标系，列方程求解。

***4. 非惯性系中的力学问题**

在加速直线运动的非惯性系中，惯性力：$\boldsymbol{F}_i=-m\boldsymbol{a}_0$

在匀速转动的非惯性系中，惯性离心力：$\boldsymbol{F}=m\omega^2\boldsymbol{r}$

5. 动量定理与动量守恒定律

质点的动量定理：$\boldsymbol{F}\mathrm{d}t=\mathrm{d}\boldsymbol{p}=\mathrm{d}(m\boldsymbol{v})$

$$\int_{t_1}^{t_2}\boldsymbol{F}\mathrm{d}t=\boldsymbol{p}_2-\boldsymbol{p}_1=m\boldsymbol{v}_2-m\boldsymbol{v}_1$$

质点系动量定理：$\int_{t_1}^{t_2}\boldsymbol{F}_{\mathrm{ex}}\mathrm{d}t=\sum_{i=1}^{n}m_i\boldsymbol{v}_i-\sum_{i=1}^{n}m_i\boldsymbol{v}_{i0}$

动量守恒定律：当系统所受合外力为零时，即$\boldsymbol{F}_{\mathrm{ex}}=0$时，系统的总动量保持不变，有

$$\boldsymbol{p}=\sum_{i=1}^{n}m_i\boldsymbol{v}_i=\text{常矢量}$$

6. 功

$$\mathrm{d}W=\boldsymbol{F}\cdot\mathrm{d}\boldsymbol{r}，\ W=\int\boldsymbol{F}\cdot\mathrm{d}\boldsymbol{r}$$

7. 质点和质点系的动能定理

动能：$E_k=\frac{1}{2}mv^2$

质点的动能定理：$W = E_{k2} - E_{k1} = \frac{1}{2}mv_2^2 - \frac{1}{2}mv_1^2$

质点系的动能定理：$W_{ex} + W_{in} = E_{k2} - E_{k1}$

8. 保守力和势能

几种常见力的功

重力的功：$W = -(mgy_2 - mgy_1)$

万有引力的功：$W = -\left[\left(-G\frac{mM}{r_B}\right) - \left(-G\frac{mM}{r_A}\right)\right]$

弹性力的功：$W = -\left(\frac{1}{2}kx_2^2 - \frac{1}{2}kx_1^2\right)$

保守力：做功只与质点的始、末位置有关，而与路径无关的力。

势能：对保守力可以引入势能的概念，势能定义为

$$E_p = \int_P^{P_0} \boldsymbol{F} \cdot \mathrm{d}\boldsymbol{r}$$

其中，$\boldsymbol{F}$ 为保守力，E_p 为 P 点的势能，P_0 为势能零点。

重力势能：$E_p = mgy$，势能零点为 $y = 0$

万有引力势能：$E_p = -G\frac{mM}{r}$，势能零点为 $r \to \infty$

弹簧弹性势能：$E_p = \frac{1}{2}kx^2$，势能零点为 $x = 0$

保守力的功等于势能增量的负值，即

$$W_{in,c} = -(E_{p2} - E_{p1}) = -\Delta E_p$$

9. 功能原理及机械能守恒定律

质点系的功能原理：质点系机械能的增量等于外力和非保守内力做功的代数和，即

$$W_{ex} + W_{in,nc} = E_2 - E_1$$

机械能守恒定律：只有保守内力做功，系统的机械能守恒。

10. 角动量定理与角动量守恒定律

质点的角动量：$\boldsymbol{L} = \boldsymbol{r} \times m\boldsymbol{v}$

力矩：$\boldsymbol{M} = \boldsymbol{r} \times \boldsymbol{F}$

质点的角动量定理：$\boldsymbol{M} = \frac{\mathrm{d}\boldsymbol{L}}{\mathrm{d}t}$

质点的角动量守恒定律：作用在质点上的合力对参考点的力矩为零，则质点对该参考点的角动量守恒。

质点系的角动量定理：$\boldsymbol{M}_{ex} = \frac{\mathrm{d}\boldsymbol{L}}{\mathrm{d}t}$

质点系的角动量守恒定律：外力对参考点的力矩的矢量和为零，则质点系对该参考点的角动量守恒。

11. 质心及质心运动定理

对于质点系，质心的位置矢量：$\boldsymbol{r}_C = \dfrac{\sum\limits_{i=1}^{n} m_i \boldsymbol{r}_i}{m}$

对于质量连续分布的物体，质心的位置矢量：$\boldsymbol{r}_C = \dfrac{\int \boldsymbol{r}\mathrm{d}m}{m}$

质心运动定理：作用在质点系上的合外力等于质点系的质量与质心加速度的乘积，即

$$\boldsymbol{F}_{\text{ex}} = m\boldsymbol{a}_C$$

扫码查看习题答案

2.8 习题

1. 质量分别为 m_1 和 m_2 的两滑块 A 和 B 通过一轻弹簧水平连接后置于水平桌面上，滑块与桌面间的摩擦系数均为 μ，系统在水平拉力 $\boldsymbol{F}$ 作用下匀速运动，如图 2-8-1 所示。如突然撤消拉力 $\boldsymbol{F}$，则刚撤消后瞬间，二者的加速度 a_A 和 a_B 分别为（　　）。

（A）$a_A = 0$，$a_B = 0$　　（B）$a_A > 0$，$a_B < 0$

（C）$a_A < 0$，$a_B > 0$　　（D）$a_A < 0$，$a_B = 0$

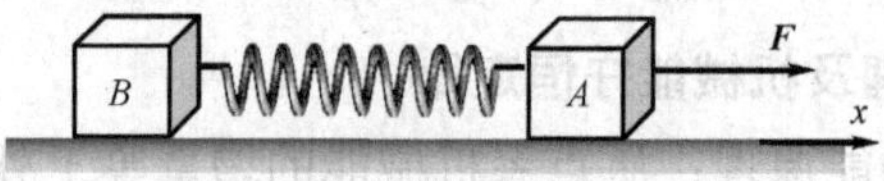

图 2-8-1　习题 1 图

2. 一质量为 M 的斜面最初静止于光滑水平面上，将一质量为 m 的木块轻轻放于斜面上，如图 2-8-2 所示。如果此后木块能静止于斜面上，则斜面将（　　）。

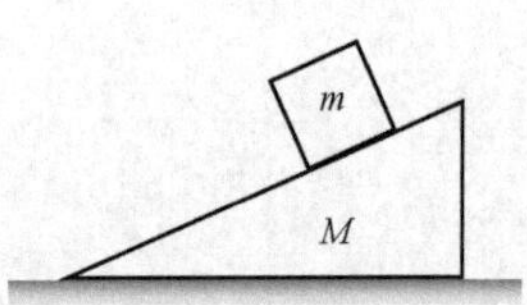

图 2-8-2　习题 2 图

（A）保持静止　　（B）向右加速运动

（C）向右匀速运动　　（D）向左加速运动

3. 一炮弹由于特殊原因在水平飞行的过程中突然炸裂成两块，其中一块做自由落体，则另一块着地点（　　）。

（A）比原来更远　　（B）比原来更近

（C）仍和原来一样远　　（D）无法判断

4. 质点系的内力可以改变（　　）。

（A）系统的总质量　　（B）系统的总动量

（C）系统的总动能　　（D）系统的总角动量

5. 关于功的概念有以下几种说法：

① 保守力做正功时，系统内相应的势能增加。

② 质点运动经一闭合路径，保守力对质点做的功为零。

③ 作用力与反作用力大小相等、方向相反，所以两者所做功的代数和必为零。

在上述说法中（　　）。

（A）①②是正确的　　（B）②③是正确的

（C）只有②是正确的　　（D）只有③是正确的

6. 弹簧 A 和 B 的劲度系数分别为 k_A 和 k_B，其质量均忽略不计。如图 2-8-3 所示，将两弹簧连接起来并竖直悬挂一质量为 m 的物体，当系统静止时，两弹簧的弹性势能之比 $E_{pA}:E_{pB}$ 为（　　）。

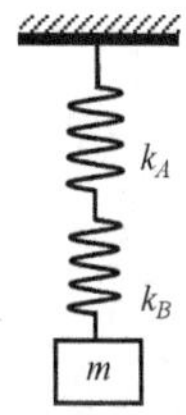

图 2-8-3　习题 6 图

（A）$k_B:k_A$　　（B）$k_B^2:k_A^2$

（C）$k_A:k_B$　　（D）$k_A^2:k_B^2$

7. 一质点做匀速率圆周运动时（　　）。

（A）它的动量不变，对圆心的角动量也不变

（B）它的动量不变，对圆心的角动量不断改变

（C）它的动量不断改变，对圆心的角动量不变

（D）它的动量不断改变，对圆心的角动量也不断改变

8. 一力学系统由两质点组成，它们之间的内力为保守内力。若两质点所受外力的矢量和为零，则此系统（　　）。

（A）动量、机械能以及对一固定点的角动量都守恒

（B）动量、机械能守恒，但对一固定点的角动量是否守恒还不能判断

（C）动量守恒，但机械能和对一固定点的角动量是否守恒还不能判断

（D）动量和对一固定点的角动量都守恒，但机械能是否守恒还不能判断

9. 质量为 m 的小球，用轻绳 AB 和 BC 连接，如图 2-8-4 所示，其中 AB 水平。剪断绳 AB 前后的瞬间，绳 BC 中的张力比 $T:T'=$ ________。

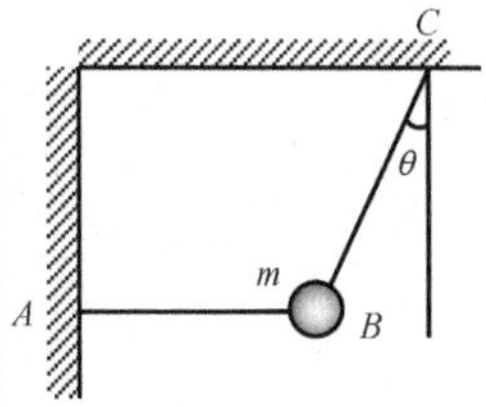

图 2-8-4　习题 9 图

10. 一物体质量为 10 kg，受到方向不变的力 $F=30+40t$（式中 F 的单位是 N，t 的单位是 s）作用，在开始的 2 s 内，此力冲量的大小等于________N · s；若物体的初速度大小为 10 m/s，方向与力的方向相同，则在 2 s 时物体速度的大小等于________m/s。

11. 某质点在力 $\boldsymbol{F}=(4+5x)\boldsymbol{i}$（式中 F 的单位是 N，x 的单位是 m）

的作用下沿 x 轴做直线运动。在从 $x=0\,\text{m}$ 移动到 $x=10\,\text{m}$ 的过程中，力 $\boldsymbol{F}$ 所做功为__________J。

12. 一质点的运动函数为 $\boldsymbol{r}=5t^2\boldsymbol{i}$，式中 $\boldsymbol{r}$ 的单位是 m，作用在质点上的力为 $\boldsymbol{F}=3t\boldsymbol{i}+3t^2\boldsymbol{j}$，式中 F 的单位是 N，t 的单位是 s，在 $t=0\,\text{s}$ 到 $t=2\,\text{s}$ 这段时间内，此力使质点获得的动能为__________J。

13. 质量为 m 的物体在水平面上做直线运动，当速度为 v 时仅在摩擦力作用下开始做匀减速运动，经过距离 s 后速度减为零。则物体加速度的大小为__________，物体与水平面间的摩擦系数为__________。

14. 质量为 16 kg 的质点在 Oxy 平面内运动，受一恒力作用，力的分量为 $f_x=6\,\text{N}$，$f_y=-7\,\text{N}$。当 $t=0$ 时，$x=y=0\,\text{m}$，$v_x=-2\,\text{m/s}$，$v_y=0\,\text{m/s}$。求当 $t=2\,\text{s}$ 时质点的速度和位置矢量。

15. 用 $\boldsymbol{F}=(10+2t)\boldsymbol{i}$（式中 F 的单位是 N，t 的单位是 s）的力作用在质量为 10 kg 的物体上。求：（1）4 s 后物体动量的变化和速度的变化、力给予物体的冲量；（2）为了使该力的冲量为 200 N·s，该力作用在物体上的时间。

16. 子弹发射时在枪筒内被加速，设初速度为零的子弹射出枪口时的速度为 v_0，子弹所受的合力为 $F=a-bt$（a 和 b 为常数），假设子弹运行到枪口处合力刚好为零。求：（1）子弹走完枪筒全长所需时间；（2）子弹所受的冲量；（3）子弹的质量。

图 2-8-5　习题 17 图

17. 质量为 $M=1.5\,\text{kg}$ 的物体，用一根长为 $l=1.25\,\text{m}$ 的细绳悬挂在天花板上，如图 2-8-5 所示。今有一质量为 $m=10\,\text{g}$ 的子弹以 $v_0=500\,\text{m/s}$ 的水平速度射穿物体，刚穿出物体时子弹的速度大小 $v=30\,\text{m/s}$，设穿透时间极短。求：（1）子弹刚穿出时绳中张力的大小；（2）子弹在穿透过程中所受的冲量。

18. 设 $\boldsymbol{F}=7\boldsymbol{i}-6\boldsymbol{j}$，式中 F 的单位是 N。（1）当一质点从原点运动到 $\boldsymbol{r}=-3\boldsymbol{i}+4\boldsymbol{j}+16\boldsymbol{k}$（式中 $\boldsymbol{r}$ 的单位是 m）时，求力 $\boldsymbol{F}$ 所做的功；（2）如果质点到 $\boldsymbol{r}$ 处时需 0.6 s，求此力做功的平均功率；（3）如果质点的质量为 $m=1\,\text{kg}$，求质点运动过程中动能的变化。

19. 用铁锤将一铁钉敲入木板，设铁钉所受的阻力与铁钉进入木板的深度成正比，铁锤第一次敲击铁钉能使铁钉进入木板 1 cm，求第二次敲击铁钉能使其进入木板多深？假定铁锤两次敲击铁钉时的速度相同，忽略钉子所受的重力作用。

20. 如图 2-8-6 所示，劲度系数为 k 的弹簧一端固定在天花板上，另一端挂一质量为 m 的物体时，弹簧伸长 y_0，以此处为坐标原点竖直向下为 y 轴正向建立坐标系。用手把物体向下拉开一段距离后松手，物体和弹簧上下振动。在物体由图中 y_1 位置运动到 y_2 位置过程中，求：

（1）重力和弹簧弹性力对物体做的功；（2）此过程动能的增加量。

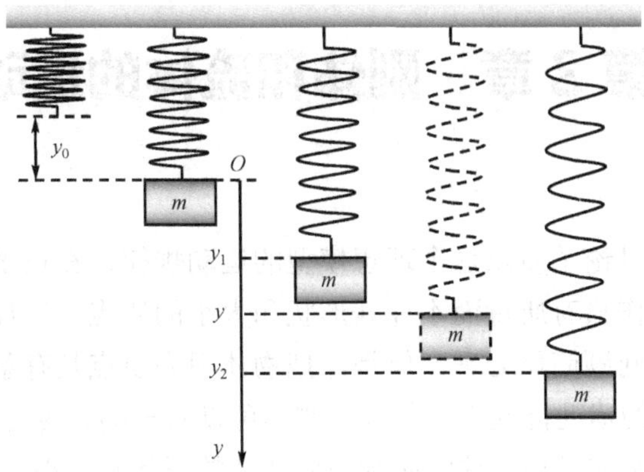

图 2-8-6　习题 20 图

21. 如图 2-8-7 所示，质量为 M 的木块放在光滑的水平面上，木块具有半径为 R 的四分之一弧形槽。质量为 m 的小球从曲面的顶端滑下，小球和木块都从静止开始做无摩擦的运动，求小球脱离木块时的速度。

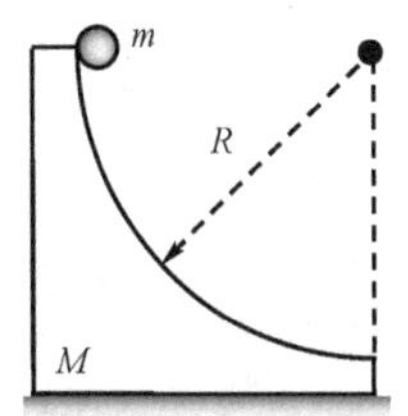

图 2-8-7　习题 21 图

22. 一人从 10 m 深的井中提水，起始桶中装有 10 kg 的水，由于水桶漏水，每升高 1 m 要漏去 0.2 kg 的水。若水桶被匀速地从井中提到井口，求人所做的功。

23. 一质量为 m 的质点受到力 $-f\boldsymbol{i}$ 的作用，某时刻质点位于 (x_1, y_1) 处，质点的速度为 $\boldsymbol{v} = v_x\boldsymbol{i} + v_y\boldsymbol{j}$，求此时质点相对于坐标原点的角动量和作用于质点上的力矩。

24. 哈雷彗星绕太阳运动的轨道是一个椭圆，太阳位于椭圆的一个焦点。它离太阳最近距离为 $r_1 = 8.75\times10^{10}$ m，速率为 $v_1 = 5.46\times10^4$ m/s；它离太阳最远时的速率是 $v_2 = 9.08\times10^2$ m/s，求这时它离太阳的距离 r_2 是多少？

25. 一个系统由质量分别为 3.0 kg、2.0 kg 和 8.0 kg 的三个质点组成，它们在同一平面内运动，其中第一个质点的速度为 $6.0\boldsymbol{j}$ m/s，第二个质点以与 x 轴成 -30° 角、大小为 8.0 m/s 的速度运动。如果地面上的观察者测出系统的质心是静止的，那么第三个质点的速度是多少？

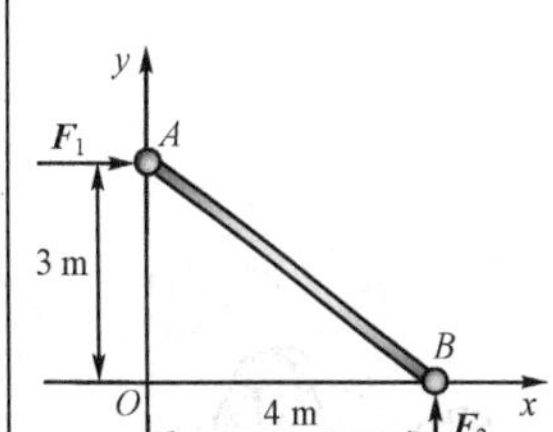

图 2-8-8　习题 26 图

26. 如图 2-8-8 所示，A、B 两小球的质量分别为 $m_1 = 10.0$ kg 和 $m_2 = 6.0$ kg，两小球用质量可以忽略不计的刚性细杆连接，开始时它们静止在 Oxy 平面上，在受到外力 $\boldsymbol{F}_1 = 8.0\boldsymbol{i}$ N 和 $\boldsymbol{F}_2 = 6.0\boldsymbol{j}$ N 作用下运动。求：（1）它们质心的坐标与时间的函数关系；（2）系统总动量与时间的函数关系。

第 3 章 刚体和流体的运动

前两章讨论了质点这个理想模型的运动规律，在很多情况下，可以把物体看作只有质量而不计其形状和大小的质点，这样可以抓住主要矛盾，把问题简化处理。但是，把物体视为质点是有条件的。一般来说，物体的运动情况十分复杂，物体可以做平动、转动、平面运动，甚至更为复杂的运动，这时必须考虑物体的形状和大小。

本章主要分为两部分：第一部分介绍刚体绕定轴转动的规律，首先引入刚体绕定轴转动的角速度、角加速度、转动惯量、力矩、转动动能和角动量等物理量，其次讨论刚体定轴转动的转动定律、角动量守恒定律和动能定理；第二部分介绍流体的静力学和流体的动力学，主要内容有流体静力学的基本公式、表面张力、流体的连续性方程、伯努利方程及其应用。

3.1 刚体定轴转动的描述

3.1.1 刚体

一般来说，在外力作用下物体的形状和大小是要发生变化的，但**如果在外力作用下物体的形状和大小保持不变，即物体内任意两质点之间的距离始终保持不变，这样的物体称为刚体**。实际上，如果在外力作用下物体的形变很小，以至可以忽略不计，这样的物体也可以近似看作刚体。与质点一样刚体也是一个理想模型。

3.1.2 刚体的基本运动

刚体最基本的运动形式是平动和转动。

1. 刚体的平动

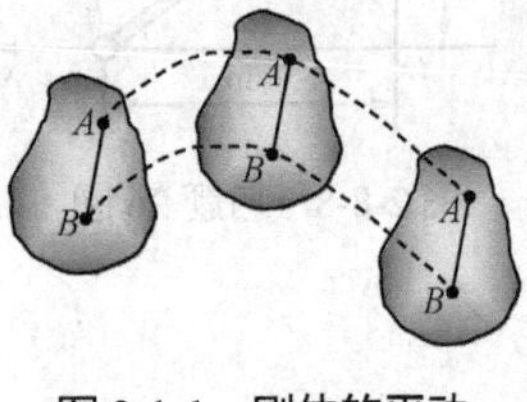

图 3-1-1　刚体的平动

如图 3-1-1 所示，在刚体任意两点之间取一连线。当刚体运动时，刚体中所有点的运动轨迹都完全相同，或者说刚体中任意两点间的连线总保持平行，这样的运动称为**刚体的平动**。刚体可看作由无限多个限度非常小的质量元（简称质元）所组成。显然，刚体在平动的过程中，所有质元的运动轨迹和位移都是相同的，并且在任意时刻，各质元具有相同的速度和加速度。所以，当刚体做平动时，可以选取刚体中任一质元的运动来表示整个刚体的运动，因此，平动的刚体可当成一个质点来处理。

2. 刚体的转动

刚体运动时，若刚体中各质元都绕同一直线做圆周运动，称为**刚体的转动**，这条直线称为转轴。如果转轴的位置或方向是固定不动的，这种转轴称为**固定转轴**，此时刚体的转动称为定轴转动；如果转轴的位置和方向随时间变化，刚体的这种转动称为非定轴转动。本章主要研究刚体的定轴转动。

3.1.3 刚体定轴转动的描述

同质点力学一样，刚体的定轴转动同样可分为运动学和动力学，本节首先介绍刚体定轴转动的运动学描述。

1. 角位移、角速度和角加速度

如图 3-1-2 所示，一刚体围绕 z 轴做定轴转动，将刚体上垂直于转轴的平面称为**转动平面**，显然转动平面有无数个。如果以转动平面与转轴的交点 O 为原点，则除转轴上的点保持不动以外，转动平面上的所有质元都围绕原点 O 做圆周运动。

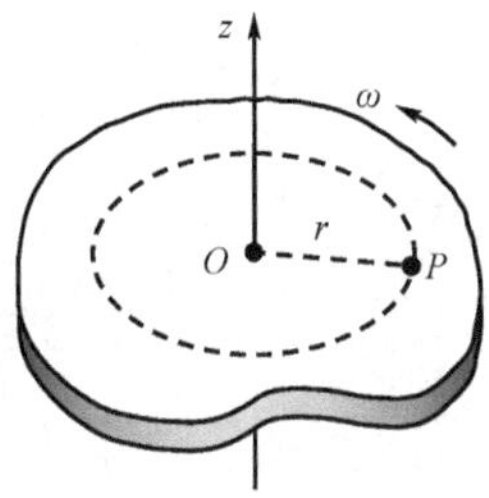

图 3-1-2　转动平面

显然，刚体绕定轴转动时，刚体上转动半径不同的质元，其位移、速度和加速度各不相同，但各质元在同一时间内转过的角度却相同，所以刚体上各质元的角位移、角速度和角加速度也是相同的。因此用角量来描述刚体的定轴转动较为方便。

下面采用类似质点做圆周运动时的角位移、角速度和角加速度的定义方法来定义绕定轴转动刚体的角位移、角速度和角加速度。

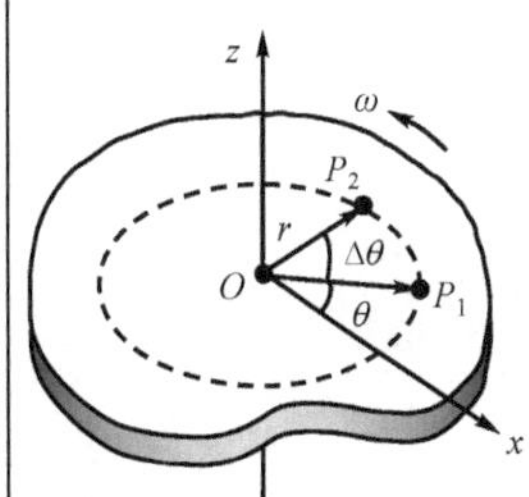

图 3-1-3　角速度

如图 3-1-3 所示，在刚体上任取一个转动平面，以该转动平面与转轴的交点 O 为原点，在该平面内引一条射线 Ox 作为极轴，转动平面上任意质元相对原点的极径 r 与极轴的夹角 θ 称为**角坐标**。刚体在一段时间内转过的角度（即末时刻与初时刻的角坐标之差）称为**角位移**，角位移用 $\Delta\theta$ 表示。

如图 3-1-3 所示，刚体绕 z 轴做定轴转动，t 时刻刚体上某质元位于 P_1 点，角坐标为 θ，经 Δt 时间后质元转到 P_2 点，其转过的角位移为 $\Delta\theta$。把角位移 $\Delta\theta$ 与时间 Δt 的比值定义为刚体绕定轴转动的**平均角速**

度，用$\bar{\omega}$表示，$\bar{\omega}$的大小为

$$\bar{\omega}=\frac{\Delta\theta}{\Delta t} \tag{3-1-1}$$

当Δt趋近于零时，平均角速度的极限称为**瞬时角速度**，简称**角速度**，用ω表示。ω的大小为

$$\omega=\lim_{\Delta t\to 0}\frac{\Delta\theta}{\Delta t}=\frac{\mathrm{d}\theta}{\mathrm{d}t} \tag{3-1-2}$$

角速度是矢量，它的方向规定为沿轴的方向，其指向用右手螺旋法则确定。而刚体绕定轴转动的方向只有两种，当沿着转轴自上向下观察时，刚体可以绕转轴做逆时针转动或顺时针转动，这种情况下，角速度的方向可由角速度的正负表示。通常取刚体逆时针转动时的角速度为正值，即$\omega>0$，刚体顺时针转动时的角速度为负值，即$\omega<0$。角速度的大小反映了定轴转动的快慢，角速度的正负描述了定轴转动的方向。角速度的单位是弧度每秒，符号为rad/s。

刚体绕定轴转动时，若在t_1时刻刚体的角速度为ω_1，在t_2时刻刚体的角速度为ω_2，在$\Delta t=t_2-t_1$时间内，角速度的改变量为$\Delta\omega=\omega_2-\omega_1$。则在$\Delta t$时间内，角速度的改变量$\Delta\omega$与$\Delta t$之比称为这段时间内刚体的**平均角加速度**，用$\bar{\alpha}$表示，$\bar{\alpha}$的大小为

$$\bar{\alpha}=\frac{\Delta\omega}{\Delta t} \tag{3-1-3}$$

当Δt趋近于零时，平均角加速度的极限称为**瞬时角加速度**，简称**角加速度**，用α表示，α的大小为

$$\alpha=\lim_{\Delta t\to 0}\frac{\Delta\omega}{\Delta t}=\frac{\mathrm{d}\omega}{\mathrm{d}t} \tag{3-1-4}$$

绕定轴转动刚体的角加速度α的方向也可由其正负来表示。若角速度ω_2的方向与ω_1的方向相同，且$\omega_2>\omega_1$，那么$\Delta\omega>0$，角加速度α为正值，刚体做加速转动；若角速度ω_2的方向与ω_1的方向相同，但是$\omega_2<\omega_1$，于是$\Delta\omega<0$，角加速度α为负值，刚体做减速转动。

由以上讨论可知，刚体绕定轴转动与质点的直线运动相似，只要在描述质点直线运动的各物理量（位移、速度、加速度）前加一个“角”字，就成为描述刚体绕定轴转动的各相应物理量（角位移、角速度、角加速度），两者的运动学关系也完全相同。

定轴转动	直线运动
$\omega=\frac{\mathrm{d}\theta}{\mathrm{d}t}$	$v=\frac{\mathrm{d}x}{\mathrm{d}t}$

$$\alpha=\frac{d\omega}{dt}=\frac{d^2\theta}{dt} \qquad a=\frac{dv}{dt}=\frac{d^2r}{dt^2}$$

$$\omega-\omega_0=\int_0^t\alpha dt \qquad v-v_0=\int_0^t a dt$$

$$\theta-\theta_0=\int_0^t\omega dt \qquad x-x_0=\int_0^t v dt$$

2. 角量与线量的关系

刚体绕定轴转动时，刚体上任意点都绕定轴做圆周运动，尽管刚体上各质元的角位移、角速度和角加速度都相同，但由于各质元做圆周运动的半径不一定相同，因此各质元的速度和加速度大小也不一定相同。在图 3-1-4 中，刚体绕 z 轴以角速度 ω 转动，P 点到转轴的距离为 r，则 P 点的线速度 v 与角速度 ω 之间的关系为

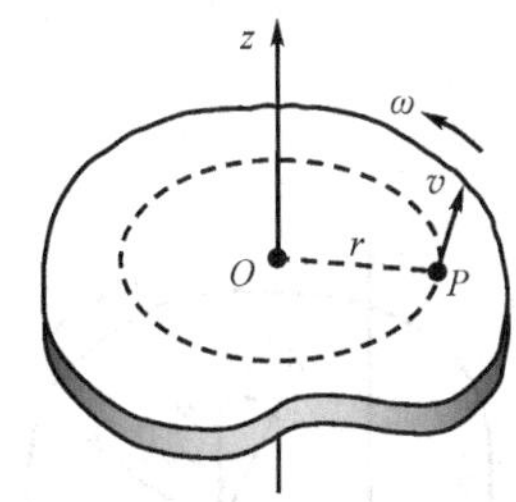

图 3-1-4　角量与线量的关系

$$v=r\omega \tag{3-1-5}$$

P 点的切向加速度和法向加速度分别为

$$a_t=r\alpha \tag{3-1-6}$$

$$a_n=r\omega^2 \tag{3-1-7}$$

显然，刚体上各质元的线量与质元到转轴的距离 r 成正比。

3.2　刚体定轴转动的转动定律

上一节讨论了刚体的运动学问题，从本节开始讨论刚体绕定轴转动时的动力学问题。下面介绍刚体定轴转动的转动定律，它从形式和物理意义上都与牛顿第二定律十分相似，它是刚体转动动力学的基本方程。

3.2.1　刚体对固定转轴的力矩

力是使物体平动状态发生改变的原因，而力矩是使物体转动状态发生改变的原因。对绕定轴转动的刚体来说，为了改变刚体的运动状态，必须对刚体施加外力。外力对刚体转动的作用效果，不仅与作用力的大小有关，而且还与作用力的方向以及力的作用点有关。例如，生活中在开关门时，如图 3-2-1 所示，当力的作用线通过转轴（如力 $\boldsymbol{F}_1$、$\boldsymbol{F}_2$ 和 $\boldsymbol{F}_3$）或平行于转轴时（如力 $\boldsymbol{F}_4$ 和 $\boldsymbol{F}_5$），该力对转轴的力矩为零，即该力无法使门转动。只有作用线既不通过转轴也不平行于转轴的力对转轴能够产生力矩，从而使刚体发生转动。

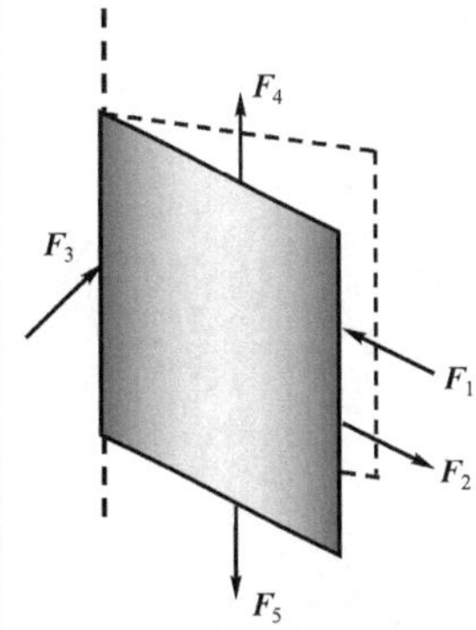

图 3-2-1　力的作用点对转轴效果的影响

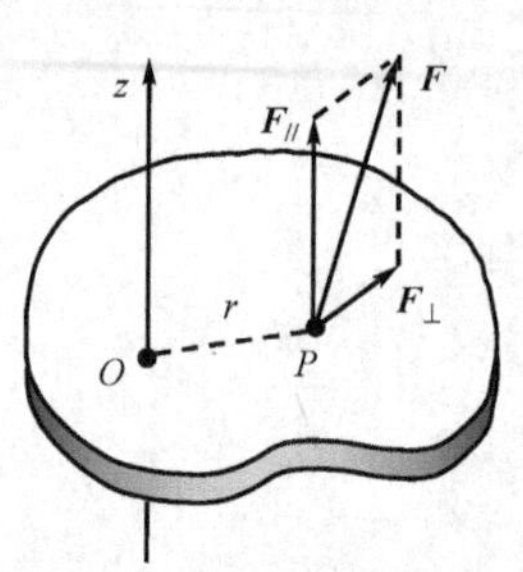

图 3-2-2　力不在转动平面内

如图 3-2-2 所示，若作用于刚体的力 $\boldsymbol{F}$ 不在转动平面内，可将力 $\boldsymbol{F}$ 分解为垂直于转轴 z 的分量 $\boldsymbol{F}_\perp$ 和平行于转轴的分量 $\boldsymbol{F}_{//}$，$\boldsymbol{F}_{//}$ 对转轴的力矩为零，不能改变刚体的转动状态。因此，在研究刚体的定轴转动时，只需要考虑外力在转动平面内的分量对转轴的力矩即可。

3.2.2　刚体定轴转动的转动定律

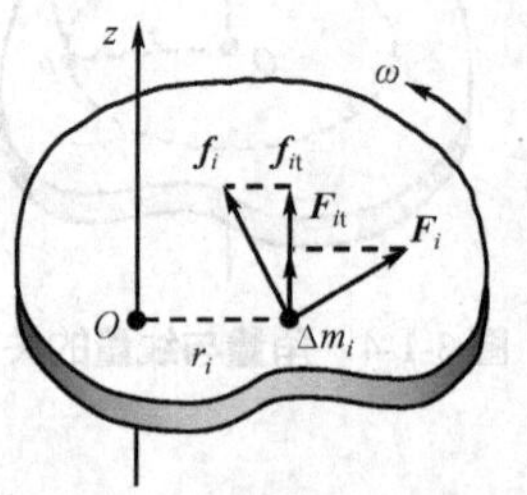

图 3-2-3　推导转动定律用图

如图 3-2-3 所示，刚体绕 z 轴做定轴转动，在刚体上任取一质元 Δm_i，它绕 z 轴做圆周运动的半径为 r_i。设质元 Δm_i 所受的合外力在转动平面内的分量为 $\boldsymbol{F}_i$，其沿切线方向的投影为 F_{it}；刚体内其他质元对 Δm_i 作用的内力在转动平面内的分量为 $\boldsymbol{f}_i$，其沿切线方向的投影为 f_{it}。根据牛顿第二定律，质元在切线方向的动力学方程为

$$F_{it} + f_{it} = \Delta m_i a_{it} \tag{3-2-1}$$

式中 $a_{it} = r_i\alpha$ 为质元的切向加速度，所以上式可改写为

$$F_{it} + f_{it} = \Delta m_i r_i \alpha \tag{3-2-2}$$

将上式两边同时乘 r_i，得

$$F_{it}r_i + f_{it}r_i = \Delta m_i r_i^2 \alpha \tag{3-2-3}$$

式中 $F_{it}r_i$ 和 $f_{it}r_i$ 分别为外力 $\boldsymbol{F}_i$ 和内力 $\boldsymbol{f}_i$ 的切向力的力矩。由于 $\boldsymbol{F}_i$ 和 $\boldsymbol{f}_i$ 法向方向的分量均通过转轴 z，其力矩为零。故式（3-2-3）也可理解为作用在质元上的外力矩和内力矩之和。将式（3-2-3）对刚体所有质元求和，有

$$\sum_{i=1}^{n} F_{it}r_i + \sum_{i=1}^{n} f_{it}r_i = \left(\sum_{i=1}^{n} \Delta m_i r_i^2\right)\alpha \tag{3-2-4}$$

上式中 $\sum_{i=1}^{n} F_{it}r_i$ 为刚体所受外力对转轴的力矩之和，即**合外力矩**，用 M 表示；$\sum_{i=1}^{n} f_{it}r_i$ 是刚体所有质元所受内力对转轴的力矩之和。在第 2 章讨论质点系的角动量定理时已经证明，质点系所有内力对固定点的力矩和为零。此处可用同样的方法证明，刚体所有质元所受内力对转轴的力矩和也为零，即 $\sum_{i=1}^{n} f_{it}r_i = 0$。于是式（3-2-4）写为

$$M = \left(\sum_{i=1}^{n} \Delta m_i r_i^2\right)\alpha \tag{3-2-5}$$

式中 $\sum_{i=1}^{n} \Delta m_i r_i^2$ 与刚体的质量、刚体的质量对转轴的分布以及转轴的位

置有关，称为**转动惯量**，用 J 表示，即

$$J=\sum_{i=1}^{n}\Delta m_i r_i^2 \tag{3-2-6}$$

于是，式（3-2-5）可表示为

$$M=J\alpha \tag{3-2-7}$$

上式表明，**刚体绕定轴转动时，刚体的角加速度与它所受的合外力矩成正比，与刚体的转动惯量成反比**，这就是刚体定轴转动的转动定律，简称**转动定律**。

刚体定轴转动的转动定律与平动中牛顿第二定律的形式相似，地位相当。合外力矩 M 与合外力 F 相对应，转动惯量 J 与质量 m 相对应，角加速度 α 与加速度 a 相对应。

3.2.3 转动惯量

与平动时质量 m 是物体惯性大小的度量类似，转动惯量 J 是刚体转动时惯性大小的度量，即以相同的力矩分别作用在两个绕定轴转动的刚体上，转动惯量大的刚体获得的角加速度小，其角速度改变得慢，也就是保持原有转动状态的惯性大；反之，转动惯量小的刚体获得的角加速度大，其角速度改变得快，也就是保持原有转动状态的惯性小。

根据转动惯量的定义可知，刚体转动惯量就是组成刚体的各质元的质量与其到转轴的距离的平方的乘积之和。

对于单个质点做定轴转动，其转动惯量为

$$J=mr^2 \tag{3-2-8}$$

对于分立质点组成的质点系做定轴转动，其转动惯量为

$$J=\sum_{i=1}^{n}\Delta m_i r_i^2 \tag{3-2-9}$$

对于质量连续分布的刚体绕定轴转动，其转动惯量为

$$J=\int r^2\mathrm{d}m \tag{3-2-10}$$

上式中 $\mathrm{d}m$ 为质元的质量，$\mathrm{d}m$ 有以下三种情况。

（1）刚体质量为线分布，定义刚体质量的线密度为 $\lambda=\dfrac{M}{L}$，则 $\mathrm{d}m=\lambda\mathrm{d}l$。

（2）刚体质量为面分布，定义刚体质量的面密度为 $\sigma=\dfrac{M}{S}$，则 $\mathrm{d}m=\sigma\mathrm{d}S$。

（3）刚体质量为体分布，定义刚体质量的体密度为 $\rho=\dfrac{M}{V}$，则 $\mathrm{d}m=\rho\mathrm{d}V$。

以上各式中 M 为刚体总质量，L、S 和 V 为刚体的长度、面积和体积，$\mathrm{d}l$、$\mathrm{d}S$ 和 $\mathrm{d}V$ 称为线元、面元和体元。

转动惯量是标量，具有叠加性。当一个刚体由几部分组成时，整个刚体对某一转轴的转动惯量等于各个组成部分对同一轴转动惯量的代数和。转动惯量的单位是千克二次方米，符号为 $\mathrm{kg\cdot m^2}$。

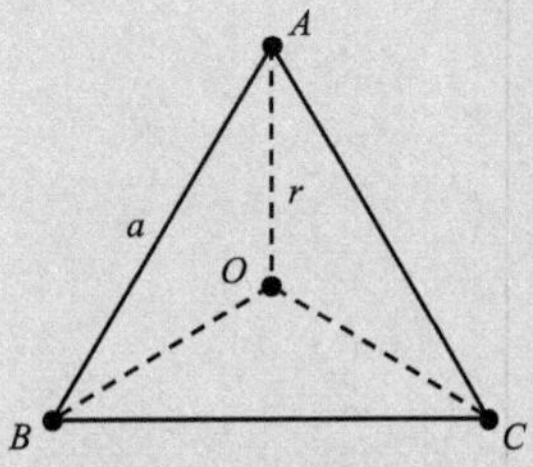

图 3-2-4　例 3-2-1 图

例 3-2-1　如图 3-2-4 所示，三个质量均为 m 的质点，位于边长为 a 的等边三角形 ABC 的三个顶点上。求：（1）系统对通过三角形中心 O，且与三角形平面垂直的轴的转动惯量；（2）系统对通过 A 点，且与三角形平面垂直的轴的转动惯量。

解　（1）系统由分立的质点组成，各质点位于等边三角形的三个顶点上，各质点到三角形中心 O 的距离为 $r=\sqrt{3}a/3$。根据转动惯量的定义，质点系对通过 O 点，且与三角形平面垂直的轴的转动惯量为

$$J_O=\sum_{i=1}^{n}\Delta m_i r_i^2=mr^2+mr^2+mr^2=3m\left(\frac{\sqrt{3}}{3}a\right)^2=ma^2$$

（2）同理，质点系对通过 A 点，且与三角形平面垂直的轴的转动惯量为

$$J_A=\sum_{i=1}^{n}\Delta m_i r_i^2=0+ma^2+ma^2=2ma^2$$

例 3-2-2　求质量为 m，长度为 l 的均匀细棒的转动惯量：（1）转轴通过棒的一端并与棒垂直；（2）转轴通过棒的中心并与棒垂直。

解　（1）如图 3-2-5 所示，在棒上任取一长度为 $\mathrm{d}x$ 的线元，线元距通过棒一端的转轴 O 的距离为 x。细棒的线密度为 $\lambda=\dfrac{m}{l}$，则线元 $\mathrm{d}x$ 的质量为 $\mathrm{d}m=\lambda\mathrm{d}x$。线元对转轴 O 的转动惯量为

$$\mathrm{d}J=x^2\mathrm{d}m=x^2\lambda\mathrm{d}x=x^2\frac{m}{l}\mathrm{d}x$$

整个细棒对转轴 O 的转动惯量为

$$J=\int_0^l x^2\frac{m}{l}\mathrm{d}x=\frac{1}{3}ml^2$$

（2）当转轴 O 位于细棒中心时，整个细棒的转动惯量为

$$J=\int_{-\frac{l}{2}}^{\frac{l}{2}}x^2\frac{m}{l}\mathrm{d}x=\frac{1}{12}ml^2$$

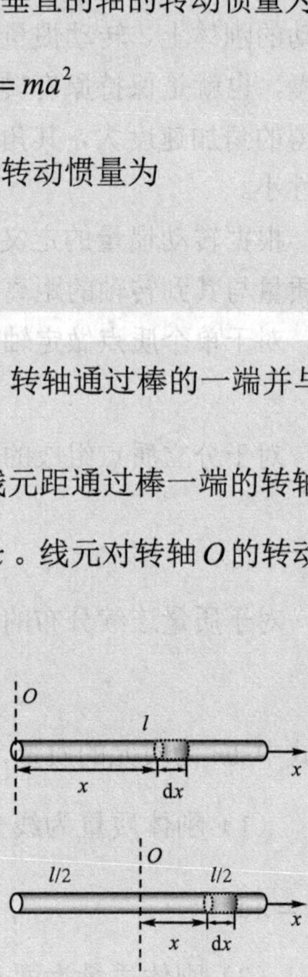

图 3-2-5　例 3-2-2 图

上述刚体转动惯量的计算方法只适用于几何形状规则的刚体，对于形状不规则的刚体的转动惯量通常用实验的方法来测定。表 3-2-1 给出了几种常见的质量分布均匀、形状规则刚体的转动惯量。

表 3-2-1　常见的质量分布均匀、形状规则刚体的转动惯量

刚体形状及转轴位置	转动惯量	刚体形状及转轴位置	转动惯量
薄圆盘 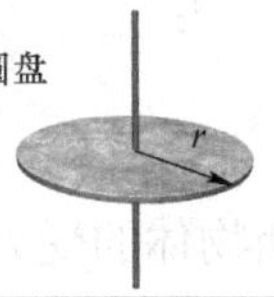	$J=\frac{1}{2}mr^2$	圆环 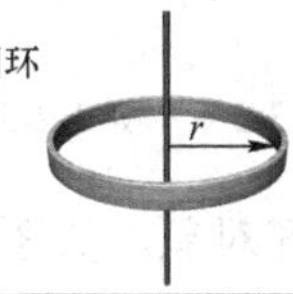	$J=mr^2$
细棒 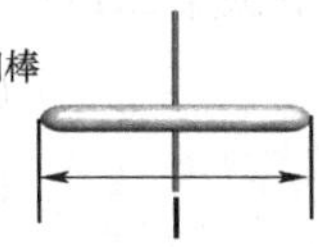	$J=\frac{1}{12}ml^2$	细棒 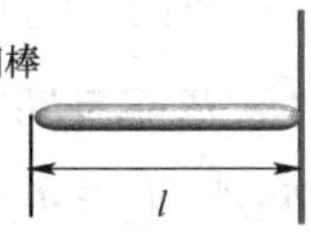	$J=\frac{1}{3}ml^2$
圆柱体 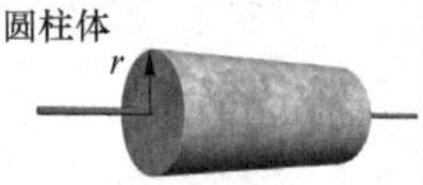	$J=\frac{1}{2}mr^2$	圆桶 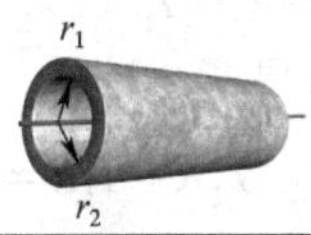	$J=\frac{1}{2}m\left(r_1^2+r_2^2\right)$
圆柱体 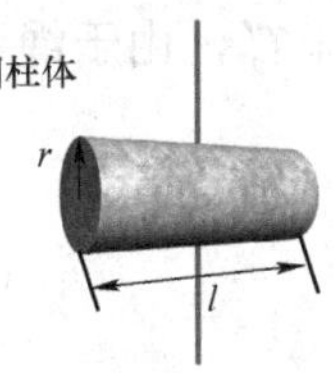	$J=\frac{1}{4}mr^2+\frac{1}{12}ml^2$	圆环 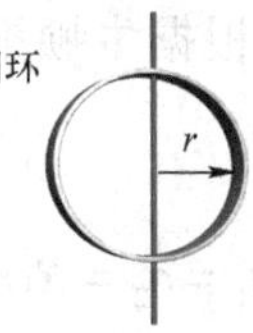	$J=\frac{1}{2}mr^2$
球体 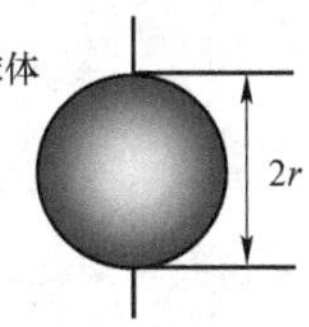	$J=\frac{2}{5}mr^2$	球壳 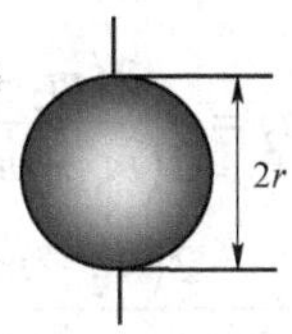	$J=\frac{2}{3}mr^2$

3.2.4　刚体定轴转动定律的应用

转动定律定量地反映了物体所受的合外力矩、转动惯量和角加速度之间的关系。它的地位与处理平动问题中的牛顿第二定律相当。应用转动定律求解问题的方法与步骤和应用牛顿第二定律求解问题的方法与步骤相似，下面举例说明。

例 3-2-3　如图 3-2-6 所示，质量为 m_1 和 m_2（$m_1<m_2$）的两个物体，通过一个定滑轮用轻绳相连，定滑轮是半径为 R、质量为 m_3 的均质圆盘。已知绳与滑轮间无相对滑动，忽略轴的摩擦，求物体的加速度、滑轮的角加速度和绳中的张力。

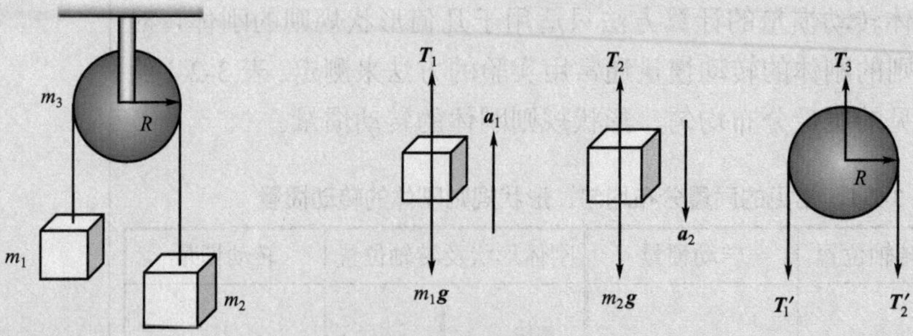

图 3-2-6　例 3-2-3 图

解　分别以两个物体和定滑轮为研究对象，如图 3-2-6 所示，m_1 和 m_2 两物体的受力分别为重力 m_1g、m_2g 和绳子的拉力 T_1、T_2。m_1 和 m_2 两物体发生平动，根据牛顿第二定律得

$$T_1 - m_1g = m_1a_1 \tag{1}$$

$$m_2g - T_2 = m_2a_2 \tag{2}$$

定滑轮的受力为绳子对定滑轮的拉力 T_1'、T_2' 以及转轴对定滑轮的作用力 T_3，T_3 始终通过转轴，其力矩为零，根据转动定律得

$$T_2'R - T_1'R = J\alpha \tag{3}$$

上式中定滑轮的转动惯量为 $J=\frac{1}{2}m_3R^2$。根据牛顿第三定律有 $T_1=T_1'$、$T_2=T_2'$，由于绳不可伸长，所以

$$a_1 = a_2 = R\alpha \tag{4}$$

联立式（1）～式（4）得

$$a_1 = a_2 = \frac{2(m_2-m_1)}{2(m_1+m_2)+m_3}g$$

$$\alpha = \frac{2(m_2-m_1)}{\left[2(m_1+m_2)+m_3\right]R}g$$

$$T_1 = \frac{4m_1m_2+m_1m_3}{2(m_1+m_2)+m_3}g$$

$$T_2 = \frac{4m_1m_2+m_2m_3}{2(m_1+m_2)+m_3}g$$

例 3-2-4　如图 3-2-7 所示，一长为 l、质量为 m 的均质细杆竖直放置，细杆下端与一固定铰链 O 相接，并可绕其自由转动。由于细杆处于非稳定平衡状态，当细杆受到微小扰动时，细杆将在重力的作用下由静止开始绕铰链 O 转动。求细杆转到与竖直线成 θ 角时的角速度和角加速度。

解　细杆受到重力 mg 和铰链对细杆的作用力 $\boldsymbol{F}_N$，由于 $\boldsymbol{F}_N$ 始终通过转轴 O，故其对转轴 O 的力矩为零。重力可视为作用在均质细杆的重心。当细杆与竖直线成 θ 角时，重力 mg 对转轴 O 的力矩大小为

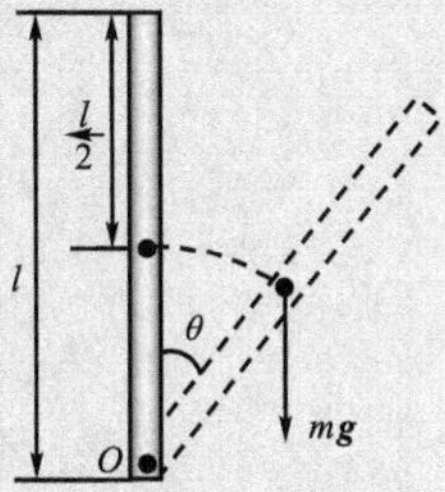

图 3-2-7　例 3-2-4 图

$$M = mg\frac{l}{2}\sin\theta$$

根据转动定律，有

$$mg\frac{l}{2}\sin\theta = J\alpha$$

上式中细杆绕转轴 O 的转动惯量为 $J=\frac{1}{3}ml^2$，因此细杆与竖直线成 θ 角时的角加速度为

$$\alpha = \frac{3g}{2l}\sin\theta$$

根据角加速度的定义，有

$$\alpha = \frac{\mathrm{d}\omega}{\mathrm{d}t} = \frac{3g}{2l}\sin\theta$$

对上式进行如下变换

$$\alpha = \frac{\mathrm{d}\omega}{\mathrm{d}\theta}\frac{\mathrm{d}\theta}{\mathrm{d}t} = \omega\frac{\mathrm{d}\omega}{\mathrm{d}\theta} = \frac{3g}{2l}\sin\theta$$

对上式分离变量并积分，有

$$\int_0^{\omega}\omega\mathrm{d}\omega = \int_0^{\theta}\frac{3g}{2l}\sin\theta\mathrm{d}\theta$$

因此细杆与竖直线成 θ 角时的角速度为

$$\omega = \sqrt{\frac{3g}{l}(1-\cos\theta)}$$

3.3　刚体定轴转动的动能定理

3.3.1　刚体定轴转动中力矩的功

刚体绕定轴转动时，外力对刚体所做的功可以用力矩表示。如图 3-3-1 所示，设外力 $\boldsymbol{F}_i$ 作用在刚体上 P 点处，$\boldsymbol{F}_i$ 位于转动平面内，若刚体在力 $\boldsymbol{F}_i$ 的作用下绕 z 轴发生 $\mathrm{d}\theta$ 的角位移时，P 点的位移为 $\mathrm{d}\boldsymbol{r}_i$，当时间趋近于零时，位移的大小与路程相等，即 $|\mathrm{d}\boldsymbol{r}_i| = \mathrm{d}s_i = r_i\mathrm{d}\theta$，则在此过程中力 $\boldsymbol{F}_i$ 所做的元功为

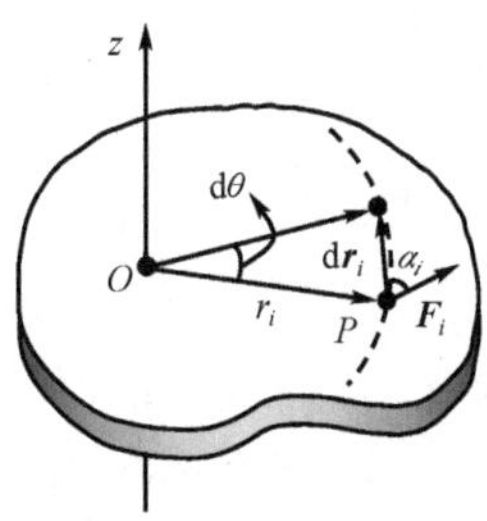

图 3-3-1　力矩的功

$$dW_i = \boldsymbol{F}_i \cdot d\boldsymbol{r}_i = F_i \cos\alpha_i |d\boldsymbol{r}_i| = F_i \cos\alpha_i ds_i = F_i \cos\alpha_i r_i d\theta$$

式中$F_i \cos\alpha_i$为$\boldsymbol{F}_i$沿位移$d\boldsymbol{r}_i$方向的分量，所以$F_i \cos\alpha_i r_i$就是力对转轴的力矩$\boldsymbol{M}_i$，因此上式可写为

$$dW_i = M_i d\theta$$

将上式对刚体中所有质元求和，有

$$dW = \left(\sum_{i=1}^{n} M_i\right) d\theta = M d\theta \tag{3-3-1}$$

式中$\boldsymbol{M}$是作用在刚体上的外力矩之和，即合外力矩。式（3-3-1）说明，**合外力矩对刚体所做的元功dW等于合外力矩M与角位移$d\theta$的乘积。**如果刚体在合外力矩的作用下从角坐标θ_1转到θ_2，此过程合外力矩做的功为

$$W = \int dW = \int_{\theta_1}^{\theta_2} M d\theta \tag{3-3-2}$$

在第 2 章曾指出，质点系动能的增量是作用在质点系上所有外力做功和质点系内所有内力做功的共同结果。然而，对刚体来说，虽然任意两质点间也存在作用力与反作用力这一对内力，但两质点之间却没有相对位移，因此内力矩不做功，所以刚体内力矩做功的总和等于零。因此绕定轴转动的刚体，其转动动能的增量就等于合外力矩所做的功。

单位时间内力矩对刚体所做的功叫作力矩的功率，即

$$P = \frac{dW}{dt} = M\frac{d\theta}{dt} = M\omega \tag{3-3-3}$$

上式表明，力矩的功率等于力矩与角速度的乘积。当功率一定时，角速度越小，力矩越大；反之，角速度越大，力矩越小。

3.3.2 刚体定轴转动的转动动能

设刚体绕定轴转动的角速度为ω，刚体上第i个质元的质量为Δm_i，做圆周运动的半径为r_i，速率为v_i，则该质点的动能为

$$E_{ki} = \frac{1}{2}\Delta m_i v_i^2 = \frac{1}{2}\Delta m_i r_i^2 \omega^2 \tag{3-3-4}$$

整个刚体的动能为

$$E_k = \frac{1}{2}\sum_{i=1}^{n}\left(\Delta m_i r_i^2\right)\omega^2 \tag{3-3-5}$$

式中$\sum_{i=1}^{n}\left(\Delta m_i r_i^2\right)$是刚体的转动惯量$J$，所以刚体绕定轴转动的动能为

$$E_k = \frac{1}{2}J\omega^2 \tag{3-3-6}$$

刚体绕定轴转动时的动能称为**转动动能**，式（3-3-6）就是刚体绕定轴转动的转动动能的表达式。式（3-3-6）表明，**刚体绕定轴转动时的转动动能等于刚体的转动惯量与角速度平方乘积的一半。**

可以看出，刚体定轴转动的转动动能 $E_k = \frac{1}{2}J\omega^2$ 与质点的动能 $E_k = \frac{1}{2}mv^2$ 在形式上是相似的，转动惯量 J 与质量 m 对应，角速度 ω 与速度 v 对应。

3.3.3　刚体定轴转动的动能定理

设在合外力矩 M 的作用下，绕定轴转动的刚体产生的角位移为 $\mathrm{d}\theta$，则合外力矩 M 对刚体所做的功为

$$\mathrm{d}W = M\mathrm{d}\theta \tag{3-3-7}$$

将刚体定轴转动的转动定律 $M = J\alpha = J\frac{\mathrm{d}\omega}{\mathrm{d}t}$ 代入上式，有

$$\mathrm{d}W = M\mathrm{d}\theta = J\frac{\mathrm{d}\omega}{\mathrm{d}t}\mathrm{d}\theta = J\omega\mathrm{d}\omega \tag{3-3-8}$$

若刚体的转动惯量 J 是常数，合外力矩对刚体做功，使刚体的角速度从 ω_1 变到 ω_2，则此过程合外力矩对刚体所做的功为

$$W = \int \mathrm{d}W = \int_{\omega_1}^{\omega_2} J\omega\mathrm{d}\omega = \frac{1}{2}J\omega_2^2 - \frac{1}{2}J\omega_1^2 \tag{3-3-9}$$

上式表明，**合外力矩对绕定轴转动的刚体所做的功等于刚体转动动能的增量**，这就是**刚体绕定轴转动的动能定理。**

例 3-3-1　如图 3-3-2 所示，一均质细杆的质量为 m，长度为 l，可绕其一端 O 的水平轴自由转动，若将细杆由水平位置静止开始摆下。求：细杆转过 θ 角时的角速度。

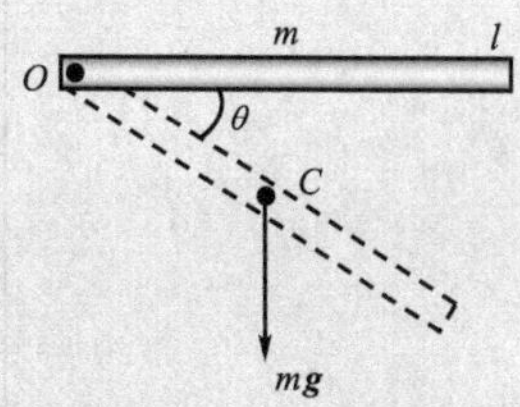

图 3-3-2　例 3-3-1 图

解　只有细杆所受重力对转轴 O 产生力矩，力矩的大小为 $M = mg\frac{l}{2}\cos\theta$。细杆初始时刻角速度为零，设细杆转过 θ 角时的角速度为 ω，依据刚体绕定轴转动的动能定理，有

$$\int_0^{\theta} mg\frac{l}{2}\cos\theta\mathrm{d}\theta = \frac{1}{2}J\omega^2 - 0 = \frac{1}{2}J\omega^2$$

将 $J=\frac{1}{3}ml^2$ 代入上式并积分，得

$$mg\frac{l}{2}\sin\theta=\frac{1}{6}ml^2\omega^2$$

所以细杆转过角度 θ 时的角速度为

$$\omega=\sqrt{\frac{3g\sin\theta}{l}}$$

3.4 刚体定轴转动的角动量定理和角动量守恒定律

在第 2 章中介绍了质点系的角动量定理和角动量守恒定律，本节讨论刚体绕定轴转动的角动量定理和角动量守恒定律。

3.4.1 刚体定轴转动时对轴的角动量

当刚体以角速度 ω 绕转轴转动时，刚体上所有质元都在各自的转动平面内以相同的角速度绕转轴做圆周运动。在刚体上任选一质元，设质元的质量为 Δm_i，质元到转轴的距离为 r_i，则该质元对转轴的角动量大小为

$$L_i=\Delta m_i r_i^2\omega$$

刚体定轴转动时对轴的角动量就是刚体上各质元对该轴的角动量之和，将上式对组成刚体的所有质元求和，得

$$L=\sum_{i=1}^{n}L_i=\left(\sum_{i=1}^{n}\Delta m_i r_i^2\right)\omega=J\omega \tag{3-4-1}$$

上式就是刚体对轴的角动量，即刚体对定轴的角动量等于刚体对该轴的转动惯量与角速度的乘积。

3.4.2 刚体定轴转动的角动量定理

由刚体定轴转动的转动定律，有

$$M=J\alpha=J\frac{\mathrm{d}\omega}{\mathrm{d}t}=\frac{\mathrm{d}(J\omega)}{\mathrm{d}t}=\frac{\mathrm{d}L}{\mathrm{d}t}$$

即

$$M = \frac{dL}{dt} \tag{3-4-2}$$

上式表示，**刚体绕定轴转动时，作用于刚体的合外力矩 M 等于刚体绕此轴的角动量 L 对时间的变化率**。这就是**刚体定轴转动的角动量定理的微分形式**。

若转动惯量为 J 的刚体绕定轴转动，在合外力矩 M 的作用下，经过 $\Delta t = t_2 - t_1$ 时间，刚体的角速度由 ω_1 变为 ω_2，把式（3-4-2）分离变量并积分得

$$\int_{t_1}^{t_2} M\mathrm{d}t = \int_{L_1}^{L_2} \mathrm{d}L = L_2 - L_1 = J\omega_2 - J\omega_1 \tag{3-4-3}$$

式中 $\int_{t_1}^{t_2} M\mathrm{d}t$ 是合外力矩与作用时间的乘积，叫作力矩对定轴的冲量矩。冲量矩的单位为牛顿米秒，符号为 N·m·s。式（3-4-3）就是**刚体定轴转动的角动量定理的积分形式**，式（3-4-3）说明**定轴转动的刚体所受合外力矩的冲量矩等于刚体在这段时间内对该轴的角动量的增量**。

注意：如果物体在转动过程中，物体内各质点相对于转轴的位置发生了变化，那么物体的转动惯量也必然随时间变化。若在 $\Delta t = t_2 - t_1$ 时间内，转动惯量由 J_1 变为 J_2，则式（3-4-3）变为

$$\int_{t_1}^{t_2} M\mathrm{d}t = J_2\omega_2 - J_1\omega_1 \tag{3-4-4}$$

3.4.3 刚体定轴转动的角动量守恒定律

由式（3-4-2）可知，若刚体所受合外力矩为零，即 $M = 0$，则有

$$L = J\omega = 常量$$

这就是说，**刚体绕定轴转动时，刚体所受合外力矩等于零，则刚体对同一轴的角动量守恒**。这个结论叫作**刚体定轴转动的角动量守恒定律**。

上面在推导角动量守恒定律的过程中虽然受到刚体、定轴等条件的限制，但此定律的适用范围远远超出了这些限制，下面从两方面介绍角动量守恒定律的应用。

（1）若转动惯量 J 不变，则角速度 ω 不变。

回转仪的结构如图 3-4-1 所示，在支架上装着可以转动的外环，外环里面装着可以相对于外环转动的内环，在内环中安装转动体。三根转动轴线相互垂直，并相交于回转仪的中心。当转动体高速旋转时，由于所有轴承都非常光滑，摩擦力矩可忽略，因而在较长的时间里都可以认为转动体的角动量守恒。由于转动惯量不变，所以角速度的大小和方向均不变，即在图 3-4-1 中的竖直轴方向不变，这时无论怎样移动底座，也不会改变回转仪的自转方向，从而起到定向的作用。

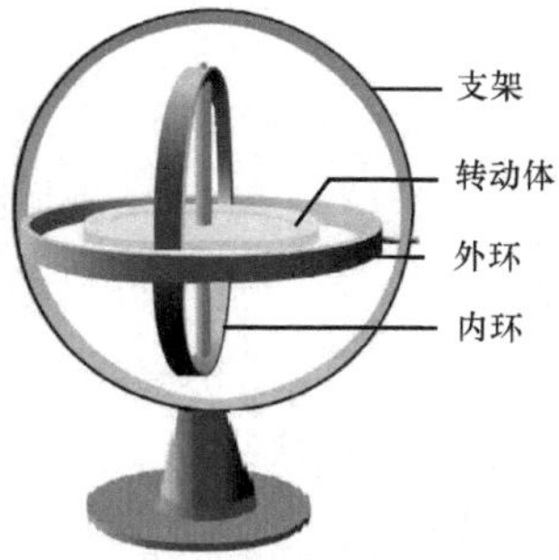

图 3-4-1 回转仪结构图

回转仪是自动驾驶仪的重要组成部分，回转仪常被安装在导弹、飞机、舰船或坦克中，以回转仪自转轴线为标准，可随时确定导弹、飞机等物体的运动方向与预定方向之间的偏离角度，从而及时纠正运动方向。

（2）若转动惯量 J 改变，则角速度 ω 也随之改变。

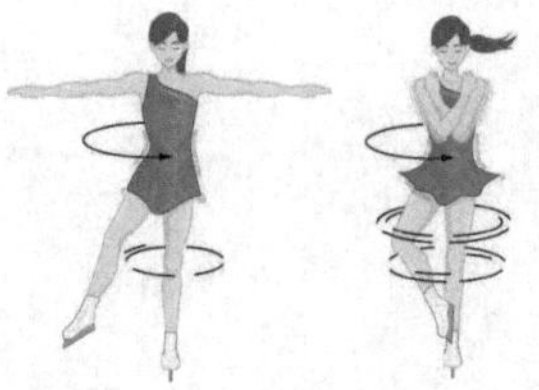

图 3-4-2 花样滑冰运动员的角动量守恒

对于做定轴转动的非刚性物体，其上各质元对转轴的距离可以改变，因此非刚性物体的转动惯量 J 是可变的。如图 3-4-2 所示，花样滑冰运动员，绕通过其中心的竖直轴高速旋转时，摩擦力可以忽略，所受外力为重力和冰面的支持力，由于外力对轴的力矩为零，因此运动员对转轴的角动量守恒。运动员可以通过伸展或收回手脚的方式改变质量分布，从而改变对轴的转动惯量，最终达到改变角速度的目的。

为了便于理解刚体绕定轴转动的规律，常采用与质点的运动规律进行对比的方法。表 3-4-1 为质点的运动与刚体绕定轴转动的基本物理量、基本运动规律对比。

表 3-4-1 质点的运动与刚体绕定轴转动的基本物理量、基本运动规律对比

质点的运动	刚体的定轴转动
速度：$\boldsymbol{v}=\dfrac{\mathrm{d}\boldsymbol{r}}{\mathrm{d}t}$ 加速度：$\boldsymbol{a}=\dfrac{\mathrm{d}\boldsymbol{v}}{\mathrm{d}t}=\dfrac{\mathrm{d}^2\boldsymbol{r}}{\mathrm{d}t^2}$	角速度：$\omega=\dfrac{\mathrm{d}\theta}{\mathrm{d}t}$ 角加速度：$\alpha=\dfrac{\mathrm{d}\omega}{\mathrm{d}t}=\dfrac{\mathrm{d}^2\theta}{\mathrm{d}t^2}$
力：$\boldsymbol{F}$，质量：m	力矩：M，转动惯量：$J=\int r^2\mathrm{d}m$
牛顿第二定律：$\boldsymbol{F}=m\boldsymbol{a}$	转动定律：$M=J\alpha$
力的功：$W=\int_{t_1}^{t_2}\boldsymbol{F}\cdot\mathrm{d}\boldsymbol{r}$	力矩的功：$W=\int_{t_1}^{t_2}M\mathrm{d}\theta$
动能：$E_\mathrm{k}=\dfrac{1}{2}mv^2$	转动动能：$E_\mathrm{k}=\dfrac{1}{2}J\omega^2$
动能定理： $W=E_{\mathrm{k}2}-E_{\mathrm{k}1}=\dfrac{1}{2}mv_2^2-\dfrac{1}{2}mv_1^2$	动能定理： $W=E_{\mathrm{k}2}-E_{\mathrm{k}1}=\dfrac{1}{2}J\omega_2^2-\dfrac{1}{2}J\omega_1^2$
动量：$\boldsymbol{p}=m\boldsymbol{v}$，冲量 $\boldsymbol{I}=\int_{t_1}^{t_2}\boldsymbol{F}\mathrm{d}t$	角动量：$L=J\omega$，冲量矩 $\int_{t_1}^{t_2}M\mathrm{d}t$
动量定理：$\boldsymbol{I}=\int_{t_1}^{t_2}\boldsymbol{F}\mathrm{d}t=\boldsymbol{p}_2-\boldsymbol{p}_1$	角动量定理：$\int_{t_1}^{t_2}M\mathrm{d}t=L_2-L_1$
动量守恒定律：质点系所受合外力 $\boldsymbol{F}=0$，质点系动量守恒	角动量守恒定律：刚体所受合外力矩 $M=0$，刚体角动量守恒

例 3-4-1　如图 3-4-3 所示，人站在光滑水平转台的中心，双手各握有质量为 m 的重物。初始时双手侧平举，人和转台的转动惯量为 J，角速度为 ω_1，求双手由 r_1 收缩到 r_2 时人和转台转动的角速度大小。

解　以人、转台和重物为系统，系统所受合外力矩为零，系统的角动量守恒，设双手收缩后的角速度为 ω_2，有

$$\left(J+2mr_1^2\right)\omega_1=\left(J+2mr_2^2\right)\omega_2$$

解得

$$\omega_2=\frac{\left(J+2mr_1^2\right)}{\left(J+2mr_2^2\right)}\omega_1$$

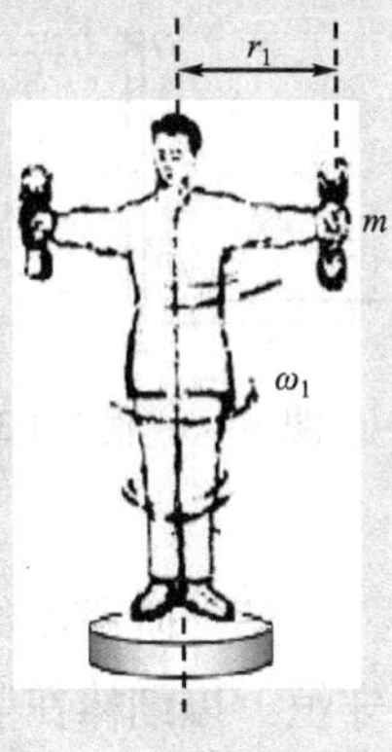

图 3-4-3　例 3-4-1 图

例 3-4-2　在工程上，常用摩擦啮合器使两飞轮以相同的角速度一起转动，如图 3-4-4 所示，A 和 B 是两飞轮，C 为摩擦啮合器，它们三者的轴杆在同一中心线上。A 轮的转动惯量为 $J_A=10\ \text{kg}\cdot\text{m}^2$，$B$ 轮的转动惯量为 $J_B=20\ \text{kg}\cdot\text{m}^2$。开始时 A 轮的转速为 600 r/min，B 轮静止。求两轮啮合后的转速。在啮合后两轮的机械能有何变化？

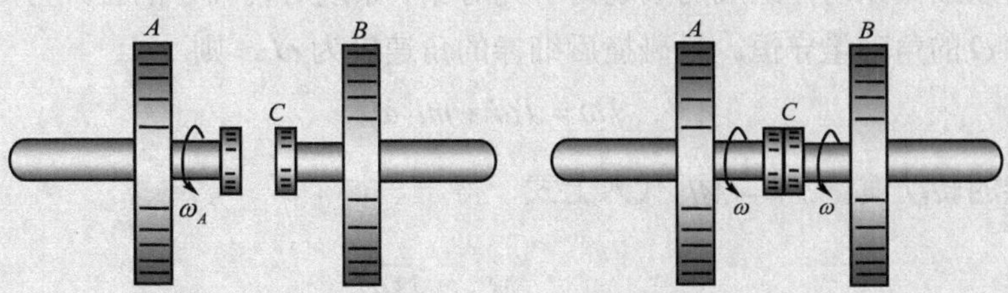

图 3-4-4　例 3-4-2 图

解　以飞轮 A、B 和啮合器 C 为系统，在啮合过程中，系统受到轴向的正压力和啮合器之间的切向摩擦力。正压力对轴的力矩为零，摩擦力对轴虽然有力矩，但该力矩为系统的内力矩，所以系统所受合外力矩为零，系统的角动量守恒。设两飞轮啮合后共同的角速度为 ω，有

$$J_A\omega_A=\left(J_A+J_B\right)\omega$$

$$\omega=\frac{J_A\omega_A}{J_A+J_B}=\frac{10\times\left(600\times2\pi/60\right)}{10+20}=\frac{20\pi}{3}\quad(\text{rad/s})$$

即两飞轮啮合后的转速为

$$n=\frac{\omega}{2\pi}\times60=200\quad(\text{r/min})$$

在啮合过程中，摩擦力做功，机械能转化为内能，损失的机械能为

$$\Delta E=\frac{1}{2}J_A\omega_A^2-\frac{1}{2}\left(J_A+J_B\right)\omega^2\approx1.31\times10^4\quad(\text{J})$$

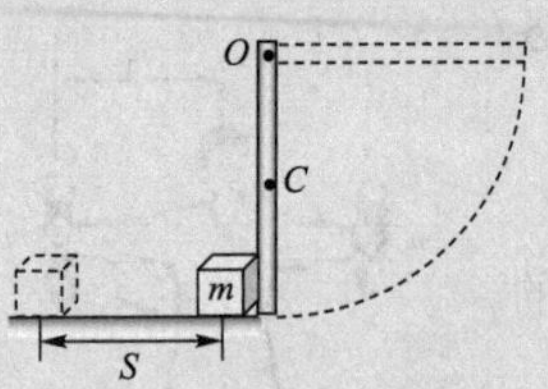

图 3-4-5 例 3-4-3 图

例 3-4-3 如图 3-4-5 所示，质量为M、长为l的均匀细棒可绕光滑水平轴O转动，细棒由水平位置摆到竖直位置时，与静止放置在水平面上的质量为m的物体发生完全非弹性碰撞，若物体碰撞后沿摩擦系数为μ的水平面滑动，求物体滑动的距离S是多少。

解 该问题可分为三个阶段分析求解。第一阶段为细棒自水平位置落到竖直位置的过程；第二阶段为细棒与物体发生完全非弹性碰撞的过程；第三阶段为物体沿水平面滑动的过程。

第一阶段以细棒和地球组成的系统为研究对象。由于此过程只有重力做功，所以机械能守恒。以细棒在竖直位置时的中心点C为重力势能的势能零点，有

$$Mg\frac{l}{2}=\frac{1}{2}J\omega^2$$

将细棒的转动惯量$J=\frac{1}{3}Ml^2$代入上式，得

$$\omega=\sqrt{\frac{3g}{l}}$$

第二阶段以细棒和物体组成的系统为研究对象。系统对转轴O的合外力矩为零，所以系统相对于转轴O的角动量守恒。设碰撞后细棒的角速度为ω'，则

$$J\omega=J\omega'+ml^2\omega'$$

同样，将细棒的转动惯量$J=\frac{1}{3}Ml^2$代入上式，得

$$\omega'=\frac{M}{M+3m}\sqrt{\frac{3g}{l}}$$

第三阶段以物体为研究对象。设物体在摩擦力的作用下滑行的距离为S，由质点的动能定理得

$$-\mu mgS=0-\frac{1}{2}m\left(l\omega'\right)^2$$

解得

$$S=\frac{3lM^2}{2\mu\left(M+3m\right)^2}$$

*3.5 流体的运动

前几节讨论了刚体绕定轴转动的基本规律，刚体是没有形变的，内部各部分没有相对运动。流体是指质量连续分布且具有流动性的质

点系，本节讨论的流体力学分为流体静力学和流体动力学。

3.5.1 流体静力学

流体是指质量连续分布且具有流动性的质点系，流体静力学只讨论静止的流体问题。与固体不同，静止的流体不能承受切向的力，任何沿着器壁的施加于流体表面的切应力都会使流体沿着器壁流动。如果流体是静止的，则必然不存在沿着流体表面的切应力，也就是说，器壁作用于流体上的力一定与流体表面正交，流体作用于器壁的反作用力也一定与器壁正交。正是由于流体不能承受切应力，所以流体能任意改变形状，具有流动性。流体的连续性是指系统由无穷多个无穷小的流体质元组成，并且所有流体质元都相互紧邻着。流体内部相互作用的内力均作用在流体质元的表面上。

1. 流体静力学基本公式

流体都是可以压缩的，气体容易压缩，液体的压缩比较困难。在 500 个大气压下，每增加一个大气压，水的体积的减少量不到原体积的两万分之一，水银体积的减少量不到原体积的百万分之四，所以通常不考虑液体的压缩性。气体的可压缩性非常明显，例如，用不太大的力推动活塞即可使气缸中的气体明显地压缩。在研究流体的受力和运动时，若讨论流体的机械运动而不涉及热力学问题，则可不考虑流体的压缩性，这时可将流体抽象为**不可压缩流体**，不可压缩流体也是一种理想模型。

在静止的流体内部取一小流体块，此流体块不会受到沿其表面方向的作用力，否则流体块内部各层会产生相对滑动。所以，静止流体内的小流体块只能受到垂直其表面的作用力，通常是压力作用。设流体块表面上的某一面元 $\mathrm{d}S$ 受到的压力为 $\mathrm{d}F$，则流体在流体块表面处的压强为

$$p=\frac{\mathrm{d}F}{\mathrm{d}S}$$

压强的单位是帕斯卡，简称帕，符号为 Pa，1 Pa=1 N/m^2。

如图 3-5-1 所示，烧杯中的液体静止不动，在烧杯中取底面积很小的静止液柱，液柱受力平衡有

$$p_0\Delta S+\rho gh\Delta S=p\Delta S \tag{3-5-1}$$

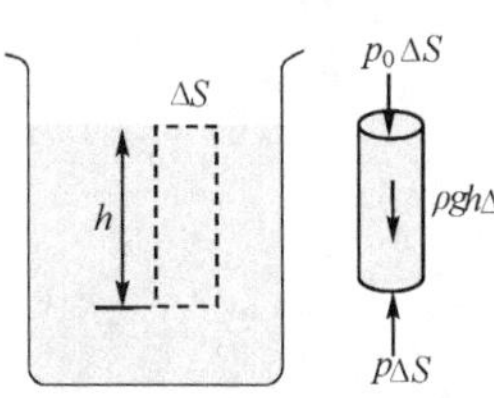

图 3-5-1　流体内部压强

上式中 p_0 是外界作用引起的流体上表面的压强，ΔS 为液柱的底面积，ρ 为液体密度，h 为液柱高度，p 为高度 h 处的液体压强，g 为重力加速度。由式（3-5-1）可以得到

$$p=p_0+\rho gh \tag{3-5-2}$$

式（3-5-2）称为**流体静力学的基本公式**。式（3-5-2）说明，静止流体内部某点的压强 p 与流体上表面的压强 p_0 和流体深度 h 有关。流体内部等深度处压强相等，深度差为 Δh 的两点间的压强差为 $\Delta p=\rho g\Delta h$。如果流体上表面的压强 p_0 增大 Δp，必然导致流体中每点的压强都增大 Δp，也就是说 Δp 等值地被传导到流体内部各处。

2. 表面张力

在两种不相溶液体或液体与气体之间会形成界面，界面上存在着**表面张力**。表面张力的作用可使界面产生收缩的趋势。例如，表面张力使叶面上的露珠呈球状、使昆虫能在水面上自由行走、使硬币能够放在液体表面不下沉。

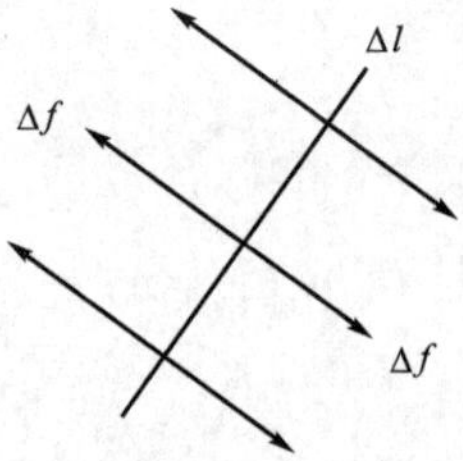

图 3-5-2 表面张力

如图 3-5-2 所示，设想在液面上某处取一线段 Δl，此线段将液面分成两部分，表面张力就是这两部分液面之间的相互拉力，表面张力的方向垂直于 Δl，且与液面相切。表面张力的大小与线段的长度成正比，表面张力用 Δf 表示，有

$$\Delta f=\alpha\Delta l \tag{3-5-3}$$

式中 α 为**表面张力系数**，它表示液面两侧单位长度的相互拉力。在国际单位制中，α 的单位是牛顿每米，符号为 N/m。

分子之间的相互作用力为分子力，它由引力和斥力两部分组成，斥力在分子间相互接触时产生，引力的有效作用距离大约为分子直径的几倍。从微观上看，液体表面层以下的分子受到其他分子的作用力相互抵消。液体表面层的分子密度与液体内部的分子密度相比较小，越靠近液体表面分子密度越小，分子间距越大。因此，在液体的表面层可以只考虑引力不考虑斥力，所以表面层分子间的张力表现为分子之间的引力作用。

液体表面层的分子在引力的有效作用距离的范围内，由于液体分子组态存在差异，导致它们所受的引力合力不为零。越靠近液体表面，引力合力越大，引力的方向指向液体的内部，因此液体表面层的分子具有进入液体内部的趋势，这正是液体表面显示收缩趋势的微观本质。此引力是保守力，其方向指向液体内部，说明液体表面分子的势能比液体内部分子的势能高，当液体内部分子进入表面层时势能增加。

由于表面张力使液体表面产生收缩，要增大液面面积，外力就要克服表面张力做功。假设在外力作用下使长度为 Δl 的液面产生 Δx 的位移，外力抵抗表面张力对液面做的功为

$$\Delta W=\alpha\Delta l\Delta x=\alpha\Delta S \tag{3-5-4}$$

式中 $\Delta S=\Delta l\Delta x$ 是液面增加的面积。

液面面积的增加，必然有液体分子由液体内部跑到表面，外力克

服表面张力做的功完全转化为液体表面层分子的势能，被称为**液面的表面能**，用 $E_{表面}$ 表示。由式（3-5-4）得

$$\alpha=\frac{\Delta W}{\Delta S}=\frac{\Delta E_{表面}}{\Delta S} \tag{3-5-5}$$

上式指出，表面张力系数 α 等于液面增加单位面积时外力所做的功，也等于液面单位面积的表面能。表面能与表面积成正比，而表面张力的作用是使表面能处于最小，所以不受任何外力（包括重力）作用的液体呈现表面积最小的球状。

例 3-5-1　取水银的密度 $\rho=13.6\times10^3\ \mathrm{kg/m^3}$，水银与空气为边界的表面张力系数为 $\alpha=0.50\ \mathrm{N/m}$，为了使质量为 $M=1.36\times10^{-3}\ \mathrm{kg}$ 的水银滴在空气中等温地散布成半径为 $r=1.0\times10^{-6}\ \mathrm{m}$ 的小水银滴，求此过程需要做多少功？

解　一个大水银滴等温地散布成若干小水银滴时，水银滴的表面积会增加，所以此过程所做的功为水银滴表面能的变化量。设原来大水银滴的半径为 R，散布成 N 个半径为 r 的小水银滴，由于此过程水银的质量不变，因此有

$$M=\frac{4}{3}\pi R^3\rho=N\frac{4}{3}\pi r^3\rho$$

解得

$$R=\left(\frac{3M}{4\pi\rho}\right)^{\frac{1}{3}},\quad N=\frac{3M}{4\pi r^3\rho}$$

此过程需要做的功为

$$W=\alpha\Delta S=\alpha\left(N\cdot4\pi r^2-4\pi R^2\right)=\alpha\left[\frac{3M}{r\rho}-4\pi\left(\frac{3M}{4\pi\rho}\right)^{\frac{2}{3}}\right]\approx0.15\ (\mathrm{J})$$

3. 弯曲液面的附加压强

在肥皂泡、小液滴以及液体和固体接触处，液面都是弯曲的。由于表面张力的存在，在弯曲液面的内外存在着压强差，称为**附加压强**。设液面内的压强为 $p_{内}$，液面外的压强为 p_0，则附加压强 Δp 定义为

$$\Delta p=p_{内}-p_0 \tag{3-5-6}$$

1）球形液面的附加压强

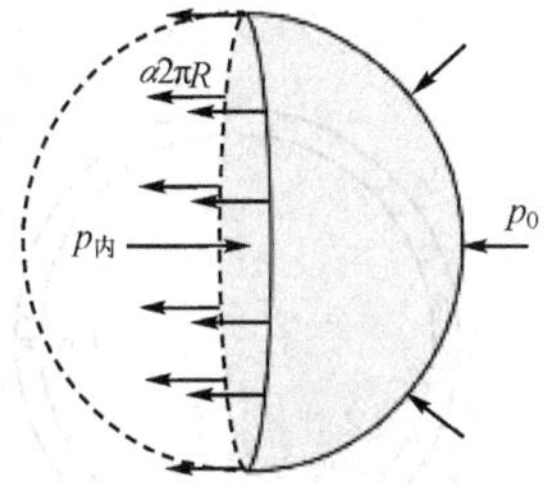

图 3-5-3　凸球形液面

如图 3-5-3 所示，一个半径为 R 的球形液滴被分成左右两半，选择右半球为研究对象。忽略重力的影响，右半球受到左半球在内部给予的向右的压力，大小为 $p_{内}\pi R^2$；由于表面张力的存在，左半球还给予右半球向左的拉力，大小为 $\alpha2\pi R$；右半球还受到外部压强 p_0 给予的外压力，因为各处小面元所受压力的方向均与半球面垂直，因此右半

球上所受外压力的合力方向向左，大小等于 p_0 与其表面积的投影 πR^2 的乘积。右半球受力平衡，有

$$p_{内}\pi R^2 = \alpha 2\pi R + p_0 \pi R^2$$

由上式可得球形液面的附加压强为

$$\Delta p = p_{内} - p_0 = \frac{2\alpha}{R} \tag{3-5-7}$$

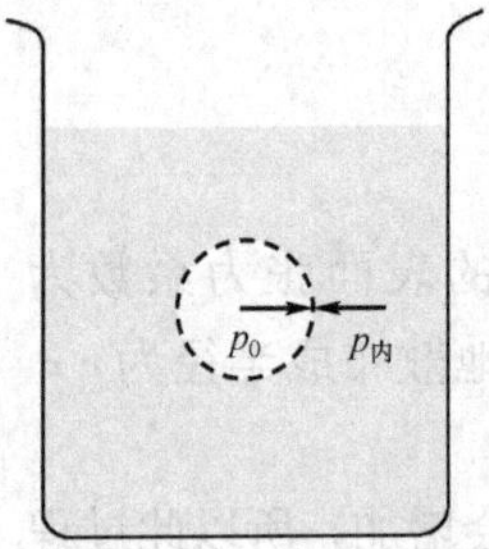

图 3-5-4　凹球形液面

同理，如图 3-5-4 所示的凹球形液面的附加压强为

$$\Delta p = p_{内} - p_0 = -\frac{2\alpha}{R} \tag{3-5-8}$$

综上，球形液面的附加压强公式为

$$\Delta p = p_{内} - p_0 = \pm\frac{2\alpha}{R} \tag{3-5-9}$$

上式表明，球形液面附加压强的大小取决于表面张力系数 α 和液面曲率半径 R。在平衡状态下，球形液面内侧的压强为

$$p_{内} = p_0 \pm \frac{2\alpha}{R} \tag{3-5-10}$$

上式中对凸球形液面取正号，凹球形液面取负号。

图 3-5-5 为在忽略重力的情况下，面积为 ΔS 的平面液面、凸球形液面和凹球形液面的内外压强关系。

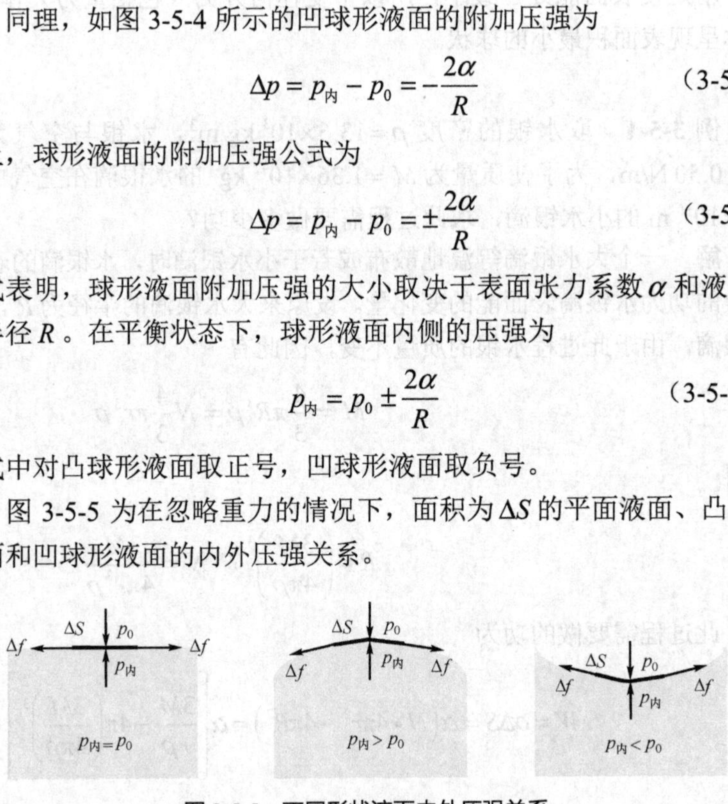

图 3-5-5　不同形状液面内外压强关系

液面静止时受力平衡，平面液面表面张力的合力 Δf 为零，因此有 $p_{内} = p_0$；凸球形液面表面张力 Δf 的合力方向指向液面内部，因此有 $p_{内} > p_0$；凹球形液面表面张力 Δf 的合力方向指向液面外部，因此有 $p_{内} < p_0$。

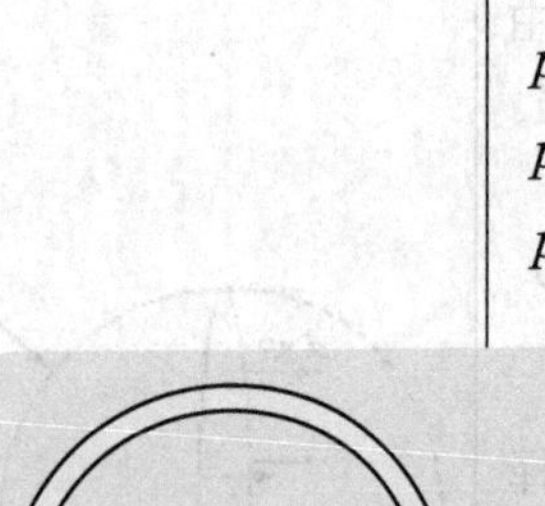

图 3-5-6　例 3-5-2 图

例 3-5-2　图 3-5-6 是半径为 R 的球形肥皂泡，求肥皂泡内外两点 A 和 C 的压强差。

解　肥皂泡有内外两个表面，因为肥皂泡很薄，其内外表面的半径近似认为相等，设为 R。设图中 B 点为肥皂泡内的点，A、B、C 三点的压强分别用 p_A、p_B、p_C 表示，根据球形液面内侧的压强公式，有

$$p_A = p_B + \frac{2\alpha}{R}, \quad p_C = p_B - \frac{2\alpha}{R}$$

由此可得肥皂泡内外压强差为

$$p_A - p_C = \frac{4\alpha}{R}$$

从上式可以看出，肥皂泡的内部压强比外部压强大，且肥皂泡的半径越小，内外压强差越大。

2）任意形状弯曲液面的附加压强

以上讨论的是球形液面的附加压强，实际上液面往往不是球面。对于任意形状的液面的附加压强为

$$\Delta p = p_{内} - p_0 = \alpha\left(\frac{1}{R_1} + \frac{1}{R_2}\right) \tag{3-5-11}$$

上式称为拉普拉斯公式，式中 R_1 和 R_2 是液面上某点处的两个正交的主曲率半径，它们有正有负。对于凸球形液面，R_1 和 R_2 为正，且液面上每点均有 $R_1 = R_2 = R$；对于凹球形液面，R_1 和 R_2 为负，且液面上每点均有 $R_1 = R_2 = -R$。因此球形液面的附加压强是拉普拉斯公式的特例。

对于凸圆柱形液面，液面上每点的两个主曲率半径分别为 $R_1 = R$、$R_2 = \infty$；而对于凹圆柱形液面有 $R_1 = -R$、$R_2 = \infty$。所以圆柱形液面的附加压强为

$$\Delta p = p_{内} - p_0 = \pm\frac{\alpha}{R}$$

上式中，对于凸圆柱形液面取正号，凹圆柱形液面取负号。

3.5.2 流体动力学

1. 理想流体

在研究流体运动时，流体除具有可压缩性以外还表现出黏性，即当流体运动时，层与层之间将出现阻碍相对运动的内摩擦力。例如，水、油和蜂蜜都可以流动，由于黏性不同，以上三种流体中水的流动性最好，蜂蜜的流动性最差；河流中的水流流动快，由于黏性，靠近岸边的水却几乎不动。在某些问题中，流体的流动性是主要的，黏性居于次要地位，即忽略流体内摩擦力的影响，这种流体称为非黏性流体。将**不可压缩的非黏性流体**称为**理想流体**。

2. 流体运动的描述

流体可视为由无穷多个流体质元组成的质点系，跟踪每个流体质元，并确定出所有流体质元每一时刻的运动状态（如位置、速度及加速度）的研究方法在流体力学中称为拉格朗日方法。显然，跟踪每个

流体质元并求出它们各自的运动规律是非常困难的。但是，如果把注意力转移到空间各点，观察各流体质元经过这些空间点的流速则比较方便。这时空间的每一个点均有一定的流速矢量与之对应，这样的空间区域称为**流速场**。显然，流体的流速既是位置的函数又是时间的函数，即

$$\boldsymbol{v}=\boldsymbol{v}(\boldsymbol{r},t)$$

如果流速场的空间分布不随时间变化，这种流体的流动称为**定常流动**；反之，如果流速场的空间分布随时间变化，这种流动称为**不定常流动**。

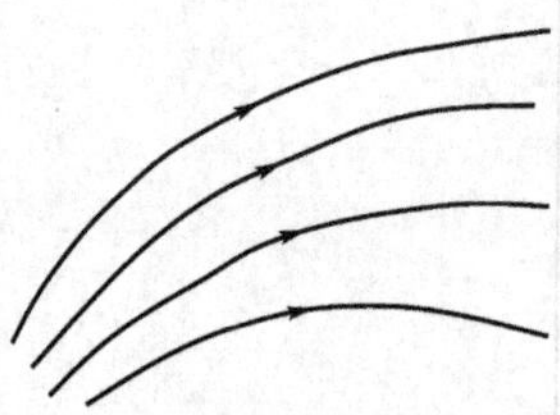

图 3-5-7　流线

为了形象地描述流体流速矢量在空间的分布，**在流速场中做一簇曲线，曲线上每一点的切线方向与流体质元在该点的速度方向一致**，这样的曲线称为**流线**，如图 3-5-7 所示。在定常流动中，流线的形状是稳定不变的，流线上每点流体质元的速度只可能有一个方向，所以流线不会相交。在画流线时还要求：在流体流速较大的地方，流线比较密集；在流体流速较小的地方，流线比较稀疏。

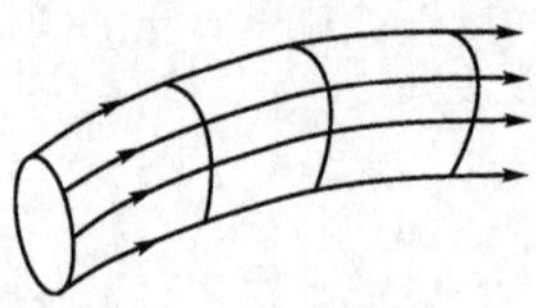

图 3-5-8　流管

如图 3-5-8 所示，由一束流线围成的管子称为**流管**，由于流线不会相交，流管内、外的流体都不会穿越管壁。

3. 不可压缩流体的连续性方程

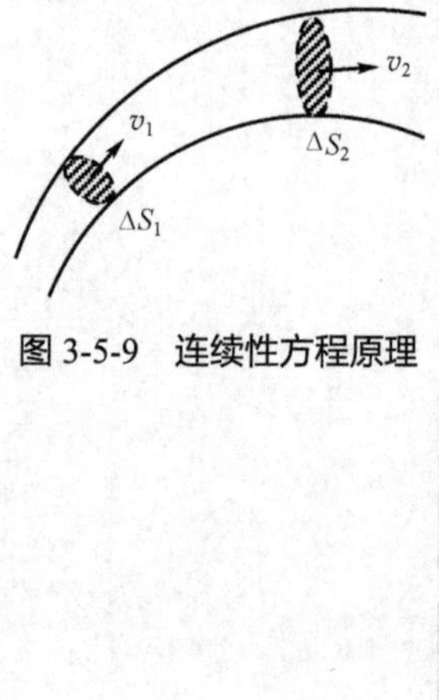

图 3-5-9　连续性方程原理

如图 3-5-9 所示，在定常流动的流速场中任取一细流管，在细流管中任取两个垂直于流线的截面，截面面积分别为 ΔS_1 和 ΔS_2。因为流管很细，所以截面面积 ΔS_1 和 ΔS_2 很小，可近似认为截面上各点的流速相同，设截面 ΔS_1 上各点的流速为 v_1，截面 ΔS_2 上各点的流速为 v_2。由于流体是不可压缩的，因此在 Δt 时间内通过截面 ΔS_1 的流体的体积与通过截面 ΔS_2 的流体的体积相等，有

$$v_1\Delta t\Delta S_1=v_2\Delta t\Delta S_2$$

即

$$v_1\Delta S_1=v_2\Delta S_2$$

由于流管是任取的，所以上式对任何垂直流管的截面都成立，因此有

$$vS=\text{常量} \qquad (3\text{-}5\text{-}12)$$

式中，$v\Delta S=Q$ 称为**流量**，其物理意义为：单位时间内通过流体中某一截面的流体体积。式（3-5-12）表明：**对于不可压缩流体，通过流管各横截面的流量相等，这就是不可压缩流体的连续性方程**。由式（3-5-12）可以看出，同一流管中，截面积大的地方流速小，而截面积小的地方流速大。因此在一个流管粗细不均匀的流体中，流体有加速度。

4. 伯努利方程

解决动力学问题有三种方法：一是利用牛顿定律，突出过程的矢

量性和瞬时性；二是利用动量定理和角动量定理，突出始、末状态的矢量关系；三是利用功能原理，突出始、末状态的标量关系。由于流体具有流动性和连续性，过程中流体的瞬时性和矢量性十分复杂，故在处理流体动力学问题时通常应用功能原理，而伯努利方程就是功能原理在做定常流动流体中的具体表达形式。

如图 3-5-10 所示，在做定常流动的理想流体中任取一细流管，在流管中任取一段流体为研究对象。初始时刻，流体处于 a_1a_2 位置，经过时间 Δt ，这段流体运动到 b_1b_2 位置。由于流体做定常流动，空间各点的压强、流速等物理量不随时间变化，因此图中 b_1a_2 段流体的运动状态没有变化，即这段流体的动能和势能没有变化。所以，考察 a_1a_2 段流体在时间 Δt 内机械能的变化时，只需要计算图中 a_1b_1 段流体和 a_2b_2 段流体的机械能改变即可。

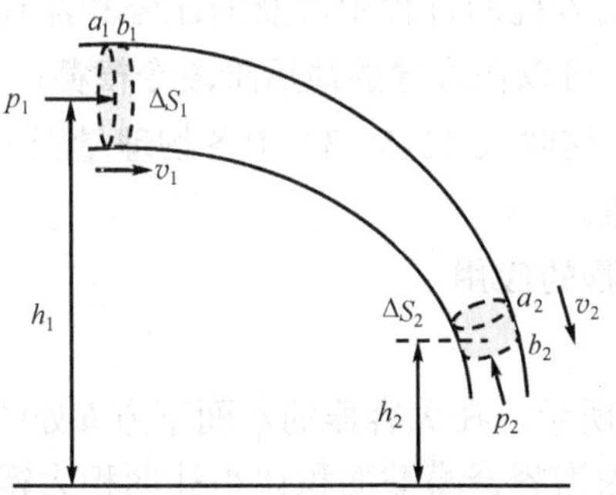

图 3-5-10　伯努利方程原理

设 a_1b_1 段流体和 a_2b_2 段流体距重力势能的势能零点高度分别为 h_1 和 h_2 ，速度分别为 v_1 和 v_2 ，压强分别为 p_1 和 p_2 。根据连续性原理，a_1b_1 段流体和 a_2b_2 段流体的体积和质量都相等，分别用 ΔV 和 Δm 表示；又由于流体的不可压缩性，两端流体的密度也一样，用 ρ 表示。a_1a_2 段流体在时间 Δt 内机械能的增量为

$$\begin{aligned}\Delta E &= \left(\frac{1}{2}\Delta m v_2^2 + \Delta m g h_2\right) - \left(\frac{1}{2}\Delta m v_1^2 + \Delta m g h_1\right) \\ &= \rho \Delta V\left[\left(\frac{1}{2}v_2^2 + g h_2\right) - \left(\frac{1}{2}v_1^2 + g h_1\right)\right]\end{aligned}$$

对于理想流体，内摩擦力为零。由于压力总与所取截面垂直，因此作用于流管侧面上的压力不做功，只有作用于流体前后两底面的压力做功。由于 b_1a_2 段流体的运动状态没有变化，周围流体对 b_1a_2 段流体做功相互抵消。所以，考察 a_1a_2 段流体流到 b_1b_2 段过程中外力做的功，也只需要考虑流体由 a_1 至 b_1 和由 a_2 至 b_2 外力做的功即可。

流体从 a_1a_2 位置流到 b_1b_2 位置的过程中，后方流体推动其前进做正

功，前方流体阻碍其前进做负功。设 a_1 处截面积为 ΔS_1，推力为 $p_1\Delta S_1$；在 b_2 处截面积为 ΔS_2，阻力为 $p_2\Delta S_2$。在时间 Δt 内，流体由 a_1 至 b_1 和由 a_2 至 b_2 外力做的功为

$$W_{ex}+W_{in,nc}=p_1\Delta S_1\overline{a_1b_1}-p_2\Delta S_2\overline{a_2b_2}=(p_1-p_2)\Delta V$$

根据功能原理 $W_{ex}+W_{in,nc}=\Delta E$，有

$$p_1+\frac{1}{2}\rho v_1^2+\rho gh_1=p_2+\frac{1}{2}\rho v_2^2+\rho gh_2 \tag{3-5-13}$$

由于流体是任意选取的，所以对同一细流管内各不同的截面有

$$p+\frac{1}{2}\rho v^2+\rho gh=常量 \tag{3-5-14}$$

式（3-5-13）和式（3-5-14）称为**伯努利方程**。

在推导伯努利方程的过程中涉及的压强和流速实际上是细流管横截面上的平均值。可以在推导的最后阶段令横截面积 ΔS 趋近于零，则流管演变成流线，这时式（3-5-13）中各物理量表示在同一流线上不同两点 1 和 2 的取值。

5. 伯努利方程的应用

1）小孔流速

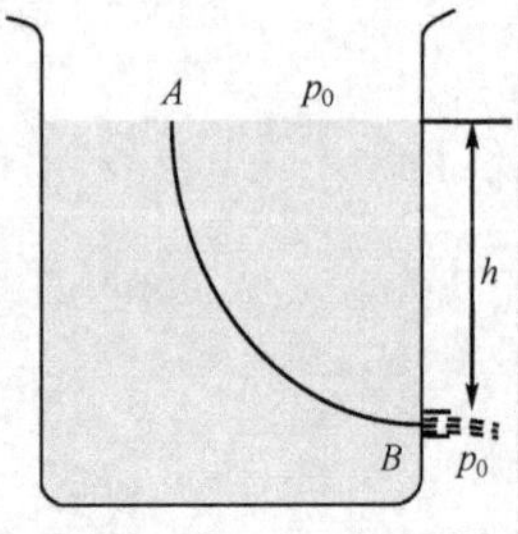

图 3-5-11　小孔流速

如图 3-5-11 所示，在大容器的水面下方 h 处的器壁上有一小孔，水由此处流出。因为容器横截面积比小孔面积大得多，水面下降极为缓慢，在短时间内高度差 h 几乎不发生改变。水的流动可看作理想流体的定常流动，取流线 AB，A 点在水面上，压强可看作大气压强 p_0，流速可看作零；B 点取在小孔处，设小孔流出液体的流线是平行的，则 B 点的压强等于大气压强 p_0，设 B 点处的流速为 v。若以小孔中心作为重力势能的势能零点，根据伯努利方程有

$$p_0+\rho gh=p_0+\frac{1}{2}\rho v^2$$

由此可得小孔的流速为

$$v=\sqrt{2gh} \tag{3-5-15}$$

若小孔的横截面积为 S，则小孔处的流量为

$$Q=vS=\sqrt{2gh}S \tag{3-5-16}$$

2）流量计

图 3-5-12　文丘里流量计

大河、大江和大坝防水都需要测量流量，可用流量计测量。图 3-5-12 是最简单的文丘里流量计示意图，测量时将其水平地放在待测河流中，通过竖直细管中流体的高度差 h 可计算出流体的流量。

图 3-5-12 中，S_A 和 S_B 是两竖直细管所在处流量计的横截面积，在

流量计水平的轴线上取流线 AB，对于流线上的 A 点和 B 点，有

$$p_A+\frac{1}{2}\rho v_A^2=p_B+\frac{1}{2}\rho v_B^2$$

由于流线 AB 水平，因此 A 点和 B 点的压强差为

$$p_A-p_B=\rho gh$$

根据连续性方程有

$$v_AS_A=v_BS_B$$

通过以上三式可得文丘里流量计中的流量为

$$Q=v_AS_A=v_BS_B=S_AS_B\sqrt{\frac{2gh}{S_A^2-S_B^2}} \tag{3-5-17}$$

3）流速的测量

流体在水平流动时如遇到障碍物，流速场中的流线分布会发生变化。在流线上流速等于零的点称为**驻点**，如图 3-5-13 所示，对流线 OA，A 点为驻点，A 点处的压强称为驻点压强，设为 p_A；设 O 点处的压强为 p_0，流速为 v。根据伯努利方程有

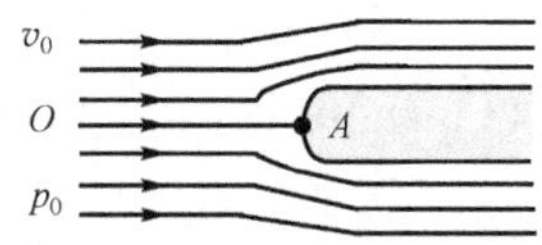

图 3-5-13　驻点压强

$$p_A=p_0+\frac{1}{2}\rho v^2$$

有

$$v=\sqrt{\frac{2(p_A-p_0)}{\rho}} \tag{3-5-18}$$

图 3-5-14 是测量水流速度的简单方法，图中 ABC 是一直角细管，使 AB 平行放入水流中，水在细管中上升到一定高度。当流体质元流到管的一端 A 点时，被管中的水挡住，速度为零，因此 A 点为驻点。式（3-5-18）中，$p_A-p_0=\rho gh$，所以待测水流速度为

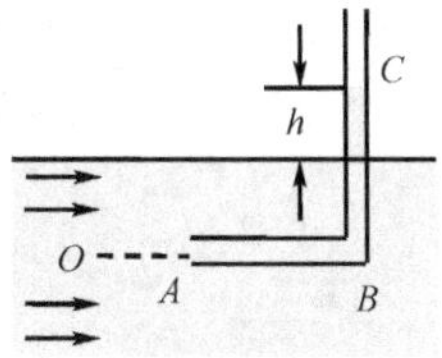

图 3-5-14　水流速度简单测量方法

$$v=\sqrt{2gh} \tag{3-5-19}$$

在实际测量时，上式修正为

$$v=C\sqrt{2gh} \tag{3-5-20}$$

式中 C 为小于 1 的修正系数，可由实验来测量。

3.6　本章小结

1. 刚体的定轴转动

刚体：外力作用下物体的形状和大小保持不变的物体。

描述刚体绕定轴转动的各物理量：

$$\omega=\frac{\mathrm{d}\theta}{\mathrm{d}t}，\alpha=\frac{\mathrm{d}\omega}{\mathrm{d}t}=\frac{\mathrm{d}^2\theta}{\mathrm{d}t^2}，\omega-\omega_0=\int_0^t\alpha\mathrm{d}t，\theta-\theta_0=\int_0^t\omega\mathrm{d}t$$

2. 刚体定轴转动的转动定律

$$M=J\alpha$$

式中 M 为刚体所受外力对转轴的力矩之和，即合外力矩，刚体绕定轴转动时，J 为刚体对转轴的转动惯量。

3. 转动惯量

单个质点做定轴转动的转动惯量：$J=mr^2$

质点系绕定轴转动的转动惯量：$J=\sum_{i=1}^{n}\Delta m_i r_i^2$

刚体绕定轴转动的转动惯量：$J=\int r^2\mathrm{d}m$

4. 刚体定轴转动的动能定理

力矩的功：$W=\int_{\theta_1}^{\theta_2}M\mathrm{d}\theta$

转动动能：$E_\mathrm{k}=\frac{1}{2}J\omega^2$

刚体绕定轴转动的动能定理：$W=\frac{1}{2}J\omega_2^2-\frac{1}{2}J\omega_1^2$

5. 刚体定轴转动的角动量定理

刚体对轴的角动量：$L=J\omega$

刚体定轴转动的角动量定理：$\int_{t_1}^{t_2}M\mathrm{d}t=J_2\omega_2-J_1\omega_1$

6. 刚体定轴转动的角动量守恒定律

刚体绕定轴转动时，刚体所受合外力矩等于零，则刚体对同一轴的角动量守恒。

7. 流体的运动

流体静力学基本公式：$p=p_0+\rho gh$

表面张力：$\Delta f=\alpha\Delta l$

球形液面的附加压强公式：$\Delta p=p_{内}-p_0=\pm\frac{2\alpha}{R}$

理想流体：不可压缩的非黏性流体。

不可压缩流体的连续性方程：$vS=$常量

伯努利方程：$p+\frac{1}{2}\rho v^2+\rho gh=$常量

3.7 习　　题

扫码查看习题答案

1. 有两个力作用在一个有固定转轴的刚体上：

① 当这两个力都平行于轴作用时，它们对轴的合力矩一定是零；

② 当这两个力都垂直于轴作用时，它们对轴的合力矩可能是零；

③ 当这两个力的合力为零时，它们对轴的合力矩也一定是零；

④ 当这两个力对轴的合力矩为零时，它们的合力也一定是零。

在上述说法中（　　）。

（A）只有①是正确的

（B）①②正确，③④错误

（C）①②③正确，④错误

（D）①②③④正确

2. 关于刚体的转动惯量，下列说法中正确的是（　　）。

（A）只取决于刚体的质量，与质量的空间分布和轴的位置无关

（B）取决于刚体的质量和质量的空间分布，与轴的位置无关

（C）取决于刚体的质量、质量的空间分布和轴的位置

（D）只取决于转轴的位置，与刚体的质量和质量的空间分布无关

3. 行星绕太阳做椭圆轨道运动，行星在近日点和远日点相对太阳的角动量大小分别为 L_A 和 L_B，动能分别为 E_{kA} 和 E_{kB}，则有（　　）。

（A）$L_A \neq L_B$，$E_{kA} > E_{kB}$　　（B）$L_A \neq L_B$，$E_{kA} < E_{kB}$

（C）$L_A = L_B$，$E_{kA} > E_{kB}$　　（D）$L_A = L_B$，$E_{kA} < E_{kB}$

4. 如图 3-7-1 所示，一圆盘绕水平光滑轴 O 做匀速转动，两个质量相同的子弹从相反方向沿同一水平直线射入圆盘，并留在圆盘内部。子弹射入后的瞬间，圆盘的角速度将（　　）。

（A）增大　　（B）不变

（C）减小　　（D）不能确定

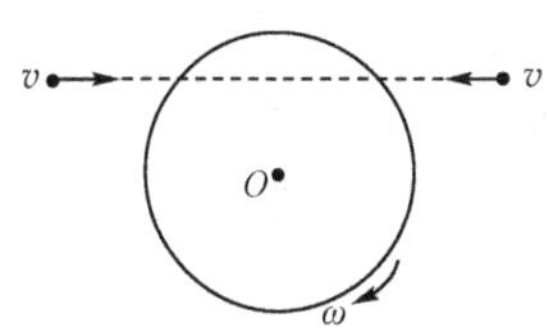

图 3-7-1　习题 4 图

5. 如图 3-7-2 所示，均匀细棒可绕水平光滑固定轴 O 转动，若使细棒从水平位置由静止开始下落，则细棒摆到竖直位置的过程中，应有（　　）。

（A）角速度从小到大，角加速度从大到小

（B）角速度从小到大，角加速度从小到大

（C）角速度从大到小，角加速度从大到小

（D）角速度从大到小，角加速度从小到大

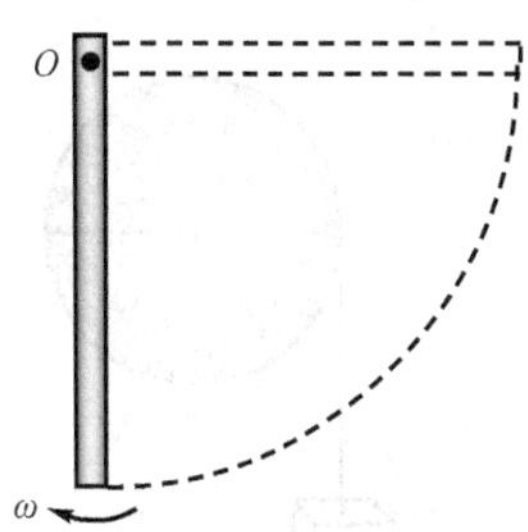

图 3-7-2　习题 5 图

6. 关于力矩有以下几种说法，其中正确的是（　　）。

（A）内力矩会改变刚体对某个定轴的角动量

（B）作用力和反作用力对同一轴的力矩之和必为零

（C）角速度的方向一定与外力矩的方向相同

（D）质量相等、形状不同的两个刚体，在相同力矩作用下，它们的角加速度一定相等

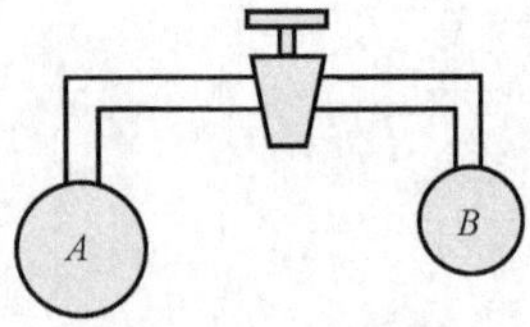

图 3-7-3　习题 7 图

7. 如图 3-7-3 所示，在一根管子两端形成一大一小的两个肥皂泡。如果把中间开关打开，使两个肥皂泡联通，则应有（　　）。

（A）A 不断扩张，B 不断收缩

（B）A 不断收缩，B 不断扩张

（C）A 和 B 最终大小相等

（D）无法判断

8. 三个质量均为 m 的质点，位于边长为 a 的等边三角形的三个顶点上。对通过三角形中心且平行于三角形一边的轴的转动惯量为 $J_1=$________；对通过三角形中心和一个顶点的轴的转动惯量为 $J_2=$________。

9. 两个质量分布均匀的圆盘 A 和 B，若两圆盘的密度 $\rho_A>\rho_B$，且质量和厚度均相同。设两圆盘对通过盘心且垂直于盘面的轴的转动惯量分别为 J_A 和 J_B，则 J_A________J_B。（选填“>”“<”“=”）

10. 绕定轴做匀速转动的刚体对转轴的转动惯量为 J=3.0 kg · m^2，角速度为 $\omega_0=6.0$ rad/s。现对此刚体加一恒定的制动力矩 $M=-12$ N · m，当刚体的角速度减小到 $\omega=2.0$ rad/s 时，刚体转过的角度 $\Delta\theta=$________rad。

11. 两个滑冰运动员的质量各为 70 kg，均以 6.5 m/s 的速率沿相反的方向滑行，滑行路线间的垂直距离为 10 m，当彼此交错时，各抓住 10 m 长绳索的一端相对绳索的中心旋转。抓住绳索之后各自对绳中心的角动量 $L=$________kg · m^2/s；若两人各自收拢绳索，当绳长为 5 m 时，各自相对地面的速率 $v=$________m/s。

12. 一人站在转台的中央，两臂侧平举，人和转台组成的系统以 2π rad/s 的角速度旋转，转动惯量为 6.0 kg · m^2；如果收拢双臂，该系统的转动惯量变为 2.0 kg · m^2。此时系统的转动动能与原来的转动动能之比________。

13. 半径为 30 cm 的飞轮，从静止开始以 0.5 rad/s^2 的角加速度做匀角加速转动，则飞轮边缘上一点在飞轮转过 $\dfrac{4\pi}{3}$ rad 时的切向加速度和法向加速度分别为多少？

图 3-7-4　习题 14 图

14. 如图 3-7-4 所示，质量 $m=1.1$kg 的均质圆盘，可以绕通过其中心且垂直盘面的水平光滑固定轴转动，圆盘对轴的转动惯量

$J=\frac{1}{2}mr^2$（r 为盘的半径）。圆盘边缘绕有绳子，绳子下端挂一质量 $m_1=1.0\,\text{kg}$ 的物体。起初在圆盘上加一恒力矩使物体以速率 $v_0=0.6\,\text{m/s}$ 匀速上升，若撤去所加力矩，问经历多少时间圆盘开始反方向转动。

15. 如图 3-7-5 所示，质量分别为 $m_1=50\,\text{kg}$ 和 $m_2=200\,\text{kg}$ 的两个物体通过绕定滑轮的细绳相连，定滑轮为半径为 $r=0.1\,\text{m}$、质量为 $m_3=15\,\text{kg}$ 的均质圆盘，定滑轮在绳与轮缘的摩擦力作用下旋转，忽略桌面与物体间的摩擦，求两个物体的加速度大小。

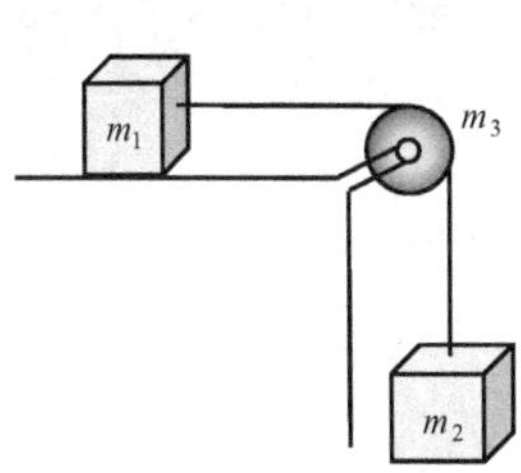

图 3-7-5　习题 15 图

16. 如图 3-7-6 所示，一均质细杆的质量为 m，长度为 l，细杆可绕其一端 O 的水平轴自由转动，若将细杆由水平位置静止开始摆下。求：（1）细杆初始时刻的角加速度；（2）细杆转过角度 θ 时的角速度；（3）当 $\theta=\frac{\pi}{6}\,\text{rad}$ 时细杆中心点 C 和端点 A 的速度。

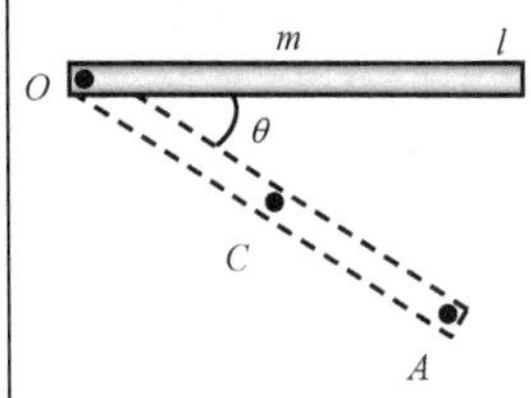

图 3-7-6　习题 16 图

17. 有一半径为 R 的水平转台，可绕通过其中心的竖直固定光滑轴转动，转动惯量为 J，开始时转台以匀角速度 ω_0 转动，此时有一质量为 m 的人站在转台中心，随后人沿半径向外跑去，当人到达转台边缘时，转台的角速度为多少？

18. 如图 3-7-7 所示，质量为 M、长度为 l 的均匀直棒，可绕光滑转轴 O 定轴转动。有一质量为 m 的子弹，以水平速度 v 射入直棒后停留在直棒内，入射点距转轴 O 的垂直距离为 d。求子弹刚停在直棒中时的角速度大小。

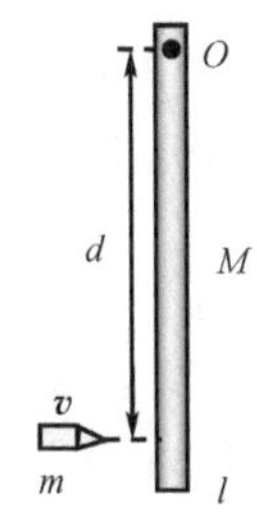

图 3-7-7　习题 18 图

19. 如图 3-7-8 所示，一个质量为 M、半径为 R 的均质圆盘以角速度 ω 绕定轴转动，在某一瞬时突然有一片质量为 m 的碎片从轮的边缘飞出，若碎片脱离圆盘时的瞬时速度方向正好竖直向上。求：（1）碎片升高的高度。（2）圆盘剩余部分的角速度、角动量和转动动能。

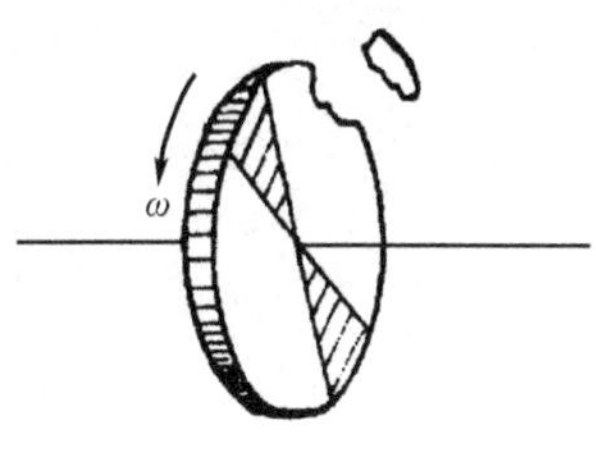

图 3-7-8　习题 19 图

20. 如图 3-7-9 所示，一水库的水坝长 $L=0.5\,\text{km}$，坡度为 $\theta=30^\circ$，水深 $H=10\,\text{m}$。求水对水坝的压力。取大气压 $p_0=1.013\times10^5\,\text{Pa}$，水的密度 $\rho=1.0\times10^3\,\text{kg/m}^3$。

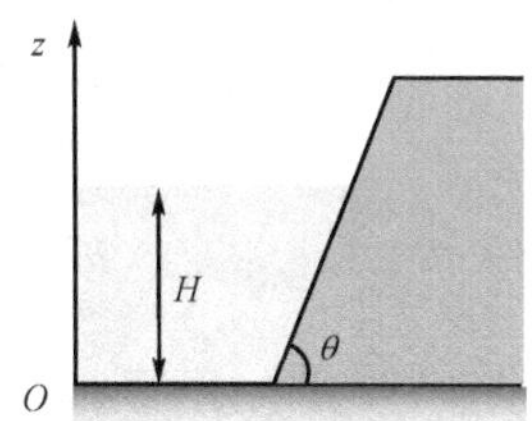

图 3-7-9　习题 20 图

21. 一场大雨使底面积为 $S=1.0\,\text{m}^2$ 的圆柱形容器积水高度达 $h=50\,\text{mm}$。设积水过程是等温过程，雨滴的平均半径为 $r=1.0\,\text{mm}$，已知水的表面张力系数 $\alpha=7.3\times10^{-2}\,\text{N/m}$，求积水过程水滴释放的表面能。

22. 如图 3-7-10 所示，一截面均匀的虹吸管从容器中引水，虹吸管最高点比水库水面高 $h_1=1.0\,\text{m}$，虹吸管出水口比水面低 $h_2=0.6\,\text{m}$，求虹吸管内最高点处的压强及管内的流速。

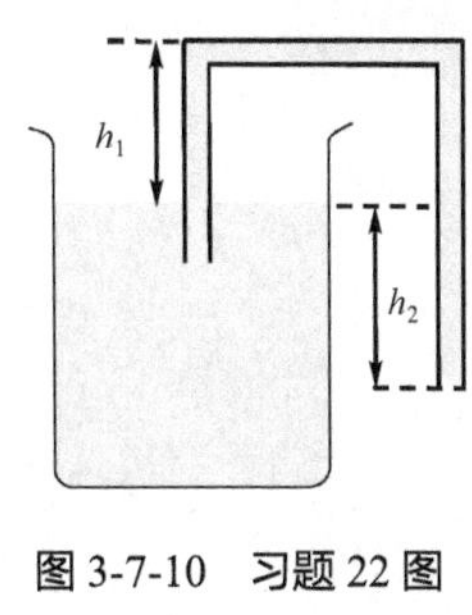

图 3-7-10　习题 22 图

第 4 章　机械振动与机械波

振动是自然界中一种常见的运动形式，物体在平衡位置附近做周期性的往复运动称为**机械振动**。例如心脏的跳动、钟摆的摆动、活塞的往复运动、固体中原子的振动等。广义地说，任何一个物理量在某一量值附近随时间做周期性变化都可以叫作振动。例如交流电路中的电流、电压在某一值附近做周期性的变化，又如光波、无线电波传播时，空间某点的电场强度和磁场强度随时间做周期性的变化等。这种振动虽然和机械振动有本质的不同，但是对于它们的描述却有着许多共同之处。因此，机械振动的基本规律也是研究其他形式的振动以及波动、波动光学、无线电技术等的基础。

如果空间某处发生的振动以有限的速度向四周传播，则这种传播着的振动称为波。机械振动在连续介质内的传播叫作机械波；电磁振动在真空或介质中的传播叫作电磁波；近代物理指出，任何物体都具有波动性，这种波叫作物质波。不同性质的波动虽然机制各不相同，但它们在空间的传播规律却具有共性。

本章首先介绍简谐振动，主要内容有简谐振动的特点、简谐振动的旋转矢量表示法、简谐振动的能量及简谐振动的合成；其次介绍机械波，主要内容有机械波的形成、波函数和波的能量、惠更斯原理、驻波、多普勒效应等。

4.1　简谐振动的动力学特征

机械振动的形式多种多样，情况大多比较复杂，如果物体相对于平衡位置的位移随时间按余弦或正弦规律变化，则这种振动称为**简谐振动**。简谐振动是机械振动中最简单、最基本的振动形式，任何一个复杂的振动都可以看成若干个或无限多个简谐振动的合成。

4.1.1　弹簧振子模型

将轻质弹簧（质量可忽略不计）的一端固定，另一端与质量为 m 的物体相连，这样的系统称为**弹簧振子**。下面以弹簧振子为例，研究简谐振动的运动规律。

将弹簧振子放置在光滑的水平面上，当弹簧为原长时，物体在水平方向所受的合力为零，这时物体所处的位置为平衡位置。如果将物体稍加移动后释放，这时弹簧被拉长或被压缩，在弹性力的作用下，物体就在其平衡位置附近做往复运动，如图 4-1-1 所示。

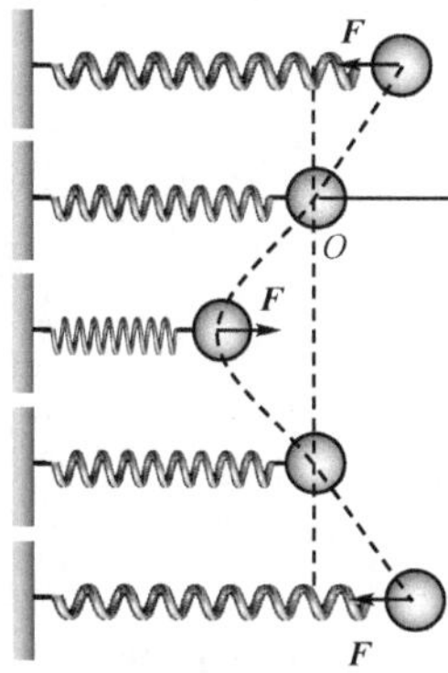

图 4-1-1　弹簧振子

取小球的平衡位置 O 为坐标原点，水平向右为 x 轴正向，在小幅振动的情况下，当物体离开平衡位置的位移为 x 时，根据胡克定律，物体所受的弹性力 F 与弹簧的伸长量（物体离开平衡位置的位移）x 成正比，即

$$F=-kx \tag{4-1-1}$$

式中 k 为弹簧的劲度系数，负号表示力的方向与位移方向相反，即总是指向平衡位置，这种力称为**回复力**。

根据牛顿第二定律，物体的运动微分方程为

$$F=-kx=m\frac{\mathrm{d}^2x}{\mathrm{d}t^2} \tag{4-1-2}$$

令 $\omega^2=\dfrac{k}{m}$，则物体做简谐振动的微分方程可以写为

$$\frac{\mathrm{d}^2x}{\mathrm{d}t^2}+\omega^2x=0 \tag{4-1-3}$$

微分方程式（4-1-3）的通解为

$$x=A\cos(\omega t+\varphi) \tag{4-1-4}$$

由式（4-1-4）可知，弹簧振子运动时，物体离开平衡位置的位移按余弦函数关系随时间变化，此式称为**简谐振动的运动方程**，简称**简谐振动方程**。式（4-1-4）中 A、φ 是由初始条件确定的积分常量，它们的物理意义将在后面讨论。

式（4-1-1）和式（4-1-3）分别是物体做简谐振动的动力学特征和运动学特征。用式（4-1-1）、式（4-1-3）和式（4-1-4）三个方程中的任何一个都可以判断出物体的振动是否为简谐振动。

将式（4-1-4）对时间求一阶和二阶导数，得到物体运动的速度和加速度

$$v=\frac{\mathrm{d}x}{\mathrm{d}t}=-A\omega\sin(\omega t+\varphi) \tag{4-1-5}$$

$$a=\frac{\mathrm{d}^2x}{\mathrm{d}t^2}=-A\omega^2\cos(\omega t+\varphi) \tag{4-1-6}$$

结果表明，物体做简谐振动时，速度和加速度也随时间做周期性的变化。设 $\varphi=0$，由式（4-1-4）、式（4-1-5）和式（4-1-6）可做如图 4-1-2 所示的 $x-t$、$v-t$ 和 $a-t$ 曲线。

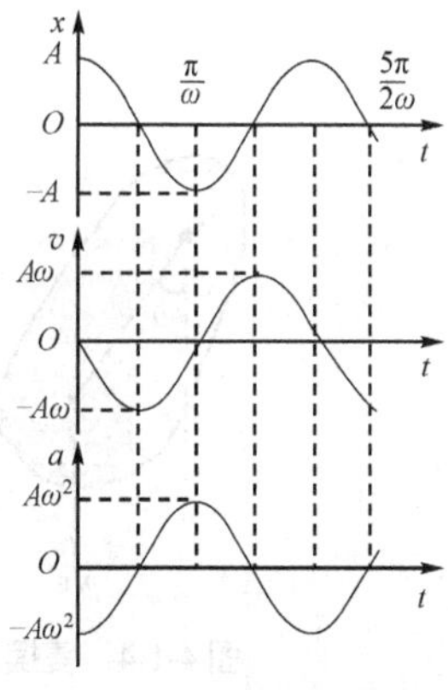

图 4-1-2　简谐振动图解

4.1.2 微振动的简谐近似

实际发生的振动大多较为复杂，在某些特殊的条件下，单摆和复摆可以近似看作简谐振动。

1. 单摆

一根不能伸长的细线上端固定，下端悬挂一个可视为质点的物体。若把物体从平衡位置略微移开后释放，它就在竖直平面内做往复运动，这样的系统称为**单摆**。

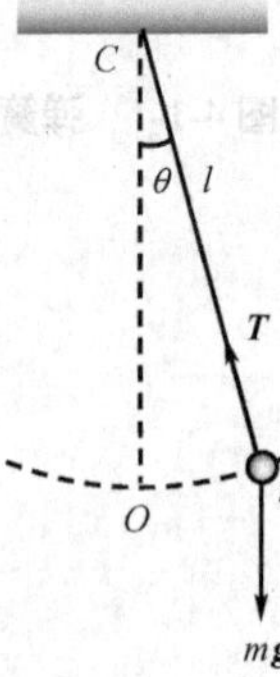

图 4-1-3 单摆

如图 4-1-3 所示，摆线的一端固定在 C 点，设物体的质量为 m，摆线的长度为 l，其质量可以忽略。当摆线竖直时，作用在物体上的合力为零，该位置称为平衡位置，用 O 表示。当摆线偏离竖直位置的角位移为 θ 时（规定物体在平衡位置右方时 θ 为正），摆球受到重力 $m\boldsymbol{g}$ 和拉力 $\boldsymbol{T}$ 的作用。拉力 $\boldsymbol{T}$ 对 C 点的力矩为零，重力 $m\boldsymbol{g}$ 对 C 点的力矩为

$$M=-mgl\sin\theta$$

式中的负号表示力矩的方向与角位移 θ 的方向相反。

当角位移 θ 很小时（$\theta\leqslant 5^\circ$），$\sin\theta\approx\theta$，则力矩 M 可以简化为

$$M=-mgl\theta$$

此时力矩 M 的大小与角位移 θ 的大小成正比，且方向相反，这与弹簧振子中弹性力 F 与位移 x 的关系相似。由转动定律 $M=J\alpha$，可以得到物体运动的微分方程为

$$\frac{\mathrm{d}^2\theta}{\mathrm{d}t^2}+\frac{g}{l}\theta=0$$

令 $\omega^2=\dfrac{g}{l}$，则有

$$\frac{\mathrm{d}^2\theta}{\mathrm{d}t^2}+\omega^2\theta=0 \tag{4-1-7}$$

即单摆的小角度摆动是简谐振动。单摆简谐振动的运动方程为

$$\theta=\theta_{\mathrm{m}}\cos(\omega t+\varphi) \tag{4-1-8}$$

式中 θ_{m} 和 φ 是由初始条件确定的积分常量。

2. 复摆

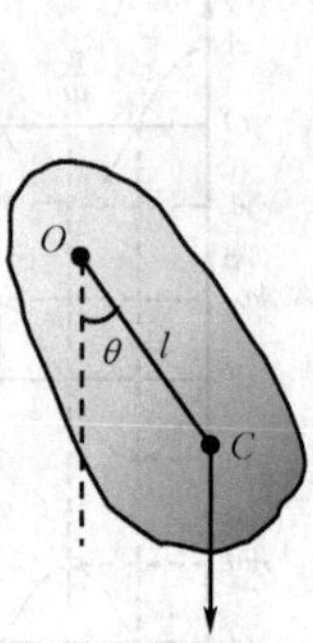

图 4-1-4 复摆

一个可绕不过质心的水平固定轴转动的刚体称为**复摆**，如图 4-1-4 所示。质心 C 在竖直位置时为平衡位置，设复摆的质量为 m，对 O 轴的转动惯量为 J，质心 C 到轴心 O 的距离为 l。与单摆类似，当 θ 很小时（$\theta\leqslant 5^\circ$），复摆的动力学方程为

$$\frac{d^2\theta}{dt^2}+\frac{mgl}{J}\theta=0$$

令 $\omega^2=\frac{mgl}{J}$，则有

$$\frac{d^2\theta}{dt^2}+\omega^2\theta=0$$

复摆简谐振动的运动方程与式（4-1-8）相同。由此可见，在摆角很小时，复摆在平衡位置附近的运动也是简谐振动。

4.1.3 简谐振动的特征物理量

1. 振幅

在简谐振动的运动方程 $x=A\cos(\omega t+\varphi)$ 中，因 $\cos(\omega t+\varphi)$ 的值在 -1 和 $+1$ 之间，所以物体的位移在 $-A$ 和 $+A$ 之间。我们**将简谐振动物体离开平衡位置最大位移的绝对值** A 称为**振幅**。

2. 周期、频率和角频率

简谐振动的运动方程是余弦函数，表明简谐振动是一个周期性的运动，将**物体做一次完全振动所用的时间**称为**简谐振动的周期**，用 T 表示，单位是秒，符号是 s。由于简谐振动具有周期性，可以得到

$$x=A\cos(\omega t+\varphi)=A\cos\left[\omega(t+T)+\varphi\right]=A\cos(\omega t+\varphi+\omega T)$$

余弦函数的周期为 2π，故有

$$T=\frac{2\pi}{\omega} \tag{4-1-9}$$

单位时间内物体所做完全振动的次数称为**频率**，用 ν 表示，显然频率是周期的倒数，即

$$\nu=\frac{1}{T}=\frac{\omega}{2\pi} \tag{4-1-10}$$

频率的单位是赫兹，符号是 Hz。

由式（4-1-9）可知

$$\omega=\frac{2\pi}{T}=2\pi\nu \tag{4-1-11}$$

表示物体在 2π s 内所做完全振动的次数，ω 称为**角频率**（又称**圆频率**）。角频率的单位是弧度每秒，符号为 rad/s。

简谐振动中的角频率和周期是由系统本身的力学性质决定的，因此又称为**固有角频率**和**固有周期**。弹簧振子、单摆和复摆的固有角频率及固有周期分别为

弹簧振子：$\omega=\sqrt{\dfrac{k}{m}}$，$T=2\pi\sqrt{\dfrac{m}{k}}$

单摆：$\omega=\sqrt{\dfrac{g}{l}}$，$T=2\pi\sqrt{\dfrac{l}{g}}$

复摆：$\omega=\sqrt{\dfrac{mgl}{J}}$，$T=2\pi\sqrt{\dfrac{J}{mgl}}$

3. 相位和初相位

由上述讨论可知，振幅确定了振动的范围，角频率确定了振动的快慢。但是，这两个物理量还不能完全确定系统在任意瞬时的运动状态。由式（4-1-4）和式（4-1-5）可以看出，当振幅和角频率都已经确定时，振动物体在任意时刻的坐标 x 和速度 v 都由 $(\omega t+\varphi)$ 决定，$(\omega t+\varphi)$ 称为**相位**，它是决定做简谐振动物体运动状态的物理量。

例如，由式（4-1-4）和式（4-1-5）可知，当相位 $(\omega t_1+\varphi)=\pi/2$ 时，$x=0$，$v=-A\omega$，说明在 t_1 时刻物体处于平衡位置，并以速率 $A\omega$ 向 x 轴负向运动；当相位 $(\omega t_2+\varphi)=3\pi/2$ 时，$x=0$，$v=A\omega$，说明在 t_2 时刻物体也处于平衡位置，但以速率 $A\omega$ 向 x 轴正向运动。由此可见，不同的相位表示不同的运动状态。

初始时刻（$t=0$）的相位称为**初相位**，简称**初相**，初相位是决定初始时刻振动物体运动状态的物理量。

设两个简谐振动的角频率 ω 相同，它们的简谐振动方程分别为

$$x_1=A_1\cos(\omega t+\varphi_1)$$

$$x_2=A_2\cos(\omega t+\varphi_2)$$

则 $\Delta\varphi=(\omega t+\varphi_2)-(\omega t+\varphi_1)=\varphi_2-\varphi_1$ 称为这两个简谐振动的**相位差**。由于两简谐振动的角频率相同，所以上述的相位差等于初相位的差值。

对于多个简谐运动来说，它们之间的相位差能够反映两个简谐运动步调的关系，具有重要的物理意义。当相位差 $\Delta\varphi=0$ 或 2π 的整数倍时，两振动物体同时达到位移最大值和最小值，且同时变化运动方向，即两振动物体的步调一致，我们称两振动相位相同（或称同相），如图 4-1-5（a）所示；当 $\Delta\varphi=\pi$ 或 π 的奇数倍时，则一个物体振动达到正的最大位移时，另一个物体达到负的最大位移，之后又同时回到平衡位置，但速度方向相反，即两振动物体的步调相反，我们称两振动相位相反（或称反相），如图 4-1-5（b）所示。若 $0<\Delta\varphi<\pi$，则称 x_2 的振动超前于 x_1 的振动，或称 x_1 的振动落后于 x_2 的振动。

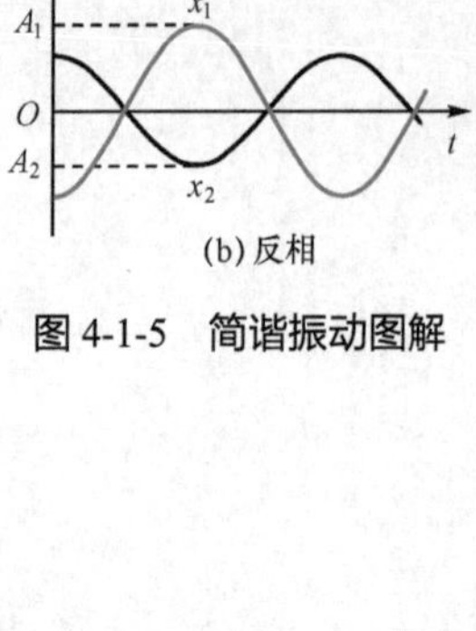

图 4-1-5　简谐振动图解

注意：通常把 $\Delta\varphi$ 的绝对值规定在小于等于 π 的范围内（$|\Delta\varphi|\leqslant\pi$）。例如当 $\Delta\varphi=\dfrac{3}{2}\pi$ 时，一般不说 x_2 振动超前 x_1 振动 $\dfrac{3}{2}\pi$，而是说 x_2 振动

落后 x_1 振动 $\frac{\pi}{2}$。

4. 振幅和初相的确定

简谐振动方程中的角频率 ω 是由振动系统本身的性质决定的，而振幅 A 和初相位 φ 则由初始条件决定。设 $t=0$ 时，物体的位移为 x_0，初速度为 v_0。将初始条件代入式（4-1-4）和式（4-1-5）得

$$x_0 = A\cos\varphi$$

$$v_0 = -A\omega\sin\varphi$$

由以上两式可求得

$$A=\sqrt{x_0^2+\frac{v_0^2}{\omega^2}} \tag{4-1-12}$$

$$\tan\varphi=-\frac{v_0}{x_0\omega} \tag{4-1-13}$$

式（4-1-13）求出的初相位 φ 在一个周期内通常有两个值，将这两个值分别代入式（4-1-5）可最终确定初相位 φ。

若已知简谐振动物体的初始振动状态，也可以由式（4-1-4）和式（4-1-5）直接得出初相位。例如，已知 $t=0$ 时，$x_0=-A/2$，而 $v_0<0$，则由式（4-1-4）和式（4-1-5）可以推断出此简谐振动的初相位为 $\varphi=2\pi/3$。

例 4-1-1　弹簧振子沿 x 轴做简谐振动，弹簧的劲度系数 $k=4\,\text{N/m}$，物体的质量为 $1\,\text{kg}$，$t=0\,\text{s}$ 时，物体在 $x_0=5\,\text{m}$ 处，初速度 $v_0=10\,\text{m/s}$，且沿 x 轴正向运动。求：（1）简谐振动的运动方程；（2）弹簧振子在 $t=\frac{\pi}{4}\,\text{s}$ 时的速度和加速度。

解　（1）设此简谐振动的运动方程为

$$x=A\cos(\omega t+\varphi)$$

弹簧振子的角频率为

$$\omega=\sqrt{\frac{k}{m}}=\sqrt{\frac{4}{1}}=2\ (\text{s}^{-1})$$

当 $t=0\,\text{s}$ 时，将 $x_0=5\,\text{m}$、$v_0=10\,\text{m/s}$ 代入运动方程 $x=A\cos(\omega t+\varphi)$ 及速度表达式 $v=-A\omega\sin(\omega t+\varphi)$ 可得

$$5=A\cos\varphi$$

$$10=-2A\sin\varphi$$

两式联立解得，振幅为

$$A=5\sqrt{2}\ \text{(m)}$$

当 $t=0\,\text{s}$ 时，将 $x_0=5\,\text{m}$ 代入简谐振动的运动方程，得 $\cos\varphi=\frac{\sqrt{2}}{2}$，所以 $\varphi=\pm\frac{\pi}{4}$，再由 $t=0$ 时 $v_0>0$ 的条件，得 $\sin\varphi<0$，因此

$$\varphi=-\frac{\pi}{4}$$

于是，此简谐振动的运动方程为

$$x=5\sqrt{2}\cos\left(2t-\frac{\pi}{4}\right)$$

（2）将 $t=\frac{\pi}{4}\,\text{s}$ 代入速度和加速度的表达式，有

$$v=-A\omega\sin(\omega t+\varphi)=-5\sqrt{2}\times2\sin\left(2\times\frac{\pi}{4}-\frac{\pi}{4}\right)=-10\ \text{(m/s)}$$

$$a=-A\omega^2\cos(\omega t+\varphi)=-5\sqrt{2}\times2^2\cos\left(2\times\frac{\pi}{4}-\frac{\pi}{4}\right)=-20\ \text{(m/s}^2\text{)}$$

4.1.4 简谐振动的旋转矢量表示法

简谐振动位移与时间的关系可以用旋转矢量的投影来表示，这种方法称为简谐振动的旋转矢量表示法，简称旋转矢量法。这种方法有助于形象地了解振幅、相位、角频率等物理量的意义，并为讨论简谐振动的合成提供简洁的几何方法。

如图 4-1-6 所示，自 x 轴的原点 O 作一矢量 $\boldsymbol{A}$，使它的模等于简谐振动的振幅 A，并使矢量 $\boldsymbol{A}$ 在纸面内绕 O 点做逆时针方向的匀速转动，其角速度与简谐振动的角频率 ω 相等，这个矢量叫作**旋转矢量**。

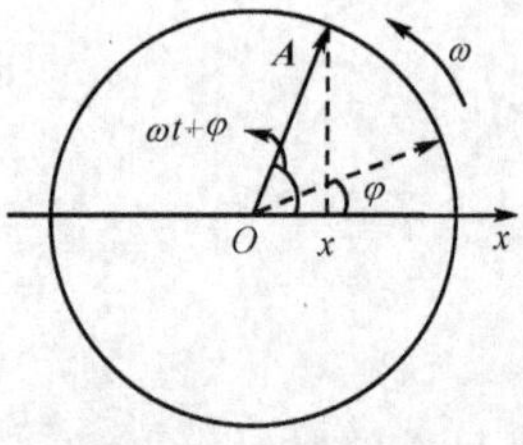

图 4-1-6 旋转矢量法

设 $t=0$ 时，矢量 $\boldsymbol{A}$ 与 x 轴的夹角为 φ；在 t 时刻，矢量 $\boldsymbol{A}$ 沿逆时针方向转过的角度为 ωt，它与 x 轴的夹角为 $(\omega t+\varphi)$。这时，矢量 $\boldsymbol{A}$ 在 x 轴上的投影为 $x=A\cos(\omega t+\varphi)$，这正是简谐振动的运动方程。因此旋转矢量 $\boldsymbol{A}$ 在 x 轴上的投影可用来表示简谐振动。矢量 $\boldsymbol{A}$ 以角速度 ω 旋转一周，相当于物体在 x 轴上做一次完全振动。

简谐振动的旋转矢量表示法把描述简谐振动的特征量直观地表示出来，矢量的大小表示简谐振动的振幅 A，矢量旋转的角速度表示简谐振动的角频率 ω，矢量与 x 轴的夹角表示简谐振动的相位 $(\omega t+\varphi)$，$t=0$ 时矢量与 x 轴的夹角表示简谐振动的初相位 φ，矢量在 x 轴的投影表示简谐振动的位移 $x=A\cos(\omega t+\varphi)$。

例 4-1-2　一质量为 0.01 kg 的物体做简谐振动，其振幅为 0.08 m，周期为 4 s，初始时刻物体位于 $x=0.04$ m 处，并向 x 轴负向运动，如图 4-1-7（a）所示。求：（1）$t=2$ s 时，物体所处的位置和所受的力；（2）由起始位置运动到 $x=-0.04$ m 处所需要的最短时间。

解　（1）设简谐振动方程为

$$x=A\cos(\omega t+\varphi)$$

根据题意，振幅 $A=0.08$ m。简谐振动的角频率为

$$\omega=\frac{2\pi}{T}=\frac{2\pi}{4}=\frac{\pi}{2}\quad (\mathrm{s}^{-1})$$

将 $t=0$ s，$x=0.04$ m，代入简谐振动方程，得

$$0.04=0.08\cos\varphi$$

所以

$$\varphi=\pm\frac{\pi}{3}$$

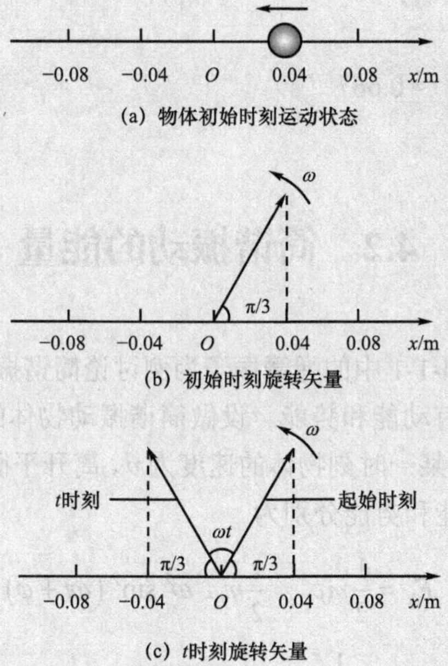

图 4-1-7　例 4-1-2 图

如图 4-1-7（b）所示，作旋转矢量，由于物体向 x 轴负向运动，所以应取

$$\varphi=\frac{\pi}{3}$$

所以，简谐振动方程为

$$x=0.08\cos\left(\frac{\pi}{2}t+\frac{\pi}{3}\right)$$

将 $t=2\,\text{s}$ 代入简谐振动方程，得

$$x=-0.04\ \text{（m）}$$

物体所受的力为

$$F=-kx=-m\omega^2 x=-0.01\times\left(\frac{\pi}{2}\right)^2\times(-0.04)=9.86\times10^{-4}\ \text{（N）}$$

（2）设物体由起始位置运动到 $x=-0.04\,\text{m}$ 处所用最短时间为 t，将 $x=-0.04\,\text{m}$ 代入简谐振动方程，得

$$-0.04=0.08\cos\left(\frac{\pi}{2}t+\frac{\pi}{3}\right)$$

解得

$$t\approx 0.667\ \text{（s）}$$

利用旋转矢量图求解时间 t 更为方便，从图 4-1-7（c）可以看出

$$\omega t=\frac{\pi}{3}$$

由此可知

$$t\approx 0.667\ \text{（s）}$$

4.2 简谐振动的能量

下面仍以图 4-1-1 中的弹簧振子为例讨论简谐振动的能量。在简谐振动中，系统具有动能和势能。设做简谐振动物体的质量为 m，弹簧的劲度系数为 k，某一时刻物体的速度为 v，离开平衡位置的位移为 x，则弹簧振子的动能和势能分别为

$$E_\text{k}=\frac{1}{2}mv^2=\frac{1}{2}mA^2\omega^2\sin^2(\omega t+\varphi) \tag{4-2-1}$$

$$E_\text{p}=\frac{1}{2}kx^2=\frac{1}{2}kA^2\cos^2(\omega t+\varphi) \tag{4-2-2}$$

显然，在振动过程中动能 E_k 和势能 E_p 都随时间 t 做周期性的变化。当物体的位移最大时，势能达到最大值，但此时动能为零；当物体的位移为零时，势能为零，而动能却达到最大值。弹簧振子的总机械能为

$$E=E_\text{k}+E_\text{p}=\frac{1}{2}mA^2\omega^2\sin^2(\omega t+\varphi)+\frac{1}{2}kA^2\cos^2(\omega t+\varphi)$$

考虑到 $\omega^2=k/m$，所以有

$$E=\frac{1}{2}mA^2\omega^2=\frac{1}{2}kA^2 \tag{4-2-3}$$

上式表明，弹簧振子在做简谐振动的过程中总能量保持不变，其值与振幅的平方成正比。从力学观点来看，这是由于在简谐振动过程中，只有系统的保守内力做功，所以系统的总能量必然守恒，即系统的动能与势能不断地相互转化，总能量却保持守恒。图 4-2-1 表示初相位 $\varphi=0$ 时，弹簧振子的动能、势能和总能量随时间变化的曲线。

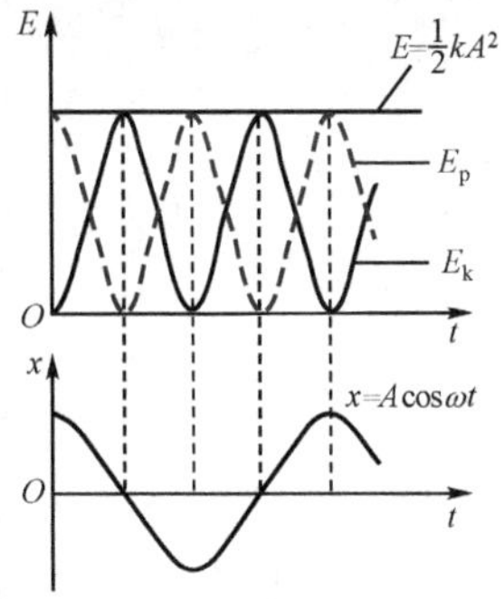

图 4-2-1　弹簧振子的能量随时间变化的曲线

例 4-2-1　质量为 1 kg 的物体，以振幅 2 m 做简谐振动，其最大加速度为 32 m/s^2。求：（1）振动周期；（2）通过平衡位置时的动能；（3）总能量；（4）物体动能和势能相等的位置。

解　（1）因为 $a_{\max}=A\omega^2$，所以

$$\omega=\sqrt{\frac{a_{\max}}{A}}=\sqrt{\frac{32}{2}}=4\ \text{(1/s)}$$

则物体振动的周期为

$$T=\frac{2\pi}{\omega}=\frac{2\pi}{4}\approx 1.57\ \text{(s)}$$

（2）因为通过平衡位置时的速度最大，所以

$$E_{\mathrm{k,max}}=\frac{1}{2}mv_{\max}^2=\frac{1}{2}mA^2\omega^2=\frac{1}{2}\times1\times2^2\times4^2=32\ \text{(J)}$$

（3）总能量为动能加势能，由于做简谐振动物体的机械能守恒，当物体在平衡位置时，势能为零，因此物体的总能量等于物体在平衡位置处的动能，有

$$E=E_{\mathrm{k,max}}=32\ \text{(J)}$$

（4）物体的动能和势能相等时有 $E_p=E/2=16\,\text{J}$，由 $E_p=\frac{1}{2}kx^2=\frac{1}{2}m\omega^2x^2$ 得

$$x=\pm\sqrt{\frac{2E_p}{m\omega^2}}=\pm\sqrt{\frac{2\times16}{1\times4^2}}\approx\pm1.414\ \text{(m)}$$

4.3　简谐振动的合成

在实际问题中，常会遇到几个简谐运动的合成。例如，当两个声波同时传到某一点时，该处的空气分子就同时参与两个振动，这时空气分子的运动实际上就是两个振动的合成。一般的振动合成比较复杂，下面讨论几种简单的情况。

4.3.1 两个同方向同频率简谐振动的合成

设质点同时参与两个同方向同频率的简谐振动，它们的角频率都是ω，振幅分别为A_1和A_2，初相位分别为φ_1和φ_2，若取振动方向为x轴，这两个简谐振动的运动方程分别为

$$x_1 = A_1\cos(\omega t+\varphi_1)$$
$$x_2 = A_2\cos(\omega t+\varphi_2)$$

因为这两个振动是同方向的，所以质点的合位移仍沿x轴，并且合位移等于两个分振动位移的代数和，即

$$x = x_1 + x_2 = A_1\cos(\omega t+\varphi_1) + A_2\cos(\omega t+\varphi_2)$$

利用旋转矢量法可以很方便地得到合位移x的最终表达式。如图 4-3-1 所示，设两个分振动的旋转矢量分别为$\boldsymbol{A}_1$和$\boldsymbol{A}_2$，初始时刻它们与x轴的夹角分别为φ_1和φ_2，在x轴上的投影分别为x_1和x_2。根据平行四边形法则，合矢量$\boldsymbol{A}=\boldsymbol{A}_1+\boldsymbol{A}_2$，由于$\boldsymbol{A}_1$和$\boldsymbol{A}_2$以相同的角速度$\omega$绕$O$点做逆时针转动，$\boldsymbol{A}_1$与$\boldsymbol{A}_2$之间的夹角$(\varphi_2-\varphi_1)$在旋转过程中保持不变，所以合矢量$\boldsymbol{A}$的大小保持不变，并以相同的角速度$\omega$绕$O$点做逆时针转动。由图 4-3-1 可以看出，任一时刻合矢量$\boldsymbol{A}$在x轴上的投影为$x=x_1+x_2$，因此合矢量$\boldsymbol{A}$即为合振动所对应的旋转矢量。初始时刻矢量$\boldsymbol{A}$与x轴的夹角即为合振动的初相位φ。由图 4-3-1 可得合位移为

$$x = A\cos(\omega t+\varphi)$$

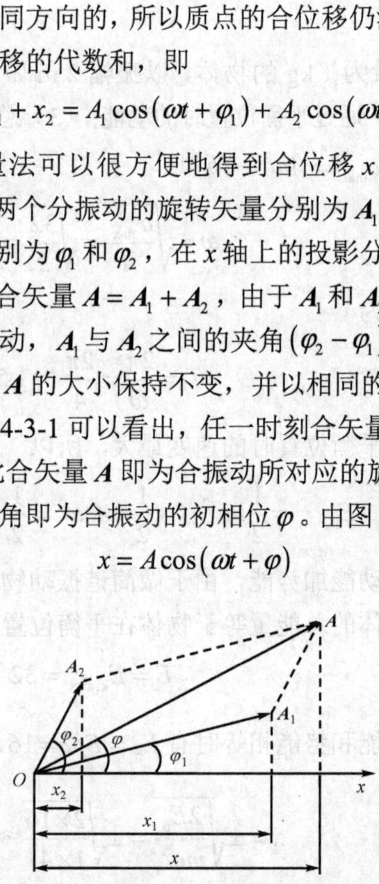

图 4-3-1 两个同方向同频率简谐振动的合成

上式表明，**两个同方向同频率的简谐振动合成后仍是简谐振动，合振动的角频率与分振动的角频率相同**。由图 4-3-1 中的关系，应用余弦定理可得合振幅为

$$A=\sqrt{A_1^2+A_2^2+2A_1A_2\cos(\varphi_2-\varphi_1)} \tag{4-3-1}$$

合振动的初相位为

$$\varphi=\arctan\frac{A_1\sin\varphi_1+A_2\sin\varphi_2}{A_1\cos\varphi_1+A_2\cos\varphi_2} \tag{4-3-2}$$

由式（4-3-1）可以看出，合振幅与两个分振动的振幅以及它们的相位差 $\Delta\varphi=\varphi_2-\varphi_1$ 有关，下面讨论两种特殊情况。

（1）若相位差 $\Delta\varphi=(\varphi_2-\varphi_1)=\pm 2k\pi\ (k=0,1,2,\cdots)$，则

$$A=\sqrt{A_1^2+A_2^2+2A_1A_2}=A_1+A_2$$

即当两个分振动的相位相同或相位差为 2π 的整数倍时，合振幅等于两个分振动的振幅之和，合振动相互加强，振幅最大。

（2）若相位差 $\Delta\varphi=(\varphi_2-\varphi_1)=\pm(2k+1)\pi\ (k=0,1,2,\cdots)$，则

$$A=\sqrt{A_1^2+A_2^2-2A_1A_2}=|A_1-A_2|$$

即当两个分振动的相位相反或相位差为 π 的奇数倍时，合振幅等于两个分振动之差的绝对值，合振动相互削弱，振幅最小。

一般情况下，相位差 $\Delta\varphi=(\varphi_2-\varphi_1)$ 可取任意值，相应的合振幅在 A_1+A_2 和 $|A_1-A_2|$ 之间。

例 4-3-1　设两个简谐振动的运动方程分别为 $x_1=4\cos 10\pi t$，$x_2=2\cos(10\pi t+\pi)$，式中 x_1 和 x_2 的单位是 m，t 的单位是 s。求合振动的振幅、初相位和简谐振动方程。

解　这是两个同方向同频率简谐振动的合成问题，合振动仍是简谐振动，并且合振动的角频率与分振动的角频率相同，即合振动的角频率为 $\omega=10\pi$。由于两个分振动的相位差 $\Delta\varphi=\pi$，所以合振动的振幅为

$$A=\sqrt{A_1^2+A_2^2-2A_1A_2}=|A_1-A_2|=|4-2|=2\ \text{（m）}$$

合振动的初相位为

$$\varphi=\arctan\left(\frac{A_1\sin\varphi_1+A_2\sin\varphi_2}{A_1\cos\varphi_1+A_2\cos\varphi_2}\right)=0$$

合振动的简谐振动方程为

$$x=2\cos 10\pi t$$

*4.3.2　两个同方向不同频率简谐振动的合成

如果一个质点同时参与两个同方向但频率不同的简谐振动，若用图 4-3-1 中的旋转矢量表示，由于两个分振动的频率不同，因而矢量 $\boldsymbol{A}_1$ 和 $\boldsymbol{A}_2$ 的旋转角速度也不相同。这样两个矢量的夹角将随着时间而改变，其合矢量的长度和旋转角速度都将随时间发生变化，在这种情况下，合振动不再是简谐振动。

设质点同时参与两个同方向，但角频率分别为 ω_1 和 ω_2 的简谐振动。为了突出角频率不同引起的效果，设两个分振动的振幅和初相位

均相同，其简谐振动方程分别为

$$x_1 = A\cos(\omega_1 t + \varphi)$$

$$x_2 = A\cos(\omega_2 t + \varphi)$$

合振动的位移为

$$x = x_1 + x_2 = 2A\cos\left(\frac{\omega_2 - \omega_1}{2}t\right)\cos\left(\frac{\omega_2 + \omega_1}{2}t + \varphi\right) \quad (4\text{-}3\text{-}3)$$

在上式中，设 ω_1 和 ω_2 都较大，但相差很小，且 $\omega_2 > \omega_1$，因此有 $|\omega_2 - \omega_1| \ll \omega_2 + \omega_1$。式（4-3-3）中 $\cos\left(\frac{\omega_2 - \omega_1}{2}t\right)$ 的周期比 $\cos\left(\frac{\omega_2 + \omega_1}{2}t + \varphi\right)$ 的周期大得多，这时可将式（4-3-3）表示的运动看作振幅按照 $\left|2A\cos\left(\frac{\omega_2 - \omega_1}{2}t\right)\right|$ 缓慢变化，而角频率为 $\frac{\omega_2 + \omega_1}{2}$ 的准简谐振动。这是一种振幅做周期性变化的简谐振动，这种运动可以看作一个高频振动受到了一个低频振动调制的运动，这种振幅时大时小的现象叫作**拍**。

图 4-3-2 是两个分振动及合振动的图形，图 4-3-2（a）和图 4-3-2（b）分别表示两个分振动的振动曲线，图 4-3-2（c）表示合振动曲线。

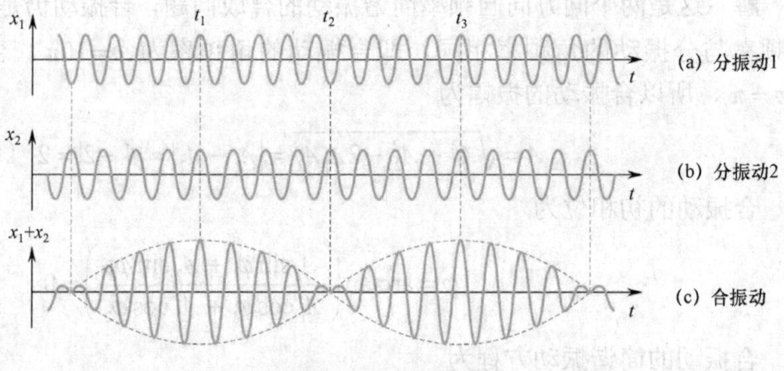

图 4-3-2　拍的形成

合振幅每变化一个周期称为一拍，单位时间内拍出现的次数叫作**拍频**。由于振幅只能取正值，而余弦函数的绝对值以 π 为周期，所以合振幅变化的周期为

$$T = \frac{\pi}{(\omega_2 - \omega_1)/2} = \frac{2\pi}{\omega_2 - \omega_1}$$

于是拍频为

$$\nu = \frac{1}{T} = \frac{\omega_2 - \omega_1}{2\pi} = \nu_2 - \nu_1 \quad (4\text{-}3\text{-}4)$$

即拍频等于两个分振动频率之差。

拍现象在声振动和电磁振动中有许多实际应用。例如，管乐器中

的双簧管就是利用两个簧片振动频率的微小差别产生悦耳的拍音。乐器在调音时是使它和标准音叉出现的拍音消失来校准的。利用拍频可以测量未知振动频率，例如已知ν_1，测出拍频ν，就可求得未知的ν_2。

*4.3.3　两个相互垂直同频率简谐振动的合成

设一个质点同时参与两个振动方向垂直的同频率简谐振动，简谐振动方程分别为

$$x = A_1\cos(\omega t + \varphi_1)$$

$$y = A_2\cos(\omega t + \varphi_2)$$

两式联立消去时间t，可得合振动的轨迹方程为

$$\frac{x^2}{A_1^2} + \frac{y^2}{A_2^2} - \frac{2xy}{A_1A_2}\cos\Delta\varphi = \sin^2\Delta\varphi \qquad (4\text{-}3\text{-}5)$$

其中$\Delta\varphi = \varphi_2 - \varphi_1$，式（4-3-5）是椭圆的轨迹方程，具体形状由两振动的振幅A_1、A_2及相位差$\Delta\varphi$确定。当$0 < \Delta\varphi < \pi$时，质点沿顺时针方向运动；当$\pi < \Delta\varphi < 2\pi$时，质点沿逆时针方向运动，其图形如图 4-3-3 所示。此外，当$A_1 = A_2$时，正椭圆变为圆。

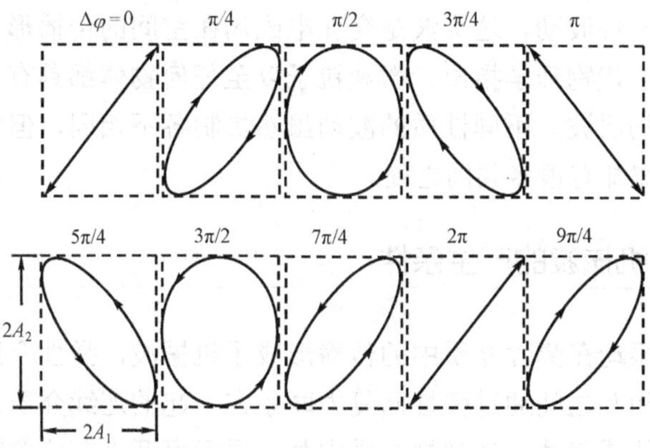

图 4-3-3　两个相互垂直同频率不同振幅的简谐振动的合成

*4.3.4　两个相互垂直不同频率简谐振动的合成

若质点同时参与两个振动方向相互垂直的不同频率的简谐振动，质点的运动是非常复杂的，并且运动轨迹往往是不稳定的。但是，当两个分振动的频率之比恰为整数比时，质点合运动的轨迹是稳定的封闭曲线，曲线的形状与分振动的频率比、初相位有关，这些图形称为李萨如图形。图 4-3-4 为两个沿x轴和y轴方向的分振动，在不同频率比和不同初相位情况下的李萨如图形。

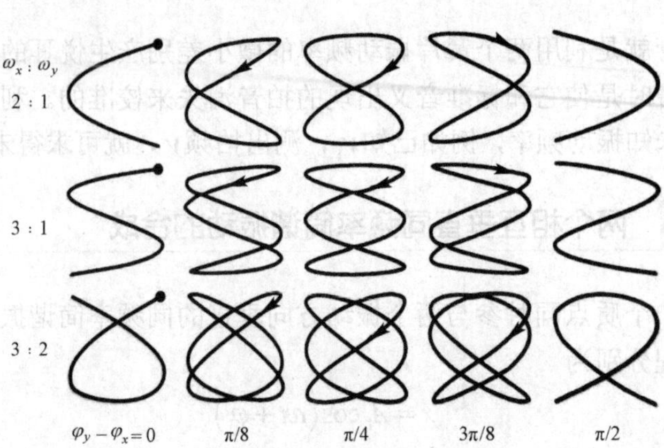

图 4-3-4 李萨如图形

4.4 机械波的产生与传播

前面讨论了机械振动的基本规律。振动在空间的传播即是**波动**，波动是一种常见的物质运动形式。例如声波、地震波、水波等，它们都是机械振动在弹性介质中的传播，这类波称为**机械波**。无线电波、光波也是一种波动，这类波是交变电磁场在空间的传播形成的，称为电磁波。近代物理学指出，微观粒子以至任何物体都具有波动性，这种波称为物质波。不同性质的波动虽然机制各不相同，但它们在空间的传播规律却有很多共同之处。

4.4.1 机械波的产生条件

机械振动在弹性介质中的传播形成了机械波，弹性介质是指无限多个质元相互之间通过弹性回复力联系在一起的连续介质，它可以是固体、液体或气体。当弹性介质中某一质元离开平衡位置时，一方面邻近质元将对它施加弹性回复力，使它在平衡位置附近振动起来；另一方面根据牛顿第三定律，这个质元也给邻近质元施加弹性回复力的作用，使邻近质元也在自己的平衡位置附近振动起来。弹性介质中一个质元发生振动会引起它邻近质元的振动，邻近质元又会带动它的邻近质元振动，这样依次带动，使振动以一定速度在弹性介质中由近及远地传播出去，形成机械波。显然，产生机械波首先要有做机械振动的物体，即波源；同时，还要有能够传播机械振动的弹性介质。**波源和弹性介质是产生机械波的条件。**

4.4.2 横波与纵波

按照质元振动方向和波的传播方向的关系，机械波可分为横波和纵波。质元的振动方向与波的传播方向相互垂直，这种波称为**横波**；质元的振动方向与波的传播方向相互平行，这种波称为**纵波**。如图 4-4-1（a）所示，将绳子的一端固定在墙上，另一端用手拉紧并上下抖动，绳子上的各质元就依次上下振动起来，形成了沿水平方向传播的横波。如图 4-4-1（b）所示，将一根水平放置的弹簧一端固定，另一端用手沿水平方向抖动，弹簧的各质元就依次左右振动起来，形成了沿水平方向传播的纵波。

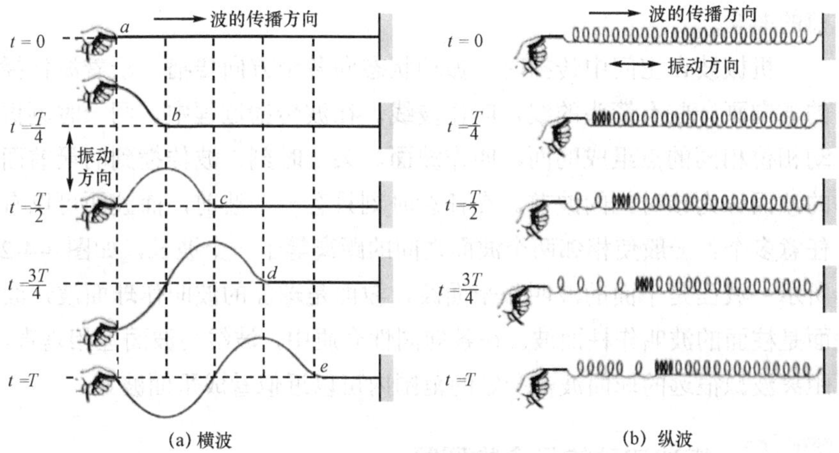

图 4-4-1　横波与纵波

从图 4-4-1 中可以看出，无论是横波还是纵波，它们都只是振动状态的传播，介质中的各质元并不随波前进，而是在各自的平衡位置附近振动。由于质元振动状态常用相位来描述，所以振动状态的传播也可用相位的传播来描述。例如图 4-4-1（a）中，$t=0$ 时刻，绳子中各质元处于平衡位置，此时手上下抖动，设手抖动（振源）的周期为 T，则当 $t=T/4$ 时，a 处质元的初始振动状态传到了 b 处质元。在 $t=T/2$、$t=3T/4$、$t=T$ 时，a 处质元的振动状态依次传到了 c、d、e 处质元，a 处质元完成了一次全振动并回到平衡位置。与 a 处质元的相位比较，b、c、d、e 处质元的相位依次落后 $\pi/2$、π、$3\pi/2$、2π。

从图 4-4-1 中还可以看出，横波的特征是具有交替出现凸起的波峰和凹下的波谷，而纵波的特征是具有交替出现的“稀疏”和“稠密”区域。横波在弹性介质中传播时，一层介质相对另一层介质发生横向平移，称为**切变**。固体能够产生恢复这一切变的弹性力，从而使振动状态传播出去，而液体和气体却不能产生这种弹性力，因此只有固体才能传播横波；纵波在弹性介质中传播时，介质产生压缩或拉伸，称为容变。固体、液体和气体都能产生恢复这种形变的弹性力，因此纵波在固体、液体和气体中都可以传播。

在液体表面处，分子受表面张力和重力的作用，因为这两种力是非弹性力，所以液面波是横波与纵波的合成波，组成液面各质元在自己的平衡位置附近做椭圆运动。地震包含纵波、横波以及沿地球表面的波，给建筑带来危害的主要是表面波。

4.4.3 波线、波面、波前

为了形象地描述机械波在空间的传播，下面引入波线、波面和波前的概念。

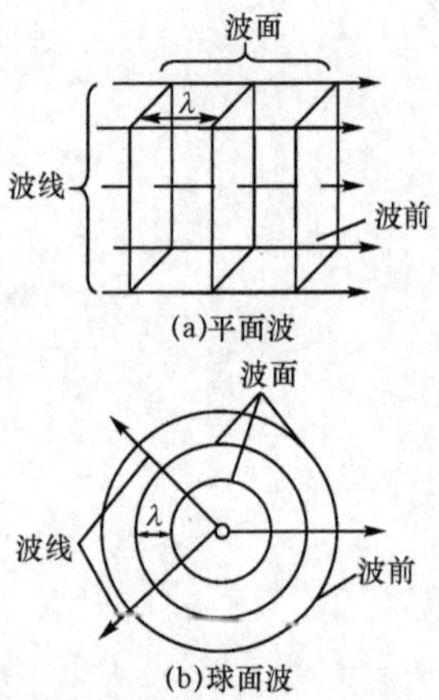

图 4-4-2 波线、波面与波前

机械波在空间中传播时，振动状态向各个方向传播。沿着波传播的方向画一些有箭头的线，叫作**波线**。在波传播过程中，同一时刻振动相位相同的点组成的面，叫作**波面**。某一时刻，波传播到的最前面的波面称为该时刻的**波前**。在任意时刻只有一个波前，而波面可以有任意多个。一般使相邻两个波面之间的距离等于一个波长，如图 4-4-2 所示。波面是平面的波叫作平面波，波面是球面的波叫作球面波，波面是柱面的波叫作柱面波。在各向同性介质中，波线与波面互相垂直，距离波源很远的球面波在一定的范围内可以近似看成平面波。

4.4.4 描述波动的几个物理量

1. 波长

沿波传播方向两个相邻的、相位差为 2π 的质元之间的距离，即一个完整波的长度，叫作**波长**，用 λ 表示。波源做一次完全振动，波向前传播的距离是一个波长。波长反映了波的空间周期性。

2. 周期和频率

波的传播也具有时间周期性。波前进一个波长的距离所用的时间叫作波的**周期**，用 T 表示。周期的倒数叫作**频率**，即频率等于单位时间内波向前传播的完整波的数目，用 ν 表示，有

$$\nu = \frac{1}{T} \tag{4-4-1}$$

由于波源做一次完全振动，波就前进一个波长的距离，所以波的周期和频率等于波源振动的周期和频率。

3. 波速

振动状态在单位时间内传播的距离叫作**波速**，用 u 表示。波动是振

动相位的传播，所以波速实质是相位传播的速度，故波速又称为相速度。波速与波长、周期和频率的关系为

$$u=\frac{\lambda}{T}=\lambda\nu \tag{4-4-2}$$

波速的大小主要取决于介质的性质，波在不同介质中传播的速度是不同的。由于波的频率等于波源振动的频率，与介质无关，由式（4-4-2）可知，同一频率的波在不同介质中传播时的波长是不同的。

理论和实践都证明，固体内横波和纵波的传播速度分别为

$$u=\begin{cases}\sqrt{\dfrac{G}{\rho}}, & \text{横波}\\ \sqrt{\dfrac{E}{\rho}}, & \text{纵波}\end{cases}$$

式中G、E和ρ分别为固体的切变模量、弹性模量和密度。在液体和气体内，纵波的传播速度为

$$u=\sqrt{\frac{K}{\rho}}$$

式中K为体积模量，ρ为介质的密度。以上各波速的表达式说明，机械波的波速决定于介质的性质而与波源无关。

4.5　平面简谐波的波函数

波在传播时，若介质中各质元均按正弦或余弦规律运动，这样的波称为**简谐波**。简谐波是最基本的波动形式，任何复杂的波都可以分解为一系列简谐波的叠加，研究简谐波的波动规律是研究复杂波的基础。如果简谐波的波面为平面，这样的简谐波称为**平面简谐波**。下面从运动学的角度讨论平面简谐波。

4.5.1　平面简谐波的波函数

在有平面简谐波传播的介质中，虽然各质元都按正弦或余弦规律运动，但是同一时刻各质元的运动状态却不尽相同。只有定量地描述出每个质元的运动状态，才能解决平面简谐波的运动学问题。

设一平面简谐波沿x轴正向传播，波速为u，如图 4-5-1 所示，O点处质元的振动方程为

$$y_0=A\cos(\omega t+\varphi)$$

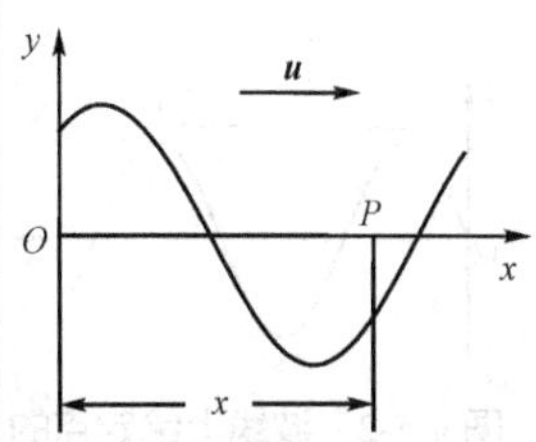

图 4-5-1　波函数推导用图

式中 y_0 是质元在 t 时刻离开平衡位置的位移，A 是振幅，ω 是角频率。为了找到 x 轴上所有质元在任意时刻的位移，在 x 轴正方向上任取一点 P，P 点到 O 点的距离为 x。当振动从 O 点传到 P 点时，P 点将以相同的振幅 A 和角频率 ω 重复 O 点的振动，但 P 点的相位要比 O 点的相位落后。波从 O 点传到 P 点所用的时间为 $\Delta t = x/u$，因此 P 点在 t 时刻将重复 O 点在 $t - x/u$ 时刻的振动状态，即当 O 点的相位为 $\omega t + \varphi$ 时，P 点的相位为 $\omega(t - x/u) + \varphi$，$P$ 点在 t 时刻的振动方程为

$$y = A\cos\left[\omega\left(t - \frac{x}{u}\right) + \varphi\right] \tag{4-5-1}$$

若波沿 x 轴负方向传播，则 P 点的振动超前于 O 点的振动，超前的时间为 $\Delta t = x/u$，P 点在 t 时刻的振动方程仅需将式（4-5-1）中的负号改为正号。于是有

$$y = A\cos\left[\omega\left(t \pm \frac{x}{u}\right) + \varphi\right] \tag{4-5-2}$$

上式给出了平面简谐波传播时介质内任意质元的运动学方程，称为**平面简谐波的波函数**，也称**平面简谐波的波动方程**。

将 $\omega = 2\pi/T = 2\pi\nu$、$u = \lambda/T = \lambda\nu$ 代入式（4-5-2），可将波函数写成如下两种常用形式

$$y = A\cos\left(\omega t + \varphi \pm \frac{2\pi}{\lambda}x\right) \tag{4-5-3}$$

$$y = A\cos(\omega t + \varphi \pm kx) \tag{4-5-4}$$

式（4-5-4）中 $k = 2\pi/\lambda$ 称为**角波数**，表示在 2π 长度内所具有的完整波的数目。

4.5.2 波函数的物理意义

为了进一步理解平面简谐波波函数的物理意义，下面分三种情况讨论。

（1）当 $x = x_0$ 给定时（好似用摄像机对着某一质元拍摄），则位移 y 仅是 t 的函数，波函数写为

$$y = A\cos\left(\omega t + \varphi - \frac{2\pi}{\lambda}x_0\right)$$

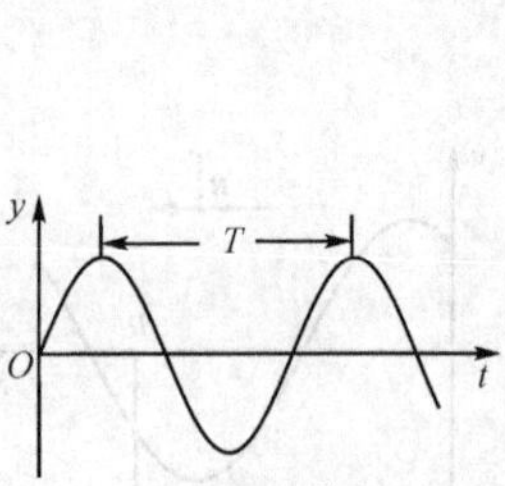

图 4-5-2　波线上给定点的振动曲线

这时波函数表示 x_0 处的质元在不同时间离开平衡位置的位移，即 x_0 处的质元做简谐振动的情况，上式表示 x_0 处质元的振动方程。以 y 为纵坐标，以 t 为横坐标作出的振动曲线如图 4-5-2 所示。

x_0处质元的振动相位比原点O的振动相位落后$\frac{2\pi}{\lambda}x_0$，x_0越大，相位落后越多，因此，沿着波传播的方向，各质元的振动相位依次落后。相距一个波长λ的距离，相位落后2π，相距Δx的两质元的相位差为$\frac{2\pi}{\lambda}\Delta x$。

（2）当$t=t_0$给定时（好似用照相机对一组质元在某一瞬时拍摄），则位移y仅是x的函数，波函数写为

$$y = A\cos\left(\omega t_0 + \varphi - \frac{2\pi}{\lambda}x\right)$$

这时波函数表示t_0时刻各质元离开各自平衡位置的位移，即t_0时刻波的形状。以y为纵坐标，以x为横坐标作出的$y-x$曲线称为t_0时刻的**波形图**，如图 4-5-3 所示。

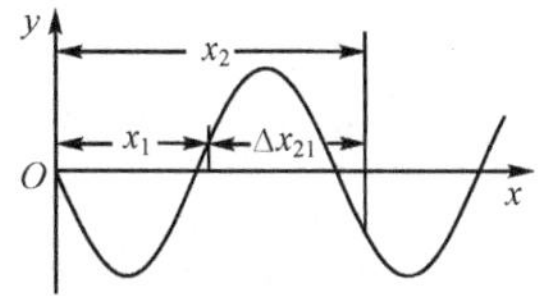

图 4-5-3　给定时刻的波形图

如图 4-5-3 所示，t时刻，与波源O相距x_1和x_2两个质元的相位分别为

$$\varphi_1 = \omega t + \varphi - \frac{2\pi}{\lambda}x_1$$

$$\varphi_2 = \omega t + \varphi - \frac{2\pi}{\lambda}x_2$$

两质元的相位差为

$$\Delta\varphi_{12} = \varphi_1 - \varphi_2 = \frac{2\pi}{\lambda}(x_2 - x_1) = \frac{2\pi}{\lambda}\Delta x_{21} \qquad (4\text{-}5\text{-}5)$$

式中$\Delta x_{21} = x_2 - x_1$叫作**波程差**。由于$x_2 > x_1$所以$\Delta\varphi_{12} > 0$，即$\varphi_1 > \varphi_2$，也就是说$x_2$处的相位落后于$x_1$处的相位。通常在不需要明确谁的相位超前或落后时，式（4-5-5）可以写为

$$\Delta\varphi = \frac{2\pi}{\lambda}\Delta x \qquad (4\text{-}5\text{-}6)$$

（3）当x和t都变化时（好似用摄像机对一组质元拍摄），波函数表示所有质元在不同时刻的位移情况。若以y为纵坐标，以x为横坐标作出不同时刻的波形图，将看出波不断向前推进的图像。图 4-5-4 分别画出了t时刻和$t+\Delta t$时刻的两个波形图，描述了波动在Δt时间内传播了Δx距离的情形。

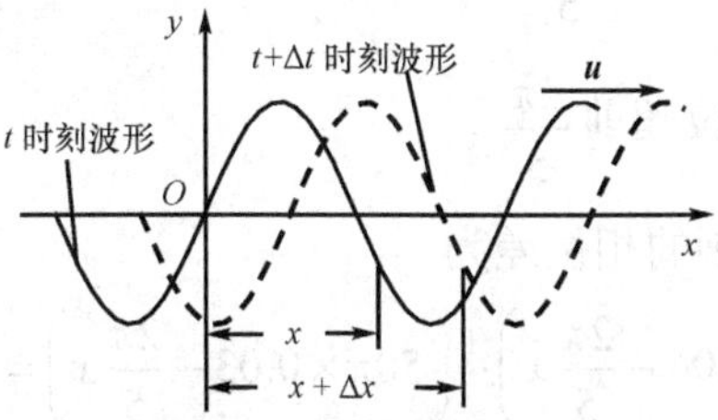

图 4-5-4　波形的传播

根据波函数表达式（4-5-3）可知，t 时刻 x 处质元的位移为

$$y(x,t)=A\cos\left(\omega t+\varphi-\frac{2\pi}{\lambda}x\right)$$

$t+\Delta t$ 时刻 $x+\Delta x$ 处质元的位移为

$$y(x+\Delta x,t+\Delta t)=A\cos\left[\omega(t+\Delta t)+\varphi-\frac{2\pi}{\lambda}(x+\Delta x)\right]$$

设波速为u，则 $\Delta x=u\Delta t$，于是有

$$A\cos\left(\omega t+\varphi-\frac{2\pi}{\lambda}x\right)=A\cos\left[\omega(t+\Delta t)+\varphi-\frac{2\pi}{\lambda}(x+\Delta x)\right]$$

即

$$y(x,t)=y(x+\Delta x,t+\Delta t) \tag{4-5-7}$$

上式表明t时刻x处质元的位移等于$t+\Delta t$时刻$x+\Delta x$处质元的位移，也就是t时刻x处质元的振动状态经过时间Δt传过了$\Delta x=u\Delta t$的距离，即在Δt时间内，整个波形沿传播方向上平移了$\Delta x=u\Delta t$的距离。显然，在一个周期T内，波形平移的距离是一个波长λ。总之，当x和t都变化时，波函数描述了波的传播过程。

例 4-5-1 已知波函数为 $y=0.5\cos\left(50\pi t-\frac{2\pi}{5}x\right)$，$x$ 和 y 的单位为 m，t 的单位为 s，求：（1）波的振幅、波长、周期、波速及频率；（2）距原点 3 m 和 4 m 两处质元的相位差；（3）波线上某质元在 0.03 s 和 0.04 s 两时刻的相位差。

解 （1）将波函数 $y=0.5\cos\left(50\pi t-\frac{2\pi}{5}x\right)$ 与波函数的标准形式 $y=A\cos\left(\omega t+\varphi-\frac{2\pi}{\lambda}x\right)$ 比较，可得

$$A=0.5\ (\text{m}),\quad \lambda=5\ (\text{m}),\quad \omega=50\pi\ (\text{s}^{-1}),$$

$$T=\frac{2\pi}{\omega}=\frac{2\pi}{50\pi}=\frac{1}{25}\ (\text{s}),\quad u=\frac{\lambda}{T}=\frac{5}{1/25}=125\ (\text{m/s}),\quad \nu=\frac{1}{T}=25\ (\text{Hz})。$$

（2）相距 Δx 的两质元的相位差为 $\frac{2\pi}{\lambda}\Delta x$，则距原点 3 m 和 4 m 两处质元的相位差为

$$\Delta\varphi=\frac{2\pi}{\lambda}\Delta x=\frac{2\pi}{5}(4-3)=\frac{2\pi}{5}$$

即 3 m 处的振动相位比 4 m 处的振动相位超前 $\frac{2\pi}{5}$。

（3）某质元在 0.03 s 和 0.04 s 两时刻的相位差为

$$\Delta\varphi=\varphi_1-\varphi_2=\left(50\pi\times0.04-\frac{2\pi}{5}x\right)-\left(50\pi\times0.03-\frac{2\pi}{5}x\right)=\frac{\pi}{2}$$

例 4-5-2　一平面简谐波以速度 $u = 20\,\text{m/s}$ 沿直线传播，如图 4-5-5 所示。已知在传播路径上某点 A 的振动方程为 $y = 5\cos 4\pi t$，式中 y 的单位为 m，t 的单位为 s。（1）以 A 点为坐标原点，写出波函数，并求出 C、D 两点的振动方程；（2）若以 B 点为坐标原点，写出波函数，并求出 C、D 两点的振动方程。

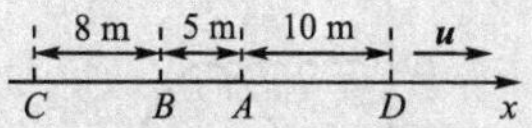

图 4-5-5　例 4-5-2 图

解　由点 A 的振动方程可知，$A = 5\,\text{m}$，$\omega = 4\pi\,\text{s}^{-1}$，则

$$T = \frac{2\pi}{\omega} = \frac{2\pi}{4\pi} = 0.5\ (\text{s}),\quad \lambda = uT = 20\times 0.5 = 10\ (\text{m})$$

（1）以 A 点为坐标原点，由 A 点的振动方程 $y = 5\cos 4\pi t$ 可得波函数为

$$y = 5\cos\left(4\pi t - \frac{2\pi}{\lambda}x\right) = 5\cos\left(4\pi t - \frac{\pi}{5}x\right)$$

将 $x_C = -13\,\text{m}$、$x_D = 10\,\text{m}$ 代入上式，可得 C、D 两点的振动方程分别为

$$y_C = 5\cos\left(4\pi t - \frac{\pi}{5}x_C\right) = 5\cos\left(4\pi t + \frac{13\pi}{5}\right)$$

$$y_D = 5\cos\left(4\pi t - \frac{\pi}{5}x_D\right) = 5\cos(4\pi t - 2\pi)$$

（2）由于波沿 x 轴正向传播，因此 B 点的振动相位比 A 点超前 $\Delta\varphi = \dfrac{2\pi}{\lambda}\Delta x = \dfrac{2\pi}{10}\times 5 = \pi$，若以 B 点为坐标原点，其振动方程为

$$y_B = 5\cos(4\pi t + \pi)$$

以 B 点为坐标原点的波函数为

$$y = 5\cos\left(4\pi t + \pi - \frac{2\pi}{\lambda}x\right) = 5\cos\left(4\pi t + \pi - \frac{\pi}{5}x\right)$$

将 $x_C = -8\,\text{m}$、$x_D = 15\,\text{m}$ 代入上式，可得 C、D 两点的振动方程分别为

$$y_C = 5\cos\left(4\pi t + \pi + \frac{8\pi}{5}\right) = 5\cos\left(4\pi t + \frac{13\pi}{5}\right)$$

$$y_D = 5\cos\left(4\pi t + \pi - \frac{15\pi}{5}\right) = 5\cos(4\pi t - 2\pi)$$

从结果可以看出，对一列给定的平面波，坐标原点选取不同，波函数的形式就不同，但每个质元的振动方程是相同的，即每个质元的振动规律是确定的，与坐标原点的选取无关。

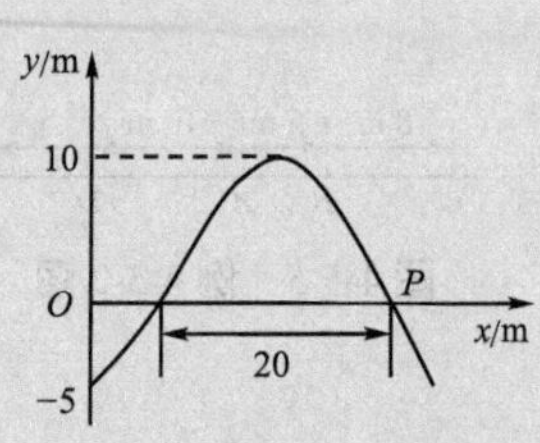

图 4-5-6　例 4-5-3 图

例 4-5-3　已知一列沿 x 轴正方向传播的平面简谐波，其频率为 0.5 Hz，$t=1/3$ s 时的波形如图 4-5-6 所示。求：（1）原点 O 处质元的振动方程；（2）该平面简谐波的波函数；（3）P 点处质元的振动方程；（4）P 点距原点 O 的距离。

解　（1）设原点 O 处质元的振动方程为 $y_O = A\cos(\omega t+\varphi)$，由波形图可知，振幅、角频率和波长分别为

$A=10$（m），$\omega=2\pi\nu=2\pi\times0.5=\pi$（$s^{-1}$），$\lambda=2\times20=40$（m）

当 $t=1/3$ s 时，原点 O 处质元的位移为 −5 m，有 $-5=10\cos\left(\frac{\pi}{3}+\varphi\right)$，得 $\left(\frac{\pi}{3}+\varphi\right)=\pm\frac{2}{3}\pi$。由于此时原点 O 处质元向 y 轴负向运动，即 $v<0$，根据旋转矢量法可知 $\left(\frac{\pi}{3}+\varphi\right)=\frac{2}{3}\pi$，所以 $\varphi=\frac{\pi}{3}$。所以原点 O 处质元的振动方程为

$$y_O=10\cos\left(\pi t+\frac{\pi}{3}\right)$$

（2）该平面简谐波的波函数为

$$y=10\cos\left(\pi t+\frac{\pi}{3}-\frac{2\pi}{\lambda}x\right)=10\cos\left(\pi t+\frac{\pi}{3}-\frac{\pi}{20}x\right)$$

（3）设 P 点处质元的振动方程为 $y_P=A\cos(\omega t+\varphi)$。当 $t=1/3$ s 时，P 处质元的位移为 0 m，有 $0=10\cos\left(\frac{\pi}{3}+\varphi\right)$，得 $\left(\frac{\pi}{3}+\varphi\right)=\pm\frac{\pi}{2}$。由于此时 P 点处质元向 y 轴正向运动，即 $v>0$，根据旋转矢量法可知 $\left(\frac{\pi}{3}+\varphi\right)=-\frac{\pi}{2}$，所以 $\varphi=-\frac{5\pi}{6}$。P 点处质元的振动方程为

$$y_P=10\cos\left(\pi t-\frac{5\pi}{6}\right)$$

（4）O、P 两点的相位差为

$$\Delta\varphi=\left(\pi t+\frac{\pi}{3}\right)-\left(\pi t-\frac{5\pi}{6}\right)=\frac{7\pi}{6}$$

所以 P 点距原点 O 的距离为

$$x=\frac{\lambda}{2\pi}\Delta\varphi=\frac{40}{2\pi}\times\frac{7\pi}{6}\approx23.33\ \text{（m）}$$

4.6　波的能量、声强

在波的传播过程中，波源的振动通过弹性介质由近及远地传播出去。介质中的各质元都在各自的平衡位置附近振动，因而介质各质元具有动能；同时介质因形变而具有势能。波动过程也是能量传播的过程，下面讨论波动过程中的能量。

4.6.1　波的能量和能量密度

设平面简谐波在密度为 ρ 的弹性介质中沿 x 轴正向传播，各质元的振动方向沿 y 轴方向，则波函数可写为

$$y = A\cos\left(\omega t + \varphi - \frac{2\pi}{\lambda}x\right)$$

在坐标 x 处取一质元，质元的质量为 $\mathrm{d}m = \rho\mathrm{d}V$，$\mathrm{d}V$ 为质元的体积，质元的速度为

$$v = \frac{\partial y}{\partial t} = -A\omega\sin\left(\omega t + \varphi - \frac{2\pi}{\lambda}x\right)$$

质元的动能为

$$\mathrm{d}E_{\mathrm{k}} = \frac{1}{2}\mathrm{d}mv^2 = \frac{1}{2}\rho\mathrm{d}VA^2\omega^2\sin^2\left(\omega t + \varphi - \frac{2\pi}{\lambda}x\right) \tag{4-6-1}$$

可以证明，该质元的弹性势能与动能相等，即

$$\mathrm{d}E_{\mathrm{p}} = \mathrm{d}E_{\mathrm{k}} = \frac{1}{2}\rho\mathrm{d}VA^2\omega^2\sin^2\left(\omega t + \varphi - \frac{2\pi}{\lambda}x\right) \tag{4-6-2}$$

质元内的总能量是动能与势能之和，有

$$\mathrm{d}E = \mathrm{d}E_{\mathrm{k}} + \mathrm{d}E_{\mathrm{p}} = \rho\mathrm{d}VA^2\omega^2\sin^2\left(\omega t + \varphi - \frac{2\pi}{\lambda}x\right) \tag{4-6-3}$$

式（4-6-1）和式（4-6-2）说明，在波传播过程中，介质任一质元的动能和势能都随时间做周期性变化，动能和势能同时达到最大值，又同时达到最小值。如图 4-6-1 所示，当质元处于最大位移 A 处时，质元的振动速度为零，动能为零，质元的形变量为零，势能也为零；当质元处于平衡位置 B 处时，质元的振动速度最大，动能最大，质元的形变量也最大，势能也最大。这与简谐振动系统中的能量完全不同，在简谐振动系统中机械能守恒，动能和势能不断地相互转化。

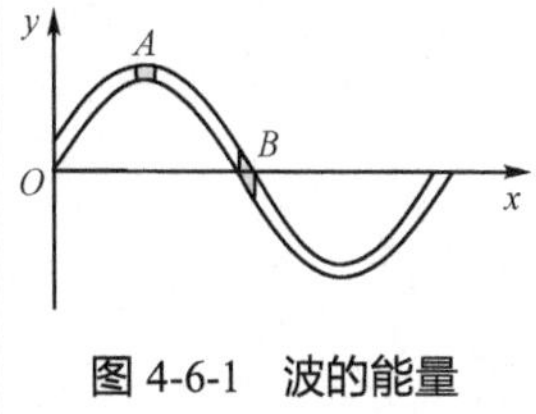

图 4-6-1　波的能量

式（4-6-3）说明，在波传播程中，任一质元的总能量都随时间做

周期性变化，这表明该质元与相邻质元之间有能量转化。沿着波动的传播方向，各质元都在不断地从前面的质元吸收能量，使自己的能量达到最大值，又不断地向后面的质元放出能量，使自己的能量由最大值减小到零。如此周期性地重复，能量就随着波动从介质的一部分传到另一部分。因此，波动是能量传递的一种方式。

前面所讨论的平面简谐波是振动状态的传播也是能量的传播，通常将这种波称为**行波**。

为了精确地描述各处的能量分布，引入能量密度的概念。单位体积介质中波的能量称为**波的能量密度**，用 w 表示，即

$$w=\frac{\mathrm{d}E}{\mathrm{d}V}=\rho A^2\omega^2\sin^2\left(\omega t+\varphi-\frac{2\pi}{\lambda}x\right) \tag{4-6-4}$$

上式表明，波的能量密度随时间做周期性地变化。式(4-6-3)和式(4-6-4)说明，波的能量及波的能量密度都与介质的密度 ρ、波的振幅的二次方 A^2 及波的角频率的二次方 ω^2 成正比。

波的能量密度在一个周期内的平均值称为**波的平均能量密度**，用 $\overline{w}$ 表示，有

$$\overline{w}=\frac{1}{T}\int_0^T w\mathrm{d}t=\frac{1}{2}\rho A^2\omega^2 \tag{4-6-5}$$

4.6.2 波的能流和能流密度

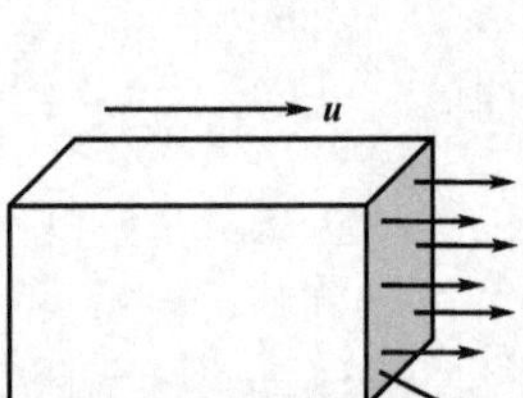

图 4-6-2 波的能流

为了描述波的能量传播情况，引入能流的概念。单位时间内通过某一面积的能量，称为**波的能流**，用 p 表示。如图 4-6-2 所示，设想在介质内取垂直于波速 $\boldsymbol{u}$ 的面积 S，则 $\mathrm{d}t$ 时间内通过 S 的能量应等于体积为 $Su\mathrm{d}t$ 的长方体内的能量，于是通过面积 S 的能流为

$$p=wuS \tag{4-6-6}$$

通过面 S 的平均能流为

$$\overline{p}=\overline{w}uS=\frac{1}{2}\rho A^2\omega^2 uS \tag{4-6-7}$$

通过垂直于波传播方向的单位面积上的平均能流称为**能流密度**或**波的强度**，简称**波强**，用 I 表示，有

$$I=\frac{\overline{p}}{S}=\overline{w}u=\frac{1}{2}\rho A^2\omega^2 u \tag{4-6-8}$$

波强的单位是瓦特每平方米，符号为 $\mathrm{W/m^2}$。式（4-6-8）说明波强的大小与波的振幅二次方 A^2 成正比。

若简谐波在各向同性、均匀且不吸收能量的介质中传播，可以证明，平面波的振幅保持不变，球面波的振幅随着传播距离的增加

而减小。

设一平面简谐波以波速 $\boldsymbol{u}$ 传播，在垂直于波的传播方向上取两个面积相等的平行平面 S_1 和 S_2，即 $S_1 = S_2 = S$。因为无能量损失，则通过 S_1 和 S_2 两个面的平均能流应相等，由式（4-6-7）得

$$\frac{1}{2}\rho A_1^2\omega^2 u S_1 = \frac{1}{2}\rho A_2^2\omega^2 u S_2$$

式中 A_1 和 A_2 分别为 S_1 和 S_2 两个面处波的振幅。因为 $S_1 = S_2 = S$，所以有

$$A_1 = A_2$$

用同样的方法可以证明，在理想介质中，球面波的振幅随着传播距离的增加而减小。

*4.6.3　声强和声强级

在弹性介质中传播的纵波一般都称为**声波**。频率在 20～20 000 Hz 的声波能引起人的听觉，称为**可闻声波**；频率低于 20 Hz 的称为**次声波**；频率高于 20 000 Hz 的称为**超声波**。

介质中有声波传播时的压力与无声波时的静压力之间的压力差称为**声压**。声波是疏密波，在稀疏区域，实际压力小于原来静压力，声压为负值；在稠密区域，实际压力大于原来静压力，声压为正值。对于平面简谐波，可以证明，声压做周期性的变化，声压的振幅为

$$p_m = \rho A\omega u \tag{4-6-9}$$

式中 ρ 为介质密度。

声强就是声波的能流密度，由式（4-6-8）和式（4-6-9）可得，声强为

$$I = \frac{1}{2}\rho A^2\omega^2 u = \frac{1}{2}\frac{p_m^2}{\rho u} \tag{4-6-10}$$

引起人听觉的声波不仅有一定的频率范围，还有一定的声强范围。能够引起人听觉的声强范围大约为 10^{-12}～1 W/m²，声强太小不能引起听觉，声强太大能够引起疼痛。由于引起人听觉的声强范围很大，为了比较介质中各点声波的强弱，通常使用两声强之比的以 10 为底的对数值，叫作**声强级**，用 L 表示。规定声强 $I_0 = 10^{-12}\ \mathrm{W/m^2}$（相当于频率为 1 000 Hz 的声波能引起听觉的最弱声强）作为测定声强的标准，则某一声强 I 的声强级为

$$L = \lg\frac{I}{I_0} \tag{4-6-11}$$

声强级 L 的单位名称为贝，符号为 B。通常用分贝为单位，分贝的符号为 dB，1 B=10 dB。

人耳感觉到的声音响度与声强级有一定的关系，声强级越大，人感觉越响。表 4-6-1 给出了常遇到的几种声音的声强、声强级和响度。

表 4-6-1 几种声音的声强、声强级和响度

	声强/（W/m^2）	声强级/dB	响度
引起疼痛的声音	1	120	—
摇滚音乐会	10^{-1}	110	震耳
交通繁忙的街道	10^{-5}	70	响
通常的谈话	10^{-6}	60	正常
室内轻声收音机	10^{-8}	40	较轻
耳语	10^{-10}	20	轻
树叶沙沙声	10^{-11}	10	极轻
引起听觉的最弱声音	10^{-12}	0	—

4.7 惠更斯原理、波的干涉

4.7.1 惠更斯原理

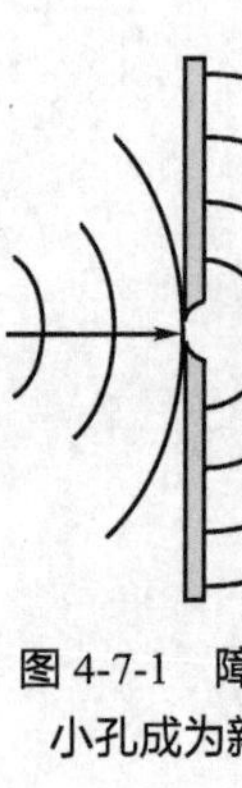

图 4-7-1 障碍物上的小孔成为新的波源

如图 4-7-1 所示，在观察水面上波的传播时，如果没有遇到障碍物，波前的形状保持不变。如果波遇到一个带有小孔的障碍物，无论原来的波面是什么形状，只要小孔的限度小于波长，通过小孔后的波面都将变成以小孔为中心的圆弧形，圆弧形的波好像是以这个小孔为波源产生的一样。

在观察和研究了大量类似现象的基础上，荷兰物理学家惠更斯（C. Huygens，1629—1695）于 1690 年提出了一条有关波传播特性的原理：**介质中波传播到的各点都可以看作发射子波的波源，在其后任一时刻，这些子波的包络面就是新的波面**，这就是**惠更斯原理**。

根据惠更斯原理，只要知道某一时刻的波面就可以用几何作图法确定下一时刻的波面，从而确定波的传播方向，因此，惠更斯原理也称为惠更斯作图法。惠更斯原理不仅适用于机械波，也适用于

电磁波，而且不论介质是均匀还是非均匀，也无论介质是各向同性还是各向异性，惠更斯原理都是适用的。下面举例说明惠更斯原理的一些应用。

如图 4-7-2（a）所示，点波源 O 在各向同性的均匀介质中以波速 u 向外发出球面波，t 时刻的波前是半径为 R_1 的球面 S_1。根据惠更斯原理，S_1 上的各点都可以看成子波波源，以 $r = u\Delta t$ 为半径画出许多半球形子波，那么这些子波的包络面 S_2 就是球面波在 $t + \Delta t$ 时刻的新波面，显然 S_2 是以 O 为中心，以 $R_2 = R_1 + u\Delta t$ 为半径的球面。

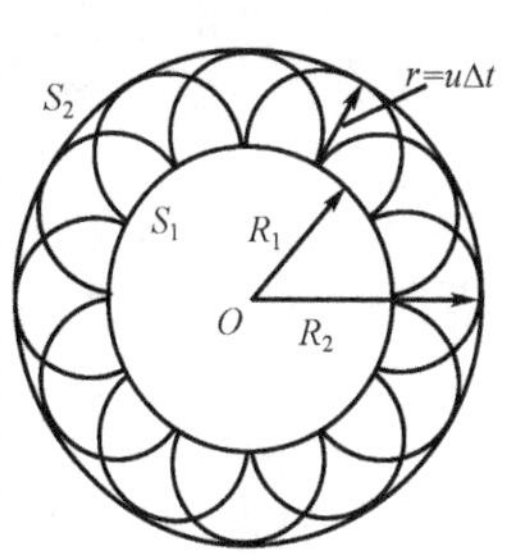

(a) 球面波

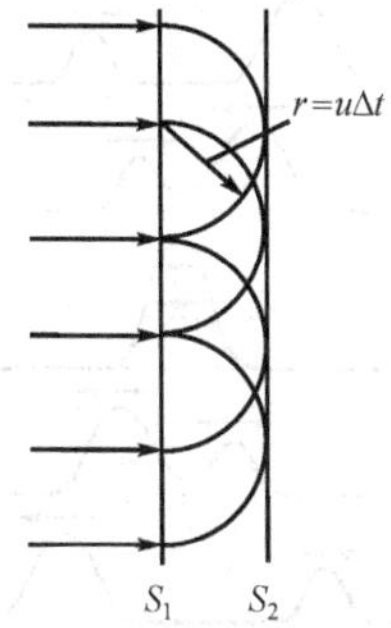

(b) 平面波

图 4-7-2　用惠更斯原理求波前

平面波可近似地看作半径很大的球面波上的一小部分。例如，由太阳发射的球面波到达地面上的一部分波面可以看作平面波。如图 4-7-2（b）所示，若已知在各项同性的均匀介质中传播的平面波在 t 时刻的波面为 S_1，根据惠更斯原理，用与上面相同的方法可以求出 $t + \Delta t$ 时刻的新波面 S_2，波面 S_2 是与 S_1 相距 $r = u\Delta t$ 且与 S_1 平行的平面。

应用惠更斯原理还可以定性地解释波的衍射现象。**当波在传播过程中遇到障碍物时，其传播方向发生改变，并能绕过障碍物的边缘继续向前传播**，这种现象叫作**波的衍射**。如图 4-7-3 所示，当以平面波到达一宽度与波长相似的缝时，根据惠更斯原理，缝上各点都可看作子波的波源，作出这些子波的包络面就得到新的波面。很明显，此时的波面发生了弯曲，也就是波的传播方向发生了变化，波绕过障碍物继续传播。图 4-7-4 所示是水通过狭缝时所发生的衍射现象。衍射现象是否显著与障碍物和波长的大小有关。若障碍物的宽度远大于波长，衍射现象不明显；若障碍物的宽度与波长差不多，衍射现象就比较明显；若障碍物的宽度小于波长，则衍射现象更加明显。机械波和电磁波都会产生衍射现象，衍射现象是波的重要特性之一。

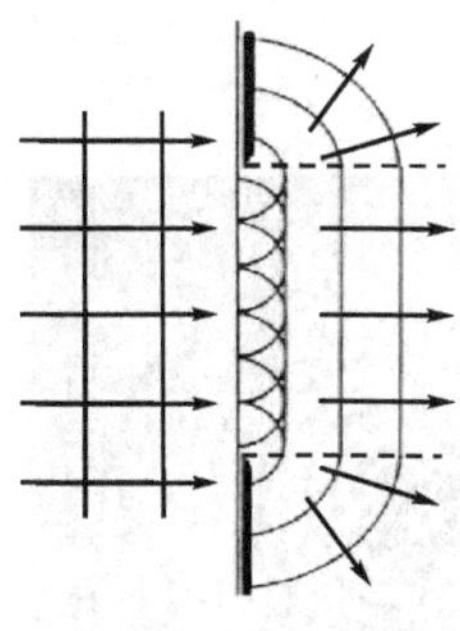
图 4-7-3　波的衍射

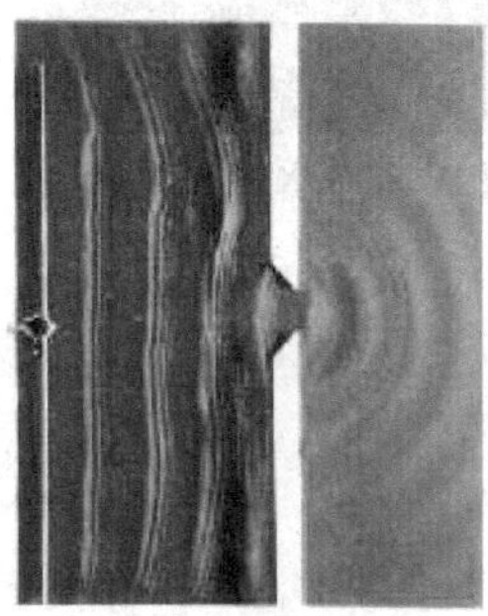
图 4-7-4　水通过狭缝后的衍射现象

应用惠更斯原理不但能说明波在介质中的传播问题与波的衍射现象，而且还可以证明波的反射和折射定律，对此本书不再讨论。

需要指出的是，惠更斯原理并不涉及子波的振幅、相位等的分布规律，因此只能对衍射现象做粗略的定性解释，例如用惠更斯原理无法解释光波经过诸如小孔等衍射后出现的明暗相间条纹的规律。法国物理学家菲涅耳对惠更斯原理作了重要补充，建立了惠更斯–菲涅耳原理，这个原理成为解决波的衍射问题的理论基础，此部分内容将在第 10 章中做简要介绍。

4.7.2　波的干涉

1. 波的叠加原理

通过观察和研究，可以总结出如下规律。

（1）几列波在相遇前和相遇后，仍然保持它们各自原有的特征（频率、波长、振幅、振动方向等）不变，并按照原来的方向继续前进，好像没有遇到过其他波一样。

（2）在相遇区域内，任一点的振动为各列波单独存在时在该点所引起的振动位移的矢量和。

上述规律叫作**波的独立性原理**或**波的叠加原理**。

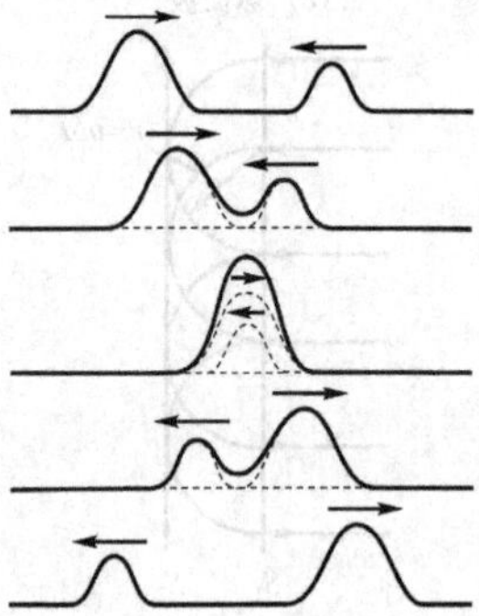
图 4-7-5　波的叠加原理

在日常生活中，乐队合奏或几个人同时讲话时，空气中同时传播着许多声波，但我们仍然能够辨别出每种乐器或每个人的声音，这表明某种乐器或某个人发出的声波，并不因其他乐器或其他人同时发出的声波而受到影响。通常空间中同时传播许多无线电波，但是我们能随意地选取某一电台的广播收听。这些例子都反映了波传播的独立性。图 4-7-5 反映了波的叠加原理，为两脉冲波在同一直线上相向传播时的示意图。

应当指出的是，波的叠加原理并不是普遍成立的。只有当波的强度较小时，描述波动过程的波动方程是线性的，波的叠加原理才是成立的。对于强度很大的波，描述波动过程的波动方程是非线性的，波的叠加原理不成立。例如，强烈的爆炸形成的声波就不遵守叠加原理。本书只讨论叠加原理成立的情况。

2. 波的干涉

图 4-7-6　水波的干涉现象

下面首先观察水波的干涉实验。将两个小球装在同一支架上，让小球的下端紧靠水面。当支架沿垂直水面的方向以一定的频率振动时，两小球和水面的接触点就成了两个频率相同、振动方向相同、相位相同的波源，它们各自发出圆形的水面波。在两列波相遇的水面上呈现出如图 4-7-6 所示的现象。由图 4-7-6 可以看出，水面上一些地方起伏很大（图中亮纹所示），说明这些地方的振动加强了；而有些地方水面起伏很小，甚至平静不动（图中暗纹所示），说明这些地方的振动减弱了，甚至完全抵消。在两列波相遇的区域内，振动的强弱是按一定规律分布的。

把频率相同、振动方向相同、相位相同或相位差恒定的两列波相遇时，使某些地方的振动始终加强，而另一些地方的振动始终减弱的现象，称为**波的干涉现象**。满足频率相同、振动方向相同、相位相同或相位差恒定的波称为**相干波**，产生相干波的波源称为**相干波源**。

干涉现象是波动的又一重要特征，它和衍射现象都是作为判别某种运动是否具有波动性的重要依据。图 4-7-7 给出了用一个波源获得相干波的简单方法。在波源 S 附近处放置一个开有两个小孔 S_1 和 S_2 的障碍物，根据惠更斯原理，S_1 和 S_2 可以看成两个子波波源，它们一定是相干波源，它们发出的子波具有频率相同、振动方向相同、相位相同或相位差恒定的特性，所以能够产生干涉现象。由图 4-7-7 可以看出，由 S_1 和 S_2 发出一系列球面波，波面的波峰和波谷分别用实线和虚线的圆弧表示，沿波传播方向上的两相邻波峰或波谷之间的距离为一个波长 λ。当两波在空间相遇时，若它们的波峰与波峰或波谷与波谷相重合（图中直的实线上所示各点），则振动始终加强，合振幅最大；若两波的波峰与波谷相重合（图中直的虚线上所示各点），则振动始终减弱，合振幅最小。

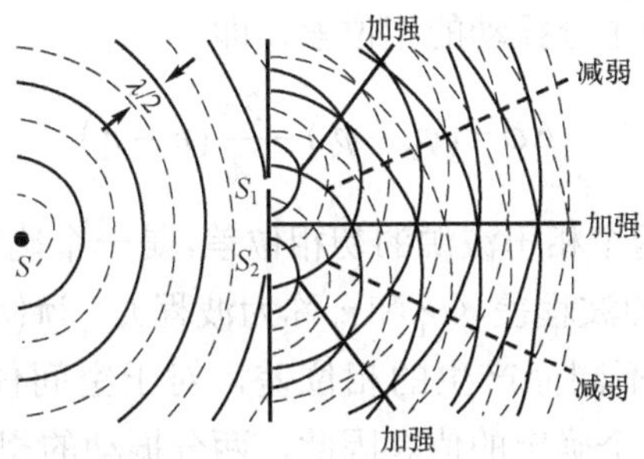

图 4-7-7　波的干涉

下面从波的叠加原理出发，应用同方向、同频率简谐振动合成的结论，来分析干涉现象的产生并确定干涉加强和减弱的条件。

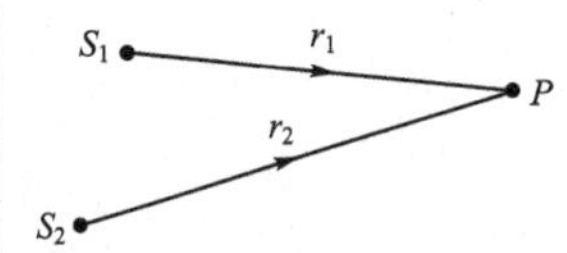

图 4-7-8　两列相干波的叠加

如图 4-7-8 所示，设 S_1 和 S_2 是两相干波源，它们的简谐振动方程为

$$y_1 = A_1 \cos(\omega t + \varphi_1)$$
$$y_2 = A_2 \cos(\omega t + \varphi_2)$$

式中 A_1、A_2 为两波源的振幅，ω 为两波源的角频率，φ_1、φ_2 为两波源的初相位。设由这两个波源发出的两列波在同一理想介质中传播，波长均为 λ，两列波分别经过 r_1 和 r_2 的距离后在空间任意一点 P 相遇。两列波单独传播到 P 点时，在 P 点引起的振动方程分别为

$$y_1 = A_1 \cos\left(\omega t + \varphi_1 - \frac{2\pi}{\lambda} r_1\right)$$
$$y_2 = A_2 \cos\left(\omega t + \varphi_2 - \frac{2\pi}{\lambda} r_2\right)$$

以上两式表明，P 点同时参与了两个同方向、同频率的简谐振动，P 点的合振动也是简谐振动，合振动的方程为

$$y = y_1 + y_2 = A\cos(\omega t + \varphi) \qquad (4\text{-}7\text{-}1)$$

合振动的初相位 φ 和振幅 A 分别由以下两式给出

$$\tan\varphi=\frac{A_1\sin\left(\varphi_1-\frac{2\pi}{\lambda}r_1\right)+A_2\sin\left(\varphi_2-\frac{2\pi}{\lambda}r_2\right)}{A_1\cos\left(\varphi_1-\frac{2\pi}{\lambda}r_1\right)+A_2\cos\left(\varphi_2-\frac{2\pi}{\lambda}r_2\right)} \tag{4-7-2}$$

$$A^2=A_1^2+A_2^2+2A_1A_2\cos\Delta\varphi \tag{4-7-3}$$

由于波的强度正比于振幅的平方，若用 I_1、I_2 和 I 分别表示两个分振动和合振动的强度，则式（4-7-3）写为

$$I=I_1+I_2+2\sqrt{I_1I_2}\cos\Delta\varphi \tag{4-7-4}$$

式中 $\Delta\varphi$ 是 P 点两个分振动的相位差，即

$$\Delta\varphi=(\varphi_2-\varphi_1)-\frac{2\pi}{\lambda}(r_2-r_1) \tag{4-7-5}$$

式中 $(\varphi_2-\varphi_1)$ 是两个相干波源的初相位差，是一个确定的值，(r_2-r_1) 是两列波传到 P 点的波程差（r_1 和 r_2 称为**波程**），$2\pi(r_2-r_1)/\lambda$ 是由于两列波的传播路程不同而产生的相位差，对于空间任一给定的 P 点，$2\pi(r_2-r_1)/\lambda$ 是一个确定的值。因此，两分振动的相位差 $\Delta\varphi$ 是一个常量，合振动的振幅 A 或强度 I 也具有确定的值。

由式（4-7-3）和式（4-7-4）可以看出，当相位差满足

$$\Delta\varphi=(\varphi_2-\varphi_1)-\frac{2\pi}{\lambda}(r_2-r_1)=\pm 2k\pi\quad(k=0,1,2,\cdots) \tag{4-7-6}$$

的空间各点，合振动的振幅和强度最大，其值为

$$A_{\max}=A_1+A_2,\quad I_{\max}=I_1+I_2+2\sqrt{I_1I_2}$$

即相位差为零或 π 的偶数倍的空间各点，合振动始终加强，称为**干涉加强或干涉相长**。

当相位差满足

$$\Delta\varphi=(\varphi_2-\varphi_1)-\frac{2\pi}{\lambda}(r_2-r_1)=\pm(2k+1)\pi\quad(k=0,1,2,\cdots) \tag{4-7-7}$$

的空间各点，合振动的振幅和强度最小，其值为

$$A_{\min}=|A_1-A_2|,\quad I_{\min}=I_1+I_2-2\sqrt{I_1I_2}$$

即相位差为 π 的奇数倍的空间各点，合振动始终减弱，称为**干涉减弱或干涉相消**。

如果两个波源的初相位相同，即 $\varphi_1=\varphi_2$，则合振动的振幅和波强只取决于波程差 $\delta=r_2-r_1$，上述干涉加强和干涉减弱的条件简化为

$$\delta=r_2-r_1=\pm k\lambda\quad(k=0,1,2,\cdots)\ \text{干涉加强} \tag{4-7-8}$$

$$\delta=r_2-r_1=\pm(2k+1)\frac{\lambda}{2}\quad(k=0,1,2,\cdots)\ \text{干涉减弱} \tag{4-7-9}$$

以上两式表明，**两个初相位相同的相干波源发出的波在空间叠加**

时，凡是波程差等于零或半波长偶数倍的各点，干涉加强；凡是波程差等于半波长奇数倍的各点，干涉减弱。

在其他情况下，合振动的振幅是在最小值$|A_1 - A_2|$和最大值$(A_1 + A_2)$之间。

如果两列波不满足相干条件，则观察不到干涉现象，其相遇叠加称为波的**非相干叠加**，这时空间任一点合成波的强度等于两列波波强的代数和。

干涉现象是波动特有的现象，它在光学、声学和许多工程学科中有着广泛的应用。例如，在大礼堂和大剧院等的设计上必须考虑到声波的干涉，以避免某些区域声音过强或过弱。而在噪声太强的地方又可利用干涉原理来达到降低噪声的目的。

例 4-7-1　如图 4-7-9 所示，两相干波源S_1和S_2相距$\lambda/4$，λ为两波源产生的波在介质中的波长，设两波源的振幅均为A_0。若S_1的振动相位比S_2超前$\pi/2$，在不考虑介质吸收的情况下，求图中波线上两波源外侧P、Q两点处质元的振幅。

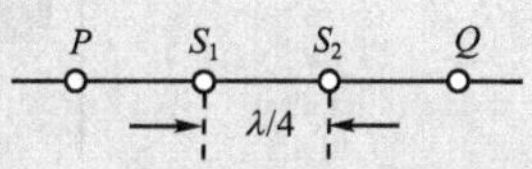

图 4-7-9　例 4-7-1 图

解　由于S_1和S_2是两相干波源，它们产生的两列波传到P点引起振动的相位差为

$$\Delta\varphi = (\varphi_2 - \varphi_1) - \frac{2\pi}{\lambda}(r_2 - r_1) = -\frac{\pi}{2} - \frac{2\pi}{\lambda} \cdot \frac{\lambda}{4} = -\pi$$

相位差满足干涉减弱的条件，因此P点处质元的振幅为$A = 0$。可见，在S_1和S_2连线左侧延长线上各处质元均因干涉而静止。

同理，两列波传到Q点引起振动的相位差为

$$\Delta\varphi = (\varphi_2 - \varphi_1) - \frac{2\pi}{\lambda}(r_2 - r_1) = -\frac{\pi}{2} - \frac{2\pi}{\lambda} \cdot \left(-\frac{\lambda}{4}\right) = 0$$

相位差满足干涉加强的条件，因此Q点处质元的振幅为$A = 2A_0$。也就是说，在S_1和S_2连线右侧延长线上各处质元均因干涉而加强。

例 4-7-2　如图 4-7-10 所示，S_1和S_2是同一介质中的两个相干波源，其振幅均为$A_0 = 5\,\text{cm}$，频率均为$\nu = 100\,\text{Hz}$，波速均为$u = 10\,\text{m/s}$。设S_1的相位比S_2超前，且当点S_1为波峰时，点S_2恰为波谷，求S_1和S_2发出的两列波传到P点时干涉的结果。

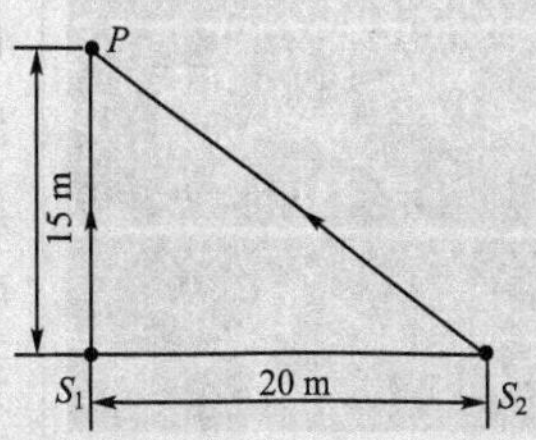

图 4-7-10　例 4-7-10 图

解　由图 4-7-10 可知，$S_1P = 15\,\text{m}$，$S_1S_2 = 20\,\text{m}$，故$S_2P = \sqrt{S_1P^2 + S_1S_2^2} = 25\,\text{m}$。已知$\nu = 100\,\text{Hz}$、$u = 10\,\text{m/s}$，因此波长

$$\lambda = \frac{u}{\nu} = \frac{10}{100} = 0.1\ \text{(m)}$$

由于 S_1 的相位比 S_2 超前，且当点 S_1 为波峰时，点 S_2 恰为波谷，则 $\varphi_1-\varphi_2=\pi$，根据相位差和波程差的关系，有

$$\Delta\varphi=(\varphi_2-\varphi_1)-\frac{2\pi(S_2P-S_1P)}{\lambda}=-\pi-\frac{2\pi(25-15)}{0.1}=-201\pi$$

相位差满足干涉减弱的条件，P 点处质元的振幅为 $A=0$，即 P 点处两波干涉减弱而不产生振动。

*4.8 驻　波

4.8.1 驻波的产生

驻波是一种特殊的干涉现象。图 4-8-1 为弦线驻波实验示意图。弦线的一端系在音叉上，另一端系着砝码使弦线拉紧。当音叉振动时，调节劈尖至适当的位置，可以看到弦线 AB 被分成几段长度相等的做稳定振动的部分，即在整个弦线上没有波形的传播。线上各点的振幅不同，有些点始终静止不动，即振幅为零，而另一些点的振动最强，即振幅为最大，这就是**驻波**。始终静止不动的点称为**波节**，振动最强的点称为**波腹**。

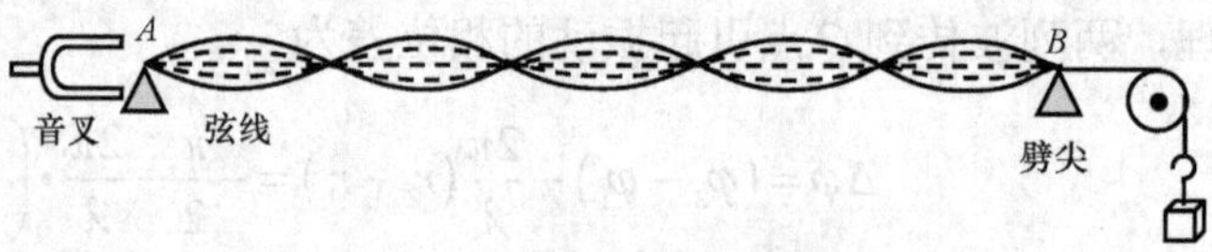

图 4-8-1　弦线驻波实验示意图

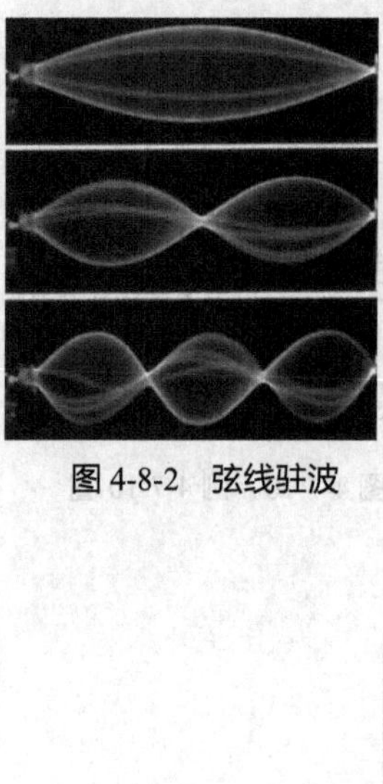

图 4-8-2　弦线驻波

驻波是怎么形成的呢？当音叉带动 A 端振动所引起的波向右传播到 B 端时，产生的反射波沿弦线向左传播。向右传播的入射波和向左传播的反射波产生干涉，其结果就是在弦线上产生驻波。图 4-8-2 展示出了弦线驻波的三种情况。图 4-8-3 画出了驻波形成的物理过程，图中虚线分别表示沿 x 轴正、负方向传播的简谐波，实线表示合成振动。图中各行依次表示 $t=0$、$t=T/8$、$t=T/4$、$t=3T/8$、$t=T/2$ 时刻各质元的位移以及合位移。从图 4-8-3 可以看出，**驻波是由振动方向、频率和振幅都相同的两列相干波，在同一直线上沿相反方向传播时叠加而成的一种特殊形式的干涉现象。**

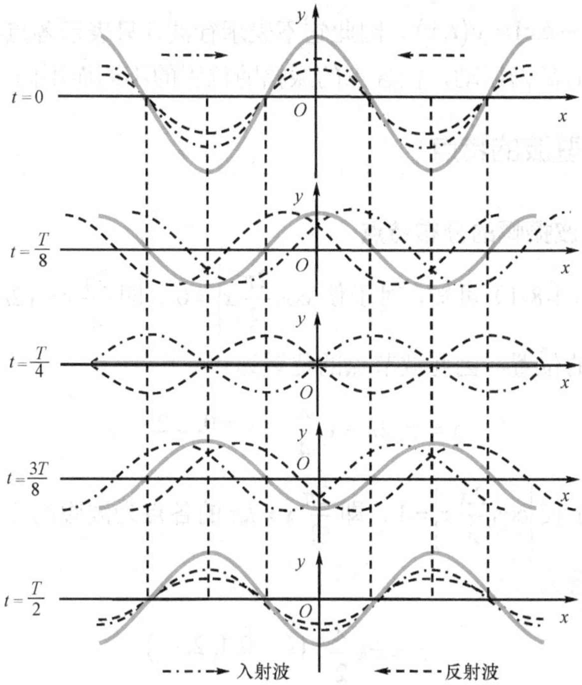

图 4-8-3　驻波形成的物理过程

4.8.2　驻波的波函数

下面以图 4-8-3 所示的驻波为例，导出驻波的波函数表达式。

设两列振动方向相同、频率相同、振幅相同、初相位相同且为零的平面余弦波，分别沿 x 轴的正、负方向传播。若用 A 表示它们的振幅，用 ω 表示它们的角频率，则它们的波函数可分别写为

$$y_1 = A\cos\left(\omega t - \frac{2\pi}{\lambda}x\right)$$

$$y_2 = A\cos\left(\omega t + \frac{2\pi}{\lambda}x\right)$$

根据叠加原理，两列波在任意点处、任意时刻叠加产生的合位移为

$$y = y_1 + y_2 = A\cos\left(\omega t - \frac{2\pi}{\lambda}x\right) + A\cos\left(\omega t + \frac{2\pi}{\lambda}x\right)$$

利用三角函数关系，上式可化简为

$$y = 2A\cos\frac{2\pi}{\lambda}x \cdot \cos\omega t \tag{4-8-1}$$

上式称为**驻波的波函数**，也称**驻波方程**。式（4-8-1）中 $\cos\omega t$ 表示简谐振动，而 $\left|2A\cos\frac{2\pi}{\lambda}x\right|$ 就是简谐振动的振幅。式（4-8-1）不满足

$y(t+\Delta t, x+\Delta x)=y(t,x)$，因此它不表示行波，只表示各点都在做与原频率相同的简谐振动，但各点的振幅随位置的不同而不同。

4.8.3 驻波的特点

1. 驻波振幅的分布特点

由式（4-8-1）可知，对于使 $\left|\cos\dfrac{2\pi}{\lambda}x\right|=0$，即 $\dfrac{2\pi}{\lambda}x=(2k+1)\dfrac{\pi}{2}$ 的各点为波节的位置，因此波节点的位置为

$$x=\pm(2k+1)\frac{\lambda}{4}\quad(k=0,1,2,\cdots)\qquad(4\text{-}8\text{-}2)$$

同理，对于使 $\left|\cos\dfrac{2\pi}{\lambda}x\right|=1$，即 $\dfrac{2\pi}{\lambda}x=k\pi$ 的各点为波腹的位置，因此波腹点的位置为

$$x=\pm k\frac{\lambda}{2}\quad(k=0,1,2,\cdots)\qquad(4\text{-}8\text{-}3)$$

由式（4-8-2）和式（4-8-3）可知，相邻两个波节或相邻两个波腹之间的距离都是 $\lambda/2$，而相邻波节与波腹之间的距离为 $\lambda/4$。上述规律为我们提供了一种测定行波波长的方法，即只要测出两个相邻波节或两个相邻波腹之间的距离就可以确定原来两列行波的波长 λ。

注意：驻波的波函数式（4-8-1）是在初始相位差特定的两列相向而行的相干波叠加而得到的，若两列波的初始相位差为任意值，则驻波的波函数不完全是式（4-8-1）的形式，因而波节、波腹的位置也不再是式（4-8-2）和式（4-8-3）所表示的位置。

2. 驻波相位的分布特点

式（4-8-1）中的振动因子为 $\cos\omega t$，但不能认为驻波中各点的振动相位也相同或像行波中那样逐点不同。因为振幅因子 $2A\cos\dfrac{2\pi}{\lambda}x$ 在 x 值不同时是有正有负的，两波节之间的各点 $\cos\dfrac{2\pi}{\lambda}x$ 具有相同的符号，而波节两边各点的符号总是相反的。这表明，**在驻波中两波节之间的各点的振动相位相同，而波节两边各点的振动相位相反**。因此两波节之间的各点沿相同方向同时达到各自振动位移的最大值，又沿相同方向同时通过平衡位置；而波节两边各点同时沿相反方向到达振动位移的正、负最大值，又沿相反方向同时通过平衡位置。可见各点仅做分段振动，而且各段作为一个整体同步振动，因此驻波中没有相位的传播。

3. 驻波的能量

当介质中所有质元达到各自的最大位移时，振动速度都为零，因而动能都为零，而波节附近具有最大的形变，这时驻波的能量具有势能的形式，波节处势能最大，波腹处势能为零，势能主要集中于波节附近。当介质中所有质元同时回到平衡位置时，质元的形变完全消失，势能为零，但此时各质元的振动速度都达到各自的最大值，而波腹处质元具有最大的速度，此时驻波的能量具有动能的形式，波腹处动能最大，波节处动能为零，动能主要集中于波腹附近。其他时刻，动能与势能同时存在。可见，在介质中形成驻波时，各质元动能和势能不断转化，形成了能量交替地由波腹附近转向波节附近，再由波节附近转回到波腹附近的情形。这说明驻波中没有能量的传播，这是驻波与行波的又一重要区别，因此叫作驻波。

4.8.4　半波损失

在图 4-8-1 所示的实验中还有一个重要现象，反射点 B 处是固定不动的，因而 B 点只能是波节。从振动合成的角度考虑，这意味着入射波与反射波的相位在此正好相反，即入射波在反射时有 π 的相位跃变。由于 π 的相位跃变相当于出现了半个波长的波程差，所以这种**入射波在反射时发生反相的现象**常称为**半波损失**。实验还表明，当波在自由端反射时没有半波损失，形成驻波时，在自由端出现波腹。

一般情况下，入射波在两种介质分界面上反射时是否有半波损失，与波的种类、性质以及入射角的大小等因素有关。在波垂直于界面入射时，是否有半波损失由介质的密度和波速的乘积 ρu（称为**波阻**）来确定。将 ρu 较大的介质称为**波密介质**，ρu 较小的介质称为**波疏介质**。当波从波疏介质垂直入射到波密介质，并反射回波疏介质时，在反射处有半波损失，形成的驻波在反射处出现波节；当波从波密介质垂直入射到波疏介质，并反射回波密介质时，在反射处没有半波损失，形成的驻波在反射处出现波腹。

例 4-8-1　如图 4-8-4 所示，入射波沿 x 轴正向传播，其波函数为 $y_{\lambda}=A\cos\left(\omega t-\dfrac{2\pi}{\lambda}x\right)$，在坐标原点 O 处遇墙反射，反射后振幅无变化，且存在半波损失现象。求：(1) 反射波的波函数；(2) 驻波的波函数；(3) 波节点和波腹点的坐标。

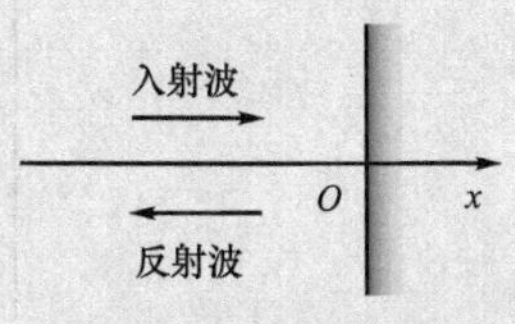

图 4-8-4　例 4-8-1 图

解　(1) 由入射波的波函数可得，入射波在坐标原点 O 处的振动方程为

$$y_{入O} = A\cos\omega t$$

由于存在半波损失现象，所以反射波在O点的振动方程为

$$y_{反O} = A\cos(\omega t + \pi)$$

反射波的波函数为

$$y_{反} = A\cos\left(\omega t + \pi + \frac{2\pi}{\lambda}x\right)$$

（2）驻波的波函数为

$$y = y_{入} + y_{反} = A\cos\left(\omega t - \frac{2\pi}{\lambda}x\right) + A\cos\left(\omega t + \pi + \frac{2\pi}{\lambda}x\right)$$

$$= 2A\cos\left(\omega t + \frac{\pi}{2}\right)\cos\left(\frac{2\pi}{\lambda}x + \frac{\pi}{2}\right)$$

$$= 2A\sin\omega t\sin\frac{2\pi}{\lambda}x$$

（3）由于存在半波损失现象，坐标原点O处一定是波节。根据相邻波节之间的距离为$\lambda/2$，相邻波节和波腹之间的距离为$\lambda/4$可知，波节点的坐标为

$$x = 0, -\frac{\lambda}{2}, -\lambda, \cdots$$

波腹点的坐标为

$$x = -\frac{\lambda}{4}, -\frac{3\lambda}{4}, -\frac{5\lambda}{4}, \cdots$$

*4.9 多普勒效应

在前面的讨论中，都是波源和观察者相对介质静止的情况，所以波的频率和波源的频率相同，观察者接收到的频率和波的频率相同，也和波源的频率相同。如果波源、观察者或二者同时相对于介质运动，观察者接收到的频率和波源的振动频率就不同了，这种现象叫作**多普勒效应**。例如，当高速行驶的火车鸣笛而来时，人们听到的汽笛音调变高，即频率变大；反之，当火车鸣笛离去时，人们听到的音调变低，即频率变小，这种现象是声学的多普勒效应。

为简单起见，假定波源和观察者在同一直线上运动。设波源相对于介质的运动速度用v_S表示，观察者相对于介质的运动速度用v_R表示，波速用u表示。设波源的频率为ν_S，表示波源在单位时间内振动的次数或在单位时间内发出的完整波的个数；观察者接收到的频率为

ν_R，表示观察者在单位时间内接收到的振动次数或完整波的个数；波的频率用 ν 表示，是指介质质元在单位时间内振动的次数或单位时间内通过介质中某点的完整波的个数。这三个频率可能互不相同，下面分三种情况讨论。

1. 波源不动，观察者相对介质以速度 v_R 运动

如图 4-9-1 所示，波源静止于介质中，观察者在 P 点相对介质以速度 v_R 向着波源所在位置 S 点运动。在时间 t 内，波向右运动的距离为 ut，而观察者向左运动的距离为 $v_R t$。所以在时间 t 内，波相对于观察者运动的距离为 $ut+v_R t$。所以在 $ut+v_R t$ 距离内的波都被观察者接收到了，因此单位时间内观察者接收到的完整波的数目，即观察者接收到的波的频率为

$$\nu_R=\frac{u+v_R}{\lambda}=\frac{u+v_R}{u/\nu}=\frac{u+v_R}{u}\nu$$

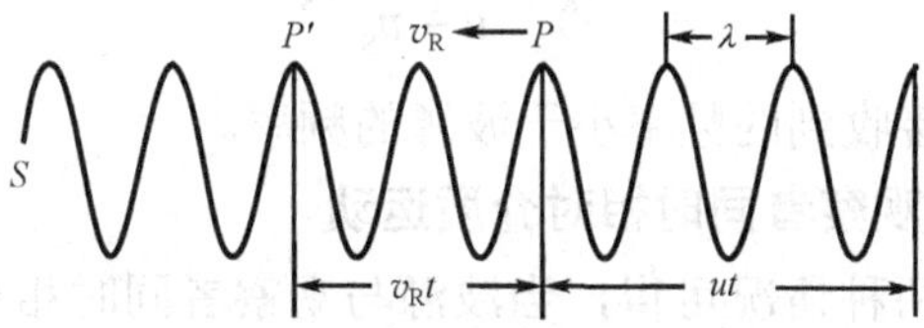

图 4-9-1　观察者运动时的多普勒效应

由于波源在介质中静止，所以波的频率 ν 等于波源的频率 ν_S，因此有

$$\nu_R=\frac{u+v_R}{u}\nu_S \qquad (4\text{-}9\text{-}1)$$

这表明，当观察者向着静止波源运动时，观察者的频率为波源频率的 $(1+v_R/u)$ 倍，即 $\nu_R>\nu_S$。

当观察者相对介质以速率 v_R 远离波源运动时，式（4-9-1）仍然适用，只不过 v_R 取负值，这时观察者接收到的频率为

$$\nu_R=\frac{u-v_R}{u}\nu_S \qquad (4\text{-}9\text{-}2)$$

即此时观察者接收到的频率小于波源的频率。

2. 观察者不动，波源相对介质以速度 v_S 运动

当波源以速度 v_S 向着观察者运动时，它所发出的相邻的两个相同的振动状态（相位差 2π）是在不同地点发出的。如图 4-9-2 所示，当波源从 S 点发出的某振动状态经过一个周期 T_S 传到 P 点时，波源已经运动到了 S' 点，SS' 的距离为 $v_S T_S$，此时才发出与该振动状态相差为 2π 的下一个振动状态，可见 S' 与 P 之间的距离为此时介质中的波长 λ。若波源静止时介质中的波长为 λ_0（$\lambda_0=uT_S$），则此时介质中的波长为

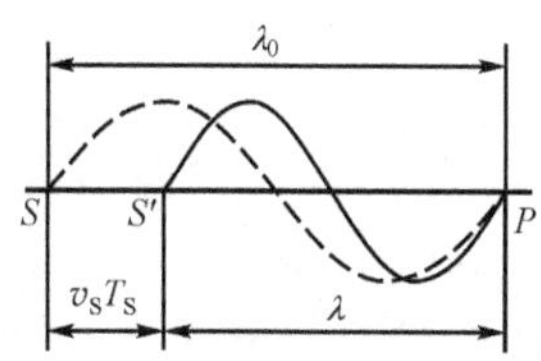

图 4-9-2　波源运动时的多普勒效应

$$\lambda = \lambda_0 - v_S T_S = (u - v_S) T_S = \frac{u - v_S}{\nu_S}$$

此时波的频率为

$$\nu = \frac{u}{\lambda} = \frac{u}{u - v_S} \nu_S$$

由于观察者是静止的，所以观察者接收到的频率ν_R等于波的频率ν，即

$$\nu_R = \frac{u}{u - v_S} \nu_S \tag{4-9-3}$$

这表明，当波源向着静止的观察者运动时，观察者接收到的频率高于波源的频率。

当波源以速率v_S远离观察者运动时，式（4-9-3）仍然适用，只不过v_S取负值，这时观察者接收到的频率为

$$\nu_R = \frac{u}{u + v_S} \nu_S \tag{4-9-4}$$

即此时观察者接收到的频率小于波源的频率。

3. 波源与观察者同时相对介质运动

综合以上两种情况可得，当波源与观察者同时相对介质运动时，观察者所接收到的频率为

$$\nu_R = \frac{u \pm v_R}{u \mp v_S} \nu_S \tag{4-9-5}$$

式中，观察者向着波源运动时v_R取正号，远离时取负号；波源向着观察者运动时v_S取负号，远离时取正号。

对上述情况进行分析可知，不论是波源运动，还是观察者运动，或是两者同时运动，定性地说，只要两者相互接近，接收到的频率就高于原来波源的频率；两者相互远离，接收到的频率就低于原来波源的频率。

不仅机械波有多普勒效应，电磁波也有多普勒效应。但由于电磁波的速率恒为c，与观察者和波源的运动无关，并且电磁波的传播无需介质，因此也就不存在波源或观察者相对介质运动的速度问题，只需要考虑波源和观察者的相对速度。用相对论可以证明，当光源和观察者在同一直线上运动时，如果二者相互接近，观察者接收到的频率为

$$\nu_R = \sqrt{\frac{1 + v/c}{1 - v/c}} \nu_S \tag{4-9-6}$$

如果二者相互远离，观察者接收到的频率为

$$\nu_R = \sqrt{\frac{1-v/c}{1+v/c}}\nu_S \tag{4-9-7}$$

由上式可以看出，当光源远离观察者运动时，接收到的频率变小，因而波长变长，这种现象称为**红移**，即在可见光谱中移向红色一端。天文学家将来自星球的光谱与地球上相同元素的光谱比较，发现星球光谱几乎都发生红移，这说明星体都正在远离地球四面飞去。这一结果已成为所谓“大爆炸”的宇宙学理论的重要证据之一。

多普勒效应在科学技术中还有其他很多重要应用。例如，利用声波的多普勒效应可以测定声源的频率、波速等；利用超声波的多普勒效应可以诊断心脏的跳动情况；利用电磁波的多普勒效应可以测定运动物体的速度；此外，多普勒效应还可以用于报警、检查车速等。

应当指出，如果波源向着观察者运动的速度大于波速，即 $v_S > u$，那么式（4-9-3）将失去意义。因为在这种情况下，任意时刻波源本身将超过它此前发出的波的波前，在波源前方不可能有任何波动产生，所有的波面将被挤压而聚集在一个圆锥面上，如图 4-9-3 所示。在这个圆锥面上，波的能量高度集中，容易造成巨大的破坏，这种波称为**冲击波**。当飞机、炮弹等以超声速飞行时，或火药爆炸、核爆炸时，都会在空气中激起冲击波。冲击波到达的地方，空气压强突然增大，过强的冲击波掠过物体时甚至会造成损害，这种现象称为**声爆**。

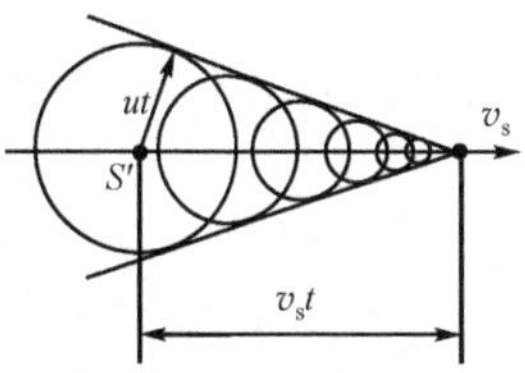

图 4-9-3　冲击波的产生

例 4-9-1　可以利用多普勒效应检测汽车行驶的速度。一固定的超声源发出频率为 100 kHz 的超声波，当汽车向超声源迎面驶来时，与超声源安装在一起的接收器接收到从汽车反射回来的超声波的频率为 110 kHz，设空气中声速为 340 m/s，求汽车的行驶速度。

解　首先，当超声波向着汽车传播时，波源是静止的，汽车作为观察者迎着波源运动。设汽车相对空气行驶的速度为 $v_{车}$，超声波的频率为 ν，波速为 u，则汽车接收到的频率为

$$\nu_{车} = \frac{u+v_{车}}{u}\nu$$

其次，当波从汽车表面反射回来，汽车作为波源向着接收器运动，汽车发出的波的频率等于它接收到的频率 $\nu_{车}$，接收器作为观察者不动。接收器接收到的频率为

$$\nu_R = \frac{u}{u-v_{车}}\nu_{车} = \frac{u+v_{车}}{u-v_{车}}\nu$$

汽车行驶的速度为

$$v_{车} = \frac{(\nu_R-\nu)}{(\nu_R+\nu)}u = \frac{110-100}{110+100}\times 340 \approx 16.19 \text{（m/s）}$$

4.10 本章小结

1. 简谐振动的动力学特征

简谐振动的微分方程：$\dfrac{d^2x}{dt^2}+\omega^2x=0$

简谐振动的运动方程：$x=A\cos(\omega t+\varphi)$

做简谐振动物体的速度：$v=-A\omega\sin(\omega t+\varphi)$

做简谐振动物体的加速度：$a=-A\omega^2\cos(\omega t+\varphi)$

2. 简谐振动的特征物理量

振幅A：简谐振动物体离开平衡位置最大位移的绝对值。

周期T：物体做一次完全振动所用的时间。

频率ν：单位时间内物体所做完全振动的次数。

角频率ω：物体在2π s内所做完全振动的次数。

角频率、频率及周期的关系为

$$\omega=\frac{2\pi}{T}=2\pi\nu$$

相位$(\omega t+\varphi)$：决定做简谐振动物体运动状态的物理量。

初相位φ：决定初始时刻振动物体运动状态的物理量。

3. 由初始条件判断振幅和初相位

$$A=\sqrt{x_0^2+\frac{v_0^2}{\omega^2}},\ \varphi=\arctan\left(-\frac{v_0}{x_0\omega}\right)$$

4. 简谐振动的旋转矢量表示法

旋转矢量$\boldsymbol{A}$在x轴上的投影可用来表示简谐振动。如图4-10-1所示，自x轴的原点O做一矢量$\boldsymbol{A}$，使它的模等于简谐振动的振幅A，并使矢量$\boldsymbol{A}$在纸面内绕O点做逆时针方向的匀速转动，其角速度与简谐振动的角频率ω相等，矢量$\boldsymbol{A}$与x轴的夹角为$(\omega t+\varphi)$，这个矢量叫作旋转矢量。

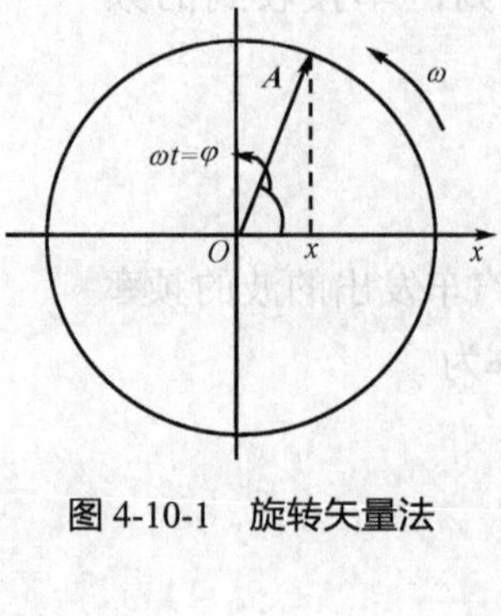

图4-10-1 旋转矢量法

用位移和速度方向可以判断相位的范围，即

$x>0, v<0$ 第一象限；$x<0, v<0$ 第二象限

$x<0, v>0$ 第三象限；$x>0, v>0$ 第四象限

5. 简谐振动的能量

动能：$E_k=\dfrac{1}{2}mv^2=\dfrac{1}{2}mA^2\omega^2\sin^2(\omega t+\varphi)$

势能：$E_p=\frac{1}{2}kx^2=\frac{1}{2}kA^2\cos^2(\omega t+\varphi)$

总机械能：$E=E_k+E_p=\frac{1}{2}mA^2\omega^2=\frac{1}{2}kA^2$

6. 简谐振动的合成

两个同方向同频率简谐振动的合成：合振动仍为简谐振动，合振动的角频率与分振动的角频率相同，合振动的振幅和初相位分别为

$$A=\sqrt{A_1^2+A_2^2+2A_1A_2\cos(\varphi_2-\varphi_1)}$$

$$\varphi=\arctan\frac{A_1\sin\varphi_1+A_2\sin\varphi_2}{A_1\cos\varphi_1+A_2\cos\varphi_2}$$

*两个同方向不同频率简谐振动的合成：当两个分振动的频率都很大，而频率差很小时，产生拍的现象。

*两个相互垂直同频率简谐振动的合成：合振动的运动轨迹为直线段或椭圆。

*两个相互垂直不同频率简谐振动的合成：若两分振动的频率为简单整数比，则合振动的轨迹为李萨如图形。

7. 机械波的描述

波长 λ：沿波传播方向两个相邻的、相位差为 2π 的质元之间的距离，即一个完整波的长度。

周期 T：波前进一个波长的距离所用的时间。

频率 ν：频率为周期的倒数，等于单位时间内波向前传播的完整波的数目。

波速 u：振动状态在单位时间内传播的距离。

波速与波长、周期和频率的关系为

$$u=\frac{\lambda}{T}=\lambda\nu$$

8. 平面简谐波的波函数

$$y=A\cos\left[\omega\left(t\pm\frac{x}{u}\right)+\varphi\right]$$

$$y=A\cos\left(\omega t+\varphi\pm\frac{2\pi}{\lambda}x\right)$$

$$y=A\cos(\omega t+\varphi\pm kx)$$

上述表达式中的“±”号由波的传播方向决定。波沿 x 轴正向传播，取“−”号；波沿 x 轴负向传播，取“+”号。

9. 波的能量

波的平均能量密度：$\overline{w}=\frac{1}{2}\rho A^2\omega^2$

波的强度：$I=\frac{1}{2}\rho A^2\omega^2 u$

10. 惠更斯原理

介质中波传播到的各点都可以看作发射子波的波源，在其后任一时刻，这些子波的包络面就是新的波面。

11. 波的叠加原理

几列波在相遇前和相遇后，仍然保持它们各自原有的特征不变，并按照原来的方向继续前进，好像没有遇到过其他波一样；在相遇区域内，任一点的振动为各列波单独存在时在该点所引起的振动位移的矢量和。

12. 波的干涉现象

频率相同、振动方向相同、相位相同或相位差恒定的两列波相遇时，使某些地方的振动始终加强，而另一些地方的振动始终减弱的现象称为波的干涉现象。满足频率相同、振动方向相同、相位相同或相位差恒定的波称为相干波，产生相干波的波源称为相干波源。

13. 干涉极值的条件

$$\Delta\varphi=(\varphi_2-\varphi_1)-\frac{2\pi}{\lambda}(r_2-r_1)=\pm 2k\pi \quad (k=0,1,2,\cdots) \text{ 干涉加强}$$

$$\Delta\varphi=(\varphi_2-\varphi_1)-\frac{2\pi}{\lambda}(r_2-r_1)=\pm(2k+1)\pi \quad (k=0,1,2,\cdots) \text{ 干涉减弱}$$

如果两个波源的初相位相同，即 $\varphi_1=\varphi_2$，则合振动的振幅只取决于波程差 $\delta=r_2-r_1$。

$$\delta=r_2-r_1=\pm k\lambda \quad (k=0,1,2,\cdots) \text{ 干涉加强}$$

$$\delta=r_2-r_1=\pm(2k+1)\frac{\lambda}{2} \quad (k=0,1,2,\cdots) \text{ 干涉减弱}$$

***14. 驻波**

驻波是由振动方向、频率和振幅都相同的两列相干波，在同一直线上沿相反方向传播时叠加而成的一种特殊形式的干涉现象。

***15. 驻波的波函数**

两列振动方向相同、频率相同、振幅相同、初相位相同且为零的平面余弦波，分别沿 x 轴的正、负方向传播，则它们形成的驻波的波函数为

$$y=2A\cos\frac{2\pi}{\lambda}x\cdot\cos\omega t$$

波节点位置：$x=\pm(2k+1)\dfrac{\lambda}{4}\quad(k=0,1,2,\cdots)$

波腹点位置：$x=\pm k\dfrac{\lambda}{2}\quad(k=0,1,2,\cdots)$

相邻两个波节或相邻两个波腹之间的距离都是 $\lambda/2$，而相邻波节与波腹之间的距离为 $\lambda/4$。

***16. 多普勒效应**

当波源与观察者相对介质运动发生在两者的连线上时，观察者所接收到的频率为

$$\nu_{\mathrm{R}}=\frac{u\pm v_{\mathrm{R}}}{u\mp v_{\mathrm{S}}}\nu_{\mathrm{S}}$$

式中，观察者向着波源运动时 v_{R} 取正号，远离时取负号；波源向着观察者运动时 v_{S} 取负号，远离时取正号。

4.11　习　　题

扫码查看习题答案

1. 一简谐振动曲线如图 4-11-1 所示，则运动周期是（　　）。

（A）2.62 s　　（B）2.40 s

（C）2.20 s　　（D）2.00 s

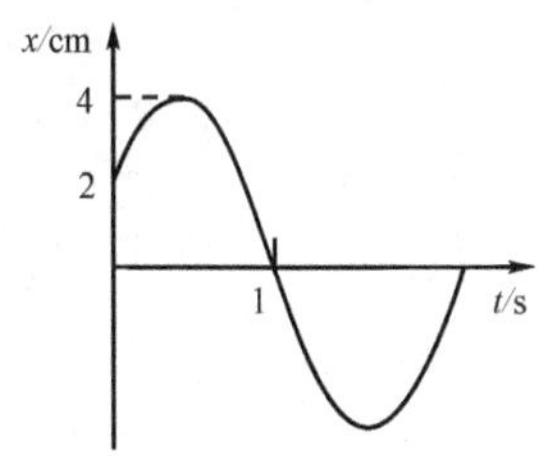

图 4-11-1　习题 1 图

2. 一质点做简谐振动，振幅为 A，起始时刻质点的位移为 $A/2$，且向 x 轴负方向运动，代表此简谐振动的旋转矢量图为（　　）。

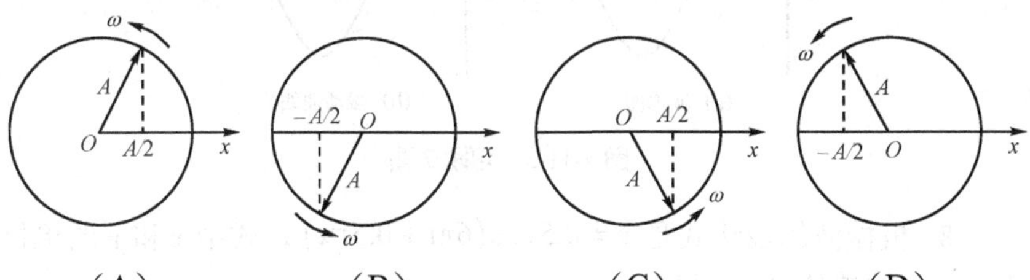

（A）　（B）　（C）　（D）

图 4-11-2　习题 2 图

3. 一质点做简谐振动的周期是 T，振幅为 A，则质点从 $A/2$ 处沿 x 轴正方向运动到 A 处的过程所需的时间为（　　）。

（A）$T/12$　　（B）$T/8$

（C）$T/6$　　（D）$T/4$

4. 一质点在 x 轴上做简谐振动，振幅 $A=4$ cm，周期 $T=2$ s，取其平衡位置为坐标原点。若 $t=0$ s 时质点为第一次通过 $x=-2$ cm 处，且向 x 轴负方向运动，则质点第二次通过 $x=-2$ cm 处的时刻为（　　）。

（A）1 s　　（B）2/3 s

（C）4/3 s　　（D）2 s

5. 简谐振动过程中，动能和势能相等的位置的位移等于（　　）。

（A）$\pm A/4$　　（B）$\pm A/2$

（C）$\pm\sqrt{3}A/2$　　（D）$\pm\sqrt{2}A/2$

6. 弹簧振子的振幅增大到原振幅的 2 倍时，其振动周期、振动能量、最大速度和最大加速度的变化为（　　）。

（A）其振动周期不变，振动能量为原来的 2 倍，最大速度和最大加速度均为原来的 2 倍

（B）其振动周期为原来的 2 倍，振动能量为原来的 4 倍，最大速度和最大加速度均为原来的 2 倍

（C）其振动周期不变，振动能量为原来的 4 倍，最大速度和最大加速度均为原来的 2 倍

（D）其振动周期，振动能量，最大速度和最大加速度均不变

7. 图 4-11-3（a）表示 $t=0$ 时沿 x 轴正向传播的简谐波的波形图，图 4-11-3（b）为一质元的振动曲线。图 4-11-3（a）中所表示的 $x=0$ 处质元振动的初相位与图 4-11-3（b）所表示的振动的初相位分别为（　　）。

（A）均为零　　（B）均为π/2

（C）−π/2 与π/2　　（D）π/2 与 −π/2

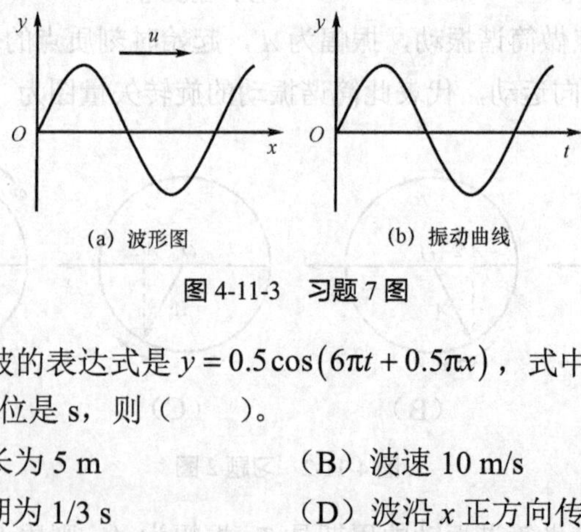

图 4-11-3　习题 7 图

8. 机械波的表达式是 $y=0.5\cos(6\pi t+0.5\pi x)$，式中 x 和 y 的单位是 m，t 的单位是 s，则（　　）。

（A）波长为 5 m　　（B）波速 10 m/s

（C）周期为 1/3 s　　（D）波沿 x 正方向传播

图 4-11-4　习题 9 图

9. 如图 4-11-4 所示，两列波长为 λ 的相干波在 P 点相遇。波在 S_1 点的振动初相位是 φ_1，S_1 点到 P 点的距离是 r_1。波在 S_2 点的振动初相位是 φ_2，S_2 点到 P 点的距离是 r_2。以 k 代表零或正、负整数，则 P 点是干涉极大的条件为（　　）。

（A）$r_2-r_1=k\pi$

（B）$\varphi_2-\varphi_1=2k\pi$

（C）$\varphi_2-\varphi_1+2\pi(r_2-r_1)/\lambda=2k\pi$

（D）$\varphi_2-\varphi_1-2\pi(r_2-r_1)/\lambda=2k\pi$

10. 一平面简谐波在弹性介质中传播，在介质质元从平衡位置运动到最大位移处的过程中（　　）。

（A）它的动能转化为势能

（B）它把自己的能量传给相邻的质元，其能量逐渐减小

（C）它从相邻质元获得能量，其能量逐渐增大

（D）它的势能转化为动能

11. 在波长为 λ 的驻波中，两相邻波节之间的距离以及相邻波节与波腹之间的距离为（　　）。

（A）$\lambda/4$，λ　　（B）$\lambda/2$，$\lambda/4$

（C）$3\lambda/4$，$\lambda/2$　　（D）λ，$3\lambda/4$

12. 一质点沿 x 轴以 $x=0$ 为平衡位置做简谐振动，振动频率为 0.25 Hz。当 $t=0$ 时，$x=-0.37\times10^{-2}$ m，而速度等于零。此振动的振幅为__________，简谐振动方程为__________。

13. 做简谐振动物体的振动曲线如图 4-11-5 所示。物体的位移为零、速度为 $-A\omega$、加速度为零和弹性力为零的状态分别对应于曲线上的__________点。振子处在位移的绝对值为 A、速度为零、加速度为 $-A\omega^2$ 和弹性力为 $-kA$ 的状态分别对应曲线上的__________点。

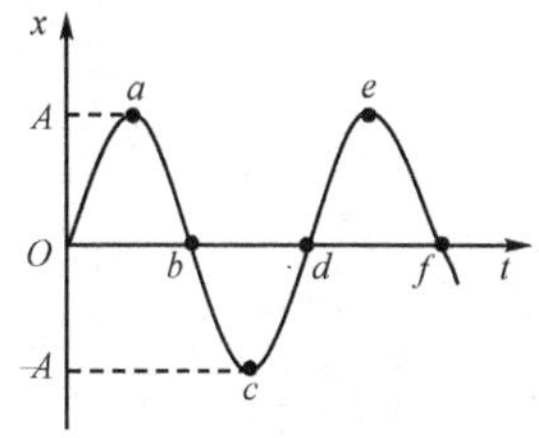

图 4-11-5　习题 13 图

14. 一质点沿 x 轴做简谐振动，振动范围的中心点为 x 轴的原点，已知角频率为 ω，振幅为 A。若 $t=0$ s 时质点位于 $x=0$ 处，且朝 x 轴正方向运动，则简谐振动方程为__________；若 $t=0$ 时质点位于 $x=A/2$ 处，且朝 x 轴负方向运动，则简谐振动方程为__________。

15. 一物体悬挂在弹簧下方做简谐振动。设平衡位置处势能为零，当物体的位移等于振幅的一半时，其动能是总能量的__________。

16. 一横波的波动方程是 $y=0.2\sin2\pi(10t-0.5x)$，式中 x 和 y 的单位是 m，t 的单位是 s。该波的振幅是__________，波长是__________，频率是__________，波速是__________。

17. 一沿 x 轴正方向传播的平面简谐波的表达式为 $y=A\cos\left[2\pi\left(\dfrac{t}{T}-\dfrac{x}{\lambda}\right)+\varphi\right]$，则在 $x=-\lambda$ 处质元的振动方程是__________；若以 $x=\lambda$ 处为新的坐标原点，且此坐标轴的正方向与波的传播方向相反，则对此新的坐标轴，该波的波动方程是__________。

18. 频率为 100 Hz，传播速度为 300 m/s 的平面简谐波，波线上振动的相位差为 $\pi/4$ 的两点相距__________m。

19. 产生机械波的条件是__________和__________。

20. 两列波叠加产生干涉现象必须满足的条件是__________、__________和__________。

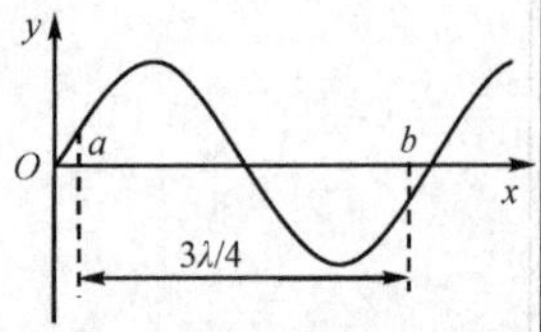

图 4-11-6 习题 21 图

21. 图 4-11-6 所示可以是某时刻的驻波波形，也可以是某时刻的行波波形，图中 λ 为波长。就驻波而言，a、b 两点的相位差为__________；就行波而言，a、b 两点的相位差为__________。

22. 一个质点按 $x=0.05\cos\left(4\pi t+\dfrac{\pi}{3}\right)$ 的规律做简谐振动，式中 x 的单位是 m，t 的单位是 s。求：（1）质点的角频率、周期、振幅、初相、最大速度和最大加速度；（2）$t=1\,\text{s}$ 与 $t=2\,\text{s}$ 两个时刻的相位差。

23. 一质量为 10×10^{-3} kg 的物体沿 x 轴做简谐振动，其振幅为 4×10^{-2} m，周期为 4 s，当 $t=0$ s 时，物体位于 4×10^{-2} m。求：（1）简谐振动方程；（2）当 $t=0.5$ s 时，物体所在的位置及受力的大小；（3）由起始位置运动到 $x=2\times10^{-2}$ m 处所需的时间。

24. 一个质点沿 x 轴按 $x=A\cos(\omega t+\varphi)$ 做简谐振动，其振幅为 A，角频率为 ω，在下述情况下开始计时，试分别求出振动的初相位。（1）质点在 $x=A$ 处；（2）质点过平衡位置处向正方向运动；（3）质点过平衡位置处向负方向运动；（4）质点过 $x=A/2$ 处向正方向运动。

25. 图 4-11-7 为两个谐振动的 $x-t$ 曲线，试分别写出其简谐振动方程。

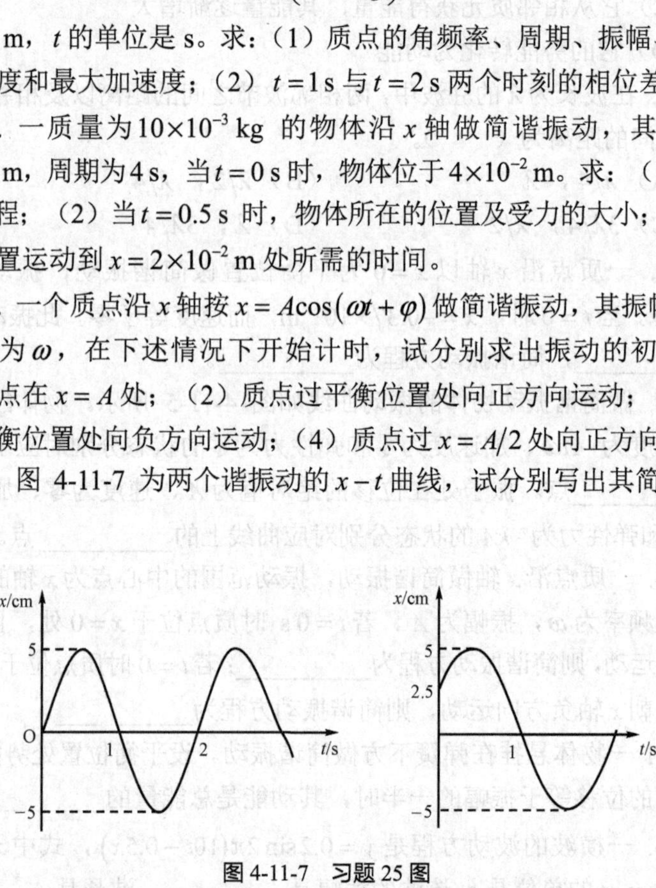

图 4-11-7 习题 25 图

图 4-11-8 习题 26 图

26. 有一单摆，长为 1.0 m，最大摆角为 5°，如图 4-11-8 所示。（1）求摆的角频率和周期；（2）设开始时摆角最大，试写出此单摆的简谐运动方程；（3）当摆角为 3° 时的角速度和摆球的线速度大小各为多少？

27. 质量为 0.1 kg 的物体以 2.0×10^{-2} m 的振幅做简谐振动，其最大加速度为 $4.0\,\text{m/s}^2$。求：（1）简谐振动的周期；（2）质点通过平衡位置时的动能；（3）质点的总能量。

28. 一质点同时参与两个在同一直线上的简谐振动，振动方程分别

为 $x_1 = 0.4\cos\left(2t+\dfrac{\pi}{6}\right)$、$x_2 = 0.3\cos\left(2t-\dfrac{5}{6}\pi\right)$，式中 x_1、x_2 的单位是 m，t 的单位是 s。求：（1）合振动的振幅和初相位；（2）合振动的简谐振动方程。

29. 已知波源在坐标原点（$x=0$）的平面简谐波波函数为 $y = A\cos(Bt - Cx)$，其中 A、B、C 为正常数。求：（1）此波的振幅、频率、周期、波长与波速；（2）写出传播方向上距离波源为 l 处质元的振动方程；（3）任一时刻，在波的传播方向上相距为 d 的两点的相位差。

30. 波源做简谐振动，其振动方程为 $y = 4\times10^{-3}\cos 240\pi t$，式中 y 的单位是 m，t 的单位是 s，它所形成的波以 30 m/s 的速度沿一直线传播。（1）求波的周期及波长；（2）写出波动方程；（3）求距离波源 0.1 m 处质元的振动方程。

31. 已知某一维平面简谐波沿 x 轴正向传播，此波的周期 $T = 0.25$ s，振幅 $A = 1.0\times10^{-2}$ m，波长 $\lambda = 1.0$ m，初始时刻，$x = 0$ m 处的质元在正的最大位移处。试写出此平面简谐波的波函数。

32. 如图 4-11-9 所示为 $t = 0$ 时平面简谐波的波形图，此简谐波以速度 $u = 0.08$ m/s 沿 x 轴正向传播。求：（1）平面简谐波的波函数；（2）P 处质元的运动方程。

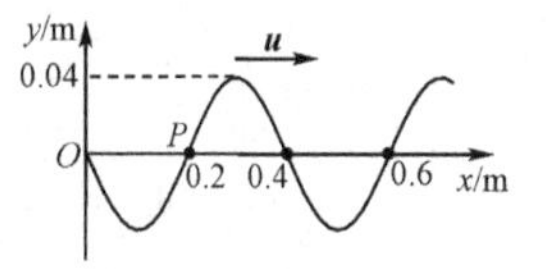

图 4-11-9　习题 32 图

33. 已知一沿 x 轴正向传播的平面简谐波，波的周期为 $T = 2$ s，当 $t = 1/3$ s 时的波形如图 4-11-10 所示。求：（1）坐标原点 O 处质元的初相位；（2）平面简谐波的波函数；（3）P 处质元振动的初相位和振动方程。

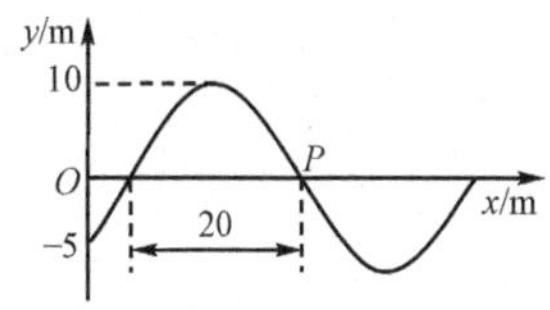

图 4-11-10　习题 33 图

34. 一横波在沿绳子传播时的波动方程为 $y = 0.2\cos(2.5\pi t - \pi x)$，式中 x、y 的单位是 m，t 的单位是 s。（1）求波的振幅、频率、波长及波速；（2）求绳子上的质元振动时的最大速度；（3）分别画出 $t = 1$ s 和 $t = 2$ s 时的波形；（4）画出 $x = 1$ m 处质元的振动曲线。

35. 如图 4-11-11 所示，一平面简谐波在介质中以波速 $u = 2$ m/s 沿 x 轴负方向传播。已知点 A 的运动方程为 $y = 0.3\cos(4\pi t + \pi)$，式中 y 的单位是 m，t 的单位是 s。（1）以点 A 为坐标原点写出波函数；（2）若以距离点 A 5 m 处的点 B 为坐标原点，写出波函数。

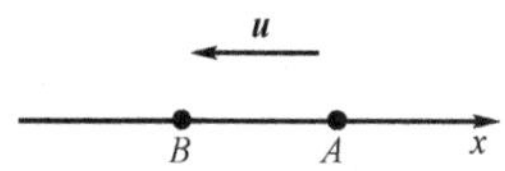

图 4-11-11　习题 35 图

36. 有一平面简谐波，其波速为 $u = 1.0\times10^3$ m/s，振幅为 $A = 1.0\times10^{-4}$ m，频率为 $\nu = 1.0\times10^3$ Hz。若介质的密度为 $\rho = 8.0\times10^2$ kg/m^3，求：（1）该波的能流密度；（2）60 s 内垂直通过面积 $S = 4.0\times10^{-4}$ m^2 范围内的总能量。

*37. 一平面简谐波的频率为 500 Hz，在空气中以 $u = 340$ m/s 的速

度传播，到达人耳时振幅约为 $A=1.0\times10^{-6}$ m。若此时空气密度为 $\rho=1.3\ \text{kg/m}^3$，求波在人耳中的平均能量密度和声强。

38. 两相干波源 S_1 和 S_2 的振动方程分别为 $y_1=A\cos\omega t$ 和 $y_2=A\cos(\omega t+\pi/2)$。若 S_1 到空间任一点 P 的距离为 3λ，S_2 到 P 点的距离为 $\lambda/4$，求两波在 P 点引起的两个振动的相位差是多少。

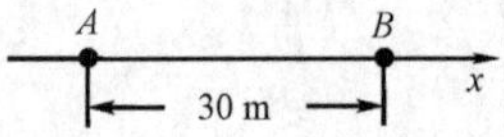

图 4-11-12　习题 39 图

39. 如图 4-11-12 所示，两相干波源位于同一介质中的 A、B 两点，其振幅相等、频率均为 100 Hz，B 点处波源比 A 点处波源的振动相位超前 π。若 A、B 两点相距 30 m，波速为 400 m/s，求 AB 连线上因干涉而静止的各点的位置。

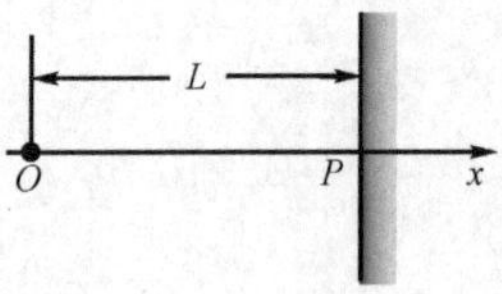

图 4-11-13　习题 40 图

*40. 如图 4-11-13 所示，已知波长为 λ 的平面简谐波沿 x 轴正向传播，在波前进的方向上有一固定反射面，反射后无振幅变化。如果入射波经过坐标原点 O 时质元的振动方程为 $y=A\cos(\omega t-\pi/2)$，反射面上点 P 与坐标原点的距离为 $x=L$，求：（1）入射波和反射波的波函数；（2）波节点和波腹点的坐标。

*41. 设入射波的波函数为 $y_1=A\cos 2\pi\left(\dfrac{t}{T}+\dfrac{x}{\lambda}\right)$，在 $x=0$ 处发生反射，反射点为一自由端。求：（1）反射波的波函数；（2）驻波的波函数；（3）波节点和波腹点的坐标。

*42. 一驻波波函数为 $y=0.2\cos 4x\cos 20t$，式中 x、y 的单位是 m，t 的单位是 s。求：（1）形成此驻波的两列行波的振幅和波速各为多少？（2）相邻两波节间的距离为多大？

*43. 一汽笛发出频率为 1.0×10^3 Hz 的声波，汽笛以 10 m/s 的速率离开观察者而向着一悬崖运动。设空气中的声速为 340 m/s，求：（1）观察者听到的直接从汽笛传来的声波的频率为多大；（2）观察者听到的从悬崖反射回来的声波的频率为多大。

*44. 潜艇 A、B 在海水中相向而行，潜艇 A 的速率为 50 km/h，潜艇 B 的速率为 70 km/h。潜艇 A 向潜艇 B 发出声纳信号（水中声波），频率为 1 000 Hz，波速为 5 480 km/h。求：（1）潜艇 B 收到声纳信号的频率；（2）潜艇 A 收到潜艇 B 反射回来声纳信号的频率。

第2篇 热 学

物质的运动形式是多种多样的，前面已经研究了物质的机械运动，本篇将研究物质的热运动。研究物质热运动的规律有宏观的热力学和微观的统计物理学两种方法。热力学方法是从能量观点出发，以实验事实为基础，来研究物质热现象的基本规律及其应用；统计物理学是从宏观物体由大量微观粒子所构成、粒子又不停地做热运动的观点出发，运用概率论研究大量微观粒子的热运动规律。

热力学的结论来自对大量现象的观察和实验，具有高度的可靠性和普遍性，但由于热力学不考虑物质的微观结构，因而不能对宏观现象的规律给出微观本质的解释。统计物理学虽然能够对热运动的规律给出解释，但是统计物理学结论的正确性需要热力学来检验和证实。因此两者相辅相成，缺一不可。

热力学和统计物理学理论，不仅应用于物理学的各个领域，而且在现代工程技术问题中也获得了广泛的应用。本篇主要阐述气体动理论和热力学的基本概念和基本方法，其中气体动理论是统计物理学的重要组成部分。

第 5 章　气体动理论

本章以气体为研究对象，从气体分子热运动出发，运用统计的方法来研究大量气体分子热运动的规律。本章主要介绍的内容有平衡态、热力学第零定律、理想气体温度和压强的微观本质、能量均分定理和理想气体的内能、麦克斯韦速率分布定律、分子的平均自由程和平均碰撞频率等。

5.1　平衡态、理想气体状态方程、热力学第零定律

5.1.1　气体的状态参量

在力学中研究质点的机械运动时，我们用位置矢量和速度来描述质点的运动状态。在热力学中，对一定量的气体，可用气体的压强 p、体积 V 和热力学温度 T 来描述气体的宏观状态。气体的压强、体积和温度这三个物理量叫作气体的**状态参量**，其中压强 p 是力学量，体积 V 是几何量，而温度 T 是热学量。用来描述系统宏观属性的物理量称为**宏观量**，例如气体的压强、体积和温度等。而组成气体的分子都具有各自的质量、速度、动量、能量等，这些描述个别分子运动状态的物理量称为**微观量**。

气体的压强是作用于容器器壁上单位面积的正压力，是气体分子对器壁碰撞的宏观表现。在国际单位制中，压强的单位是帕斯卡，简称帕，符号是 Pa，它与标准大气压（atm）及毫米汞柱（mmHg）的关系为

$$1\,\text{atm} = 760\,\text{mmHg} = 1.013\times10^5\,\text{Pa}$$

气体的体积是气体分子所能达到的空间，在国际单位制中，体积的单位是立方米，符号是 m^3。

温度的概念比较复杂，它在本质上与物体内部大量分子热运动的剧烈程度密切相关。但在宏观上可以用温度表示物体的冷热程度，并规定较热的物体具有较高的温度。温度的数值表示方法叫作温标，在

国际单位制中，热力学温标为最基本的温标，热力学温标中温度的符号为T，单位名称是开尔文，简称开，单位符号是K。另一个常用的温标是摄氏温标，摄氏温标中温度的符号为t，单位是摄氏度，单位符号是℃。摄氏温度与热力学温度的关系为

$$t = T - 273.15 \tag{5-1-1}$$

5.1.2 平衡态

在热力学中，一般把大量微观粒子（分子、原子等微观粒子）组成的宏观物体称为**热力学系统**，简称**系统**。系统以外的物体称为**外界（或环境）**。一般情况下，系统与外界之间既有能量交换（如做功、传递热量），又有物质交换（如蒸发、凝结、扩散、泄漏）。根据系统与外界交换的特点，通常把系统分为三种。第一种为**孤立系统**，孤立系统是一个与外界既无能量交换又无物质交换的理想系统；第二种为**封闭系统**，封闭系统与外界只有能量交换而无物质交换；第三种为**开放系统**，开放系统与外界既有能量交换又有物质交换。

一个不受外界影响的系统，不论其初始状态如何，系统宏观性质经足够长的时间后不再发生变化，这样的状态称为**平衡态**。

注意：

（1）平衡态仅指系统的宏观性质不随时间变化。从微观的角度看，在平衡态下，组成系统的大量粒子仍在不停地、无规则地运动着，只是大量粒子运动的平均效果不变，这在宏观上表现为系统达到平衡，因此这种平衡态又称**热动平衡态**。

（2）平衡态是一种理想状态。实际中不受外界影响的系统并不存在，系统总不可避免地会与外界发生不同程度的能量和物质交换，但当系统受到外界的影响可以略去，宏观性质只有很小的变化时，系统的状态就可以近似地看作平衡态。

只有在平衡态下，系统的宏观性质才可以用一组确定的状态参量来描述。例如一定质量的气体达到平衡态时，可以用状态参量p、V和T的一组值来表示。一组状态参量值表示气体的某一平衡态，而另一组状态参量值则表示气体的另一平衡态。

如果系统的宏观性质随时间变化，则系统所处的状态称为**非平衡态**。在非平衡态下，系统各部分的性质可能各不相同，并且在不断地变化，所以不能用统一的状态参量来描述系统的状态。本章所讨论的气体状态，除特殊说明外，指的都是平衡态。

5.1.3 理想气体状态方程

当系统处于平衡态时，描写该状态的三个状态参量 p、V 和 T 之间存在一定的函数关系，平衡态下各状态参量之间的关系式叫作**系统的状态方程**。状态方程的具体形式是由实验确定的。

我们知道，任何一个物理定律都有一定的适用范围。实验表明，一定量的气体，在压强不太大（与大气压强相比）、温度不太低（与室温相比）的条件下，都遵守三大实验定律，即玻意耳（Boyle）定律、查理（Charles）定律、盖吕萨克（Gay-Lussac）定律。通常把在任何情况下都能严格遵守上述三大实验定律的气体称为**理想气体**。理想气体实际上是不存在的，它也是一种理想模型。一般气体在压强不太大、温度不太低时都可近似地当作理想气体来处理。因此，研究理想气体的状态方程仍有重要意义。

理想气体的状态方程可以从上述三大实验定律导出，当质量为 M，摩尔质量为 M_{mol} 的理想气体处于平衡态时，它的状态方程为

$$pV=\frac{M}{M_{mol}}RT \tag{5-1-2}$$

式中，R 是摩尔气体常量，在国际单位制中，$R=8.31\ \text{J}/(\text{mol}\cdot\text{K})$。$M$ 与 M_{mol} 的比值为物质的量，用 ν 表示，即 $\nu=M/M_{mol}$。所以理想气体的状态方程写为

$$pV=\nu RT \tag{5-1-3}$$

平衡态除可由一组状态参量来描述之外，还可以用状态图中的一个点来表示。如图 5-1-1 所示，在以 p 为纵坐标、V 为横坐标的 $p-V$ 图上，任意一点都对应着一个平衡态。一条连续曲线代表一个由平衡态组成的变化过程，曲线上的箭头表示过程进行的方向，不同曲线代表不同过程。

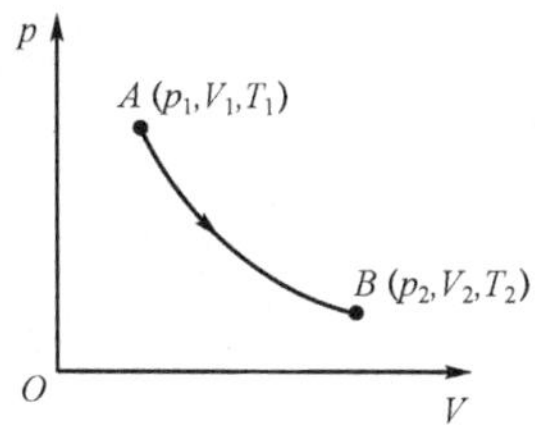

图 5-1-1　平衡态示意图

5.1.4 热力学第零定律

实验表明，在没有做功的情况下，若在两个物体相互接触的过程中，有能量从一个物体传递给另一个物体，则这两个物体之间存在温差。当两个物体之间停止了能量传递后，则称两个物体彼此处于**热平衡**，此时两个物体的温度相同。

如图 5-1-2（a）所示，将被绝热壁隔开的两个物体 A 和 B 放在绝热板上。用温度计 C 先与物体 A 接触，达到热平衡后，温度计 C 上有一个读数；再将温度计 C 与物体 B 相接触，达到热平衡后，温度计 C 上也有一个读数。若这两个读数相等，我们认为 A、B 两物体彼此间也

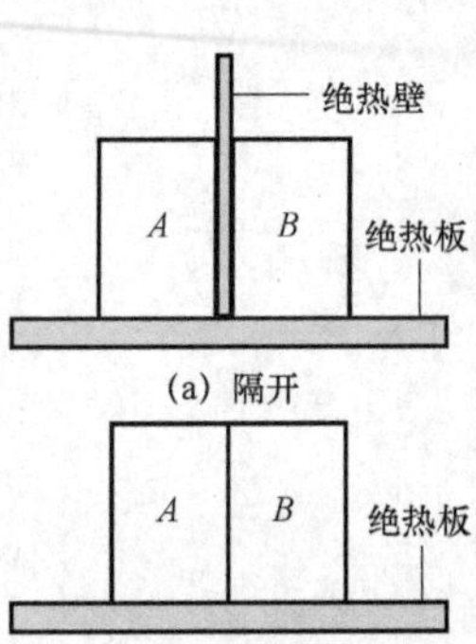

图 5-1-2 热力学第零定律

达到了热平衡，此时若使 A、B 两个物体按图 5-1-2（b）所示直接接触，它们之间也不会有能量传递。

实验结果表明：**如果两个系统分别与第三个系统的同一平衡态达到热平衡，则这两个系统彼此也处于热平衡。这个结论称为热力学第零定律**。热力学第零定律又称热平衡定律，它是建立温度概念的基本定律。

5.2 理想气体的压强

我们知道，容器中气体分子的数目是很多的，虽然每个分子的线度和质量都很小，但分子在容器中都占有一定的体积。此外，分子除与器壁碰撞时受力的作用以外，分子之间也存在着复杂的相互作用力。可以认为气体中每个分子都遵守经典力学定律，那么要完整地描述大量分子所组成系统的行为，就必须同时建立和求解这些分子所遵循的力学方程。由于方程的数量非常多，而且分子间相互作用力也非常复杂，同时建立和求解这么多的方程显然是不可能的。然而大量分子做热运动时具有一种有别于力学规律性的统计规律性，因此我们可以用统计的方法求出与大量分子运动有关的一些物理量的平均值，从而就能对与大量气体分子热运动相联系的宏观现象做出微观解释。下面应用统计方法推导理想气体压强的公式。

5.2.1 理想气体分子模型和统计假设

从分子运动和分子相互作用来看，理想气体的分子模型具有以下特点。

（1）分子本身的大小与分子间平均距离相比可以忽略不计，气体分子可视为质点。

（2）除碰撞瞬间外，分子之间以及分子与器壁之间均无相互作用。因此在两次碰撞之间，分子的运动可看作匀速直线运动。

（3）气体分子间的碰撞以及气体分子与器壁间的碰撞可看作完全弹性碰撞，即气体分子的动能不因碰撞而损失。

根据这三条假设，可以将理想气体看成由大量的、体积可以忽略不计的、彼此间无相互作用的弹性小球所组成。显然这是一个理想的模型，它只是真实气体在压强较小时的近似模型。

5.2.2 理想气体的压强公式

容器中大量的气体分子都在做无规则的热运动，因而它们将不断地与器壁碰撞，碰撞中将给器壁以冲力的作用。就单个分子来说，它何时与器壁碰撞，在何处碰撞，碰撞中给器壁多大的作用力等都是偶然的。所以从微观上看，器壁受到的应该是间断的、随机的冲力。但是从大量分子的整体来看，就表现出一个恒定的、持续的压力。这和雨点打在雨伞上的情形相似，稀疏的雨点打在雨伞上时，我们感到雨伞上各处的受力是间断的，而大量密集的雨点打在雨伞上时，我们感受到的是持续的压力。从分子运动的观点来看，气体对器壁的压强是大量分子与器壁碰撞过程中产生的持续作用力所引起的，因而压强是一个统计平均量。

如图 5-2-1 所示，假设在一个边长分别为 l_1、l_2 和 l_3 的容器中含有 N 个质量为 m 的同类气体分子。由于平衡态下器壁各处的压强相同，因此下面只计算图 5-2-1 中与 x 轴垂直的 A_1 面所受的压强。

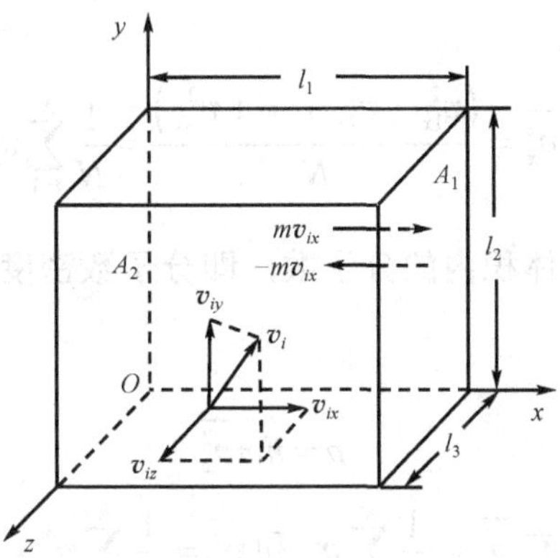

图 5-2-1 理想气体压强公式推导图

首先讨论一个分子与器壁的碰撞。在 N 个分子中任选一个分子 i，设其速度为 $\boldsymbol{v}_i$，$\boldsymbol{v}_i$ 在直角坐标系中的速度分量分别为 v_{ix}、v_{iy} 和 v_{iz}。当分子 i 与 A_1 面碰撞时，受到 A_1 面对它沿 x 轴负向的作用力。在这个力的作用下，分子 i 在 x 轴方向动量的增量为 $(-mv_{ix})-mv_{ix}=-2mv_{ix}$。根据动量定理，分子 i 动量的增量等于器壁给予分子 i 的力的冲量。根据牛顿第三定律，每发生一次弹性碰撞，分子 i 给予 A_1 面的冲量为 $2mv_{ix}$。

分子 i 在与 A_1 面碰撞后弹回，在向 A_2 面运动的过程中会与其他分子相碰，由于两个质量相同的分子发生完全弹性碰撞时交换速度，故可等价的看作分子 i 直接飞向 A_2 面。分子 i 与 A_2 面碰撞后又回到 A_1 面再做碰撞。分子 i 与 A_1 面发生两次碰撞的时间间隔为 $2l_1/v_{ix}$，那么单位

时间内分子 i 与 A_1 面的碰撞次数为 $v_{ix}/2l_1$。所以在单位时间内，分子 i 对 A_1 面的冲量为 $2mv_{ix}\dfrac{v_{ix}}{2l_1}$。根据冲量的定义，该冲量就是分子 i 对 A_1 面的平均冲力，平均冲力用 $\overline{F}_{ix}$ 表示，有

$$\overline{F}_{ix} = 2mv_{ix}\frac{v_{ix}}{2l_1}$$

所有分子对 A_1 面的平均作用力为上式对所有分子求和，即

$$\overline{F}_x = \sum_{i=1}^{N}\overline{F}_{ix} = \frac{m}{l_1}\sum_{i=1}^{N}v_{ix}^2$$

A_1 面所受的压强为

$$p = \frac{\overline{F}_x}{l_2 l_3} = \frac{m}{l_1 l_2 l_3}\sum_{i=1}^{N}v_{ix}^2 = \frac{mN}{l_1 l_2 l_3 N}\sum_{i=1}^{N}v_{ix}^2 \tag{5-2-1}$$

式中 $\dfrac{1}{N}\sum\limits_{i=1}^{N}v_{ix}^2$ 表示容器内 N 个分子沿 x 方向的速度分量平方的平均值，用 $\overline{v_x^2}$ 表示，即

$$\overline{v_x^2} = \frac{\left(v_{1x}^2 + v_{2x}^2 + \cdots + v_{Nx}^2\right)}{N} = \frac{1}{N}\sum_{i=1}^{N}v_{ix}^2$$

设 $n = \dfrac{N}{l_1 l_2 l_3}$ 为单位体积内的分子数，即**分子数密度**，则式（5-2-1）可写为

$$p = nm\overline{v_x^2} \tag{5-2-2}$$

对 y、z 方向有 $\overline{v_y^2} = \dfrac{1}{N}\sum\limits_{i=1}^{N}v_{iy}^2$ 和 $\overline{v_z^2} = \dfrac{1}{N}\sum\limits_{i=1}^{N}v_{iz}^2$。由于气体处于平衡态，故可认为分子沿各个方向运动的概率相等，因此对于大量分子来说，它们在 x、y、z 三个轴上的速度分量的平均值相等，即

$$\overline{v_x^2} = \overline{v_y^2} = \overline{v_z^2}$$

因为 $v^2 = v_x^2 + v_y^2 + v_z^2$，对所有分子的速率的二次方相加再除以 N，有

$$\overline{v^2} = \overline{v_x^2} + \overline{v_y^2} + \overline{v_z^2}$$

所以有

$$\overline{v_x^2} = \overline{v_y^2} = \overline{v_z^2} = \frac{1}{3}\overline{v^2} \tag{5-2-3}$$

将式（5-2-3）代入式（5-2-2）得

$$p=\frac{1}{3}nm\overline{v^2}=\frac{2}{3}n\left(\frac{1}{2}m\overline{v^2}\right) \tag{5-2-4}$$

令 $\bar{\varepsilon}_{kt}=\frac{1}{2}m\overline{v^2}$，$\bar{\varepsilon}_{kt}$ 称为**分子的平均平动动能**，则式（5-2-4）写为

$$p=\frac{2}{3}n\bar{\varepsilon}_{kt} \tag{5-2-5}$$

上式称为**理想气体的压强公式**，它表明气体作用于器壁的压强正比于单位体积内的分子数 n 和分子平均平动动能 $\bar{\varepsilon}_{kt}$。分子数密度越大，压强越大；分子的平均平动动能越大，压强也越大。

理想气体的压强公式把宏观量 p 与微观量的统计平均值 $\bar{\varepsilon}_{kt}$（或 $\overline{v^2}$）和 n 联系起来，表明气体压强具有统计意义。由于分子对器壁的碰撞是不连续的，器壁所受压力的数值是起伏不定的，只有在气体分子数足够大时，器壁所受到的压力才有确定的统计平均值。因此，讨论个别或少量分子产生的压强是无意义的，压强是一个统计量。

5.3　温度的微观本质

温度是热学中特有的一个物理量，它在宏观上表征了物质的冷热程度。下面根据理想气体的压强公式和状态方程，导出气体的温度与分子的平均平动动能之间的关系，从而说明温度这一宏观量的微观本质。

设理想气体的分子数为 N，根据理想气体状态方程 $pV=\nu RT$，有

$$p=\frac{\nu RT}{V}=\frac{N}{V}\cdot\frac{R}{N_A}T=n\frac{R}{N_A}T$$

式中，$N_A=6.022\times10^{23}\ \text{mol}^{-1}$ 为阿伏伽德罗常量。令 $k=\frac{R}{N_A}=1.38\times10^{-23}\ \text{J/K}$，$k$ 称为**玻尔兹曼常量**，于是理想气体状态方程改写为

$$p=nkT \tag{5-3-1}$$

将式（5-3-1）与式（5-2-5）比较，可得

$$\bar{\varepsilon}_{kt}=\frac{3}{2}kT \tag{5-3-2}$$

上式是理想气体分子的平均平动动能与温度的关系式。式（5-3-2）表明，**理想气体处于平衡态时，分子的平均平动动能与气体的温度成正比**。气体的温度越高，分子的平均平动动能越大，分子热运动越剧烈。所以，温度是表征大量分子热运动剧烈程度的宏观物理量，温度也是一个统计量，对于个别分子或少量分子，说它们有多少温度是没有意义的。

如果两种气体分别处于各自的平衡态，且这两种气体的温度相同，由式（5-3-2）可知，这两种气体分子的平均平动动能相等。换句话说，如果两种气体分别处于各自的平衡态，其分子的平均平动动能相等，则这两种气体的温度也必然相等。这时，若将这两种气体相接触，两种气体间将没有宏观的能量传递，它们各自处于热平衡状态。因此，我们也可以说温度是表征气体处于热平衡状态的物理量。这与前面讨论的热力学第零定律是一致的。

例 5-3-1 在体积为 1 m^3 的容器内储有一定量的氧气，氧气的压强为 1.33 Pa，温度为 27 ℃，求：（1）氧气的分子数密度是多少？（2）容器内氧气分子的平动动能总和是多少？

解 （1）在平衡态下，根据理想气体状态方程 $p = nkT$，得氧气的分子数密度为

$$n = \frac{p}{kT} = \frac{1.33}{1.38\times10^{-23}\times(27+273)} \approx 3.21\times10^{20}\ (\mathrm{m^{-3}})$$

（2）氧气分子的平均平动动能为

$$\overline{\varepsilon}_{\mathrm{kt}} = \frac{3}{2}kT = \frac{3}{2}\times1.38\times10^{-23}\times(27+273) = 6.21\times10^{-21}\ (\mathrm{J})$$

所以在 1 m^3 的容器内，所有氧气分子的平动动能总和为

$$\overline{E}_{\mathrm{kt}} = n\overline{\varepsilon}_{\mathrm{kt}} = 3.21\times10^{20}\times6.21\times10^{-21} \approx 1.99\ (\mathrm{J})$$

5.4 能量均分定理、理想气体的内能

在 5.3 节讨论平衡态下气体分子的平均平动动能和温度的关系时，将分子视为质点，只考虑了分子的平动。实际上，各种分子都有一定的内部结构，除单原子分子可看作质点外，一般由两个以上原子组成的分子，不仅有平动，还可能有转动和分子内原子间的振动。为了研究分子各种运动形式的能量的统计规律，需要引入力学中有关自由度的概念。

5.4.1 自由度

确定一个物体的空间位置所需要的独立坐标数，称为物体的自由度，自由度的符号用 i 表示。显然，自由度与物体的机械运动形式有关，机械运动的基本形式包括平动、转动和振动，因此自由度也分为平动自由度（用 t 表示）、转动自由度（用 r 表示）和振动自由度（用 s 表示）。

按分子的结构，气体分子分为单原子分子（如 He、Ne 等）、双原

子分子（如 H_2、O_2 等）和多原子分子（由 3 个或 3 个以上原子组成的分子，如 H_2O、NH_3 等），当分子内原子之间的距离保持不变（不振动）时，这种分子称为刚性分子，以下只讨论刚性分子的自由度。

单原子分子由于原子很小，可视为质点来处理。如图 5-4-1（a）所示，确定一个质点的空间位置需要 3 个独立坐标，因此单原子分子有 3 个平动自由度，即单原子分子的自由度 $i=t=3$。

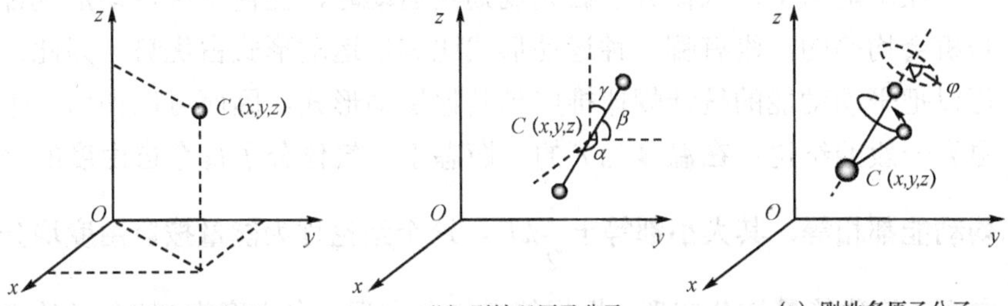

(a) 单原子分子 (b) 刚性双原子分子 (c) 刚性多原子分子

图 5-4-1 刚体分子的自由度

对于刚性双原子分子，如图 5-4-1（b）所示，除需要用 3 个坐标来确定其质心的位置外，还需要确定两个原子的连线在空间的方位。一条直线在空间的方位可用其与 x、y、z 三个坐标轴的夹角 α、β 和 γ 来确定，因为 $\cos^2\alpha+\cos^2\beta+\cos^2\gamma=1$，所以 α、β 和 γ 中只有 2 个是独立的。所以，刚性双原子分子共有 5 个自由度，包括 3 个平动自由度和 2 个转动自由度，即 $i=t+r=5$。

对于刚性多原子分子，如图 5-4-1（c）所示，除具有双原子分子的 5 个自由度外，还需要 1 个转动自由度来确定分子绕轴自转的角度 φ。所以，刚性多原子分子（除了 CO_2 等直线型分子外）共有 6 个自由度，包括 3 个平动自由度和 3 个转动自由度，即 $i=t+r=6$。

5.4.2 能量均分定理

5.3 节已经讨论过，在平衡态下，理想气体分子的平均平动动能与温度的关系为

$$\bar{\varepsilon}_{\mathrm{kt}}=\frac{1}{2}m\overline{v^2}=\frac{3}{2}kT$$

而大量分子做无规则热运动时，这些分子沿各个方向运动的机会均等，即

$$\overline{v_x^2}=\overline{v_y^2}=\overline{v_z^2}=\frac{1}{3}\overline{v^2}$$

因而有

$$\frac{1}{2}m\overline{v_x^2}=\frac{1}{2}m\overline{v_y^2}=\frac{1}{2}m\overline{v_z^2}=\frac{1}{3}\left(\frac{1}{2}m\overline{v^2}\right)=\frac{1}{3}\left(\frac{3}{2}kT\right)=\frac{1}{2}kT \quad (5\text{-}4\text{-}1)$$

上式中前 3 个平方项的平均值各与一个平动自由度相对应，这表明对于 3 个平动自由度而言，分子每一个平动自由度具有相同的平均动能，且大小均等于$\frac{1}{2}kT$。

在平衡态下，气体分子做无规则热运动时，任何一种运动形式都是机会均等的，没有哪一种运动形式比其他运动形式占优势。因此，可以把平动动能的统计规律推广到其他运动形式，因而可以得出一个更为一般的结论：**在温度为T的平衡态下，气体分子每个自由度的平均动能都相等，其大小都等于**$\frac{1}{2}kT$，这个结论称为**能量按自由度均分定理**，简称**能量均分定理**。根据能量均分定理，自由度为i的分子的平均动能为

$$\overline{\varepsilon}_{\mathrm{k}}=\frac{i}{2}kT \quad (5\text{-}4\text{-}2)$$

能量均分定理是关于分子热运动动能的统计规律，是对大量分子统计平均所得的结果。对于气体中个别分子来说，动能是随时间变化的，并不等于$\frac{i}{2}kT$，各种形式的动能也不按自由度均分。但对于大量分子整体来说，由于分子的无规则热运动及频繁的碰撞，能量在各分子之间以及各自由度之间会发生相互交换和转移。这样，在平衡态时，就形成了能量按自由度平均分配的统计规律。

5.4.3 理想气体的内能

气体分子除具有热运动的动能外，分子与分子之间还存在着一定的相互作用力，因而也具有一定的势能。将气体分子热运动的动能与分子间相互作用势能的总和称为气体的**内能**。

对于理想气体，由于不考虑分子间的相互作用力，因而分子间无相互作用的势能，所以理想气体的内能仅为所有分子热运动动能的总和。

由式（5-4-2）可知，分子的平均动能为$\frac{i}{2}kT$，则 1 mol 理想气体的内能为

$$E=N_{\mathrm{A}}\left(\frac{i}{2}kT\right)=\frac{i}{2}RT \quad (5\text{-}4\text{-}3)$$

质量为M，摩尔质量为M_{mol}的理想气体内能为

$$E=\frac{M}{M_{mol}}\frac{i}{2}RT=\frac{i}{2}\nu RT \tag{5-4-4}$$

从上式可以看出，一定量理想气体的内能只取决于分子的自由度和气体的温度，而与气体的体积和压强无关。对于给定的理想气体，具有确定的自由度，所以理想气体的内能只是温度的单值函数，即$E=E(T)$。当气体的温度改变ΔT时，相应的内能改变量为

$$\Delta E=\frac{i}{2}\nu R\Delta T \tag{5-4-5}$$

上式表明，**一定量的某种理想气体在状态变化过程中，内能的改变量只取决于初态和终态的温度，而与具体过程无关。**

表 5-4-1 给出了气体分子的自由度、平均动能和 1 mol 理想气体内能的理论值。

表 5-4-1　气体分子的自由度、平均动能和 1 mol 理想气体内能的理论值

	单原子分子	刚性双原子分子	刚性多原子分子
平动自由度t	3	3	3
转动自由度r	0	2	3
总自由度$i=t+r$	3	5	6
分子平均动能	$3kT/2$	$5kT/2$	$3kT$
1 mol 理想气体内能	$3RT/2$	$5RT/2$	$3RT$

例 5-4-1　计算温度为 300 K 时，1 mol 氧气分子的平动动能、转动动能和内能各是多少？

解　氧气分子是双原子分子，其平动自由度为$t=3$，转动自由度为$r=2$，总自由度为$i=t+r=5$，则 1 mol 氧气分子的平动动能为

$$E_{kt}=N_A\frac{t}{2}kT=\frac{t}{2}RT=\frac{3}{2}\times 8.31\times 300=3\,739.4\ \text{(J)}$$

1 mol 氧气分子的转动动能为

$$E_{kr}=N_A\frac{r}{2}kT=\frac{r}{2}RT=\frac{2}{2}\times 8.31\times 300=2\,493\ \text{(J)}$$

1 mol 氧气分子的内能为

$$E_k=E_{kt}+E_{kr}=3\,739.4+2\,493=6\,232.4\ \text{(J)}$$

5.5 麦克斯韦速率分布定律

气体处于平衡态时，各个分子的速度大小和方向各不相同，并且通过碰撞不断发生变化，因而气体分子的速度是不能预知的。但从整体上来说，气体分子的速度是有规律的。1859 年，麦克斯韦用概率论证明了在平衡态下，理想气体分子速度的分布是有规律的，这个规律叫**麦克斯韦速度分布定律**。如果不考虑分子速度的方向，只考虑分子按速度大小的分布，则相应的规律叫**麦克斯韦速率分布定律**。

5.5.1 气体分子的速率分布、分布函数

按照经典力学的概念，气体分子的速率 v 可以连续地取 0 到无限大的任何数值。因此，研究分子按速率分布时可采用按速率区间分组的办法。例如，表 5-5-1 为 273 K 时氧气分子速率的分布情况，即分布在各个速率区间 Δv 内的分子数 ΔN 各占总分子数 N 的百分比 $\Delta N/N$。从表 5-5-1 中可以看出，低速或者高速运动的分子数目较少，如速率在 100 m/s 以下的分子数只占总分子数的 1.4%，800 m/s 以上的分子数只占总分子数的 2.9%。分子速率在 300～400 m/s 之间的分子数目最多，占总分子数的 21.4%。在大量分子的热运动中，对于处在任何温度下的任何一种气体，其分子按速率分布的情况大体如此，这就是气体分子按速率分布的规律。

表 5-5-1 273 K 时氧气分子速率的分布情况

速率间隔 Δv /（m/s）	分子数的百分比（$\Delta N/N$）/%
100 以下	1.4
100～200	8.1
200～300	16.5
300～400	21.4
400～500	20.6
500～600	15.1
600～700	9.2
700～800	4.8
800 以上	2.9

若以速率 v 为横坐标，以 $\frac{\Delta N}{N\Delta v}$ 为纵坐标，则表 5-5-1 中的速率分布可以用图 5-5-1（a）表示。$\frac{\Delta N}{N\Delta v}$ 表示单位速率区间内的分子数占总分子数的百分比。

当 $\Delta v \to 0$ 时，图 5-5-1（a）中所有长方形顶端的折线就变成了一条光滑的曲线，如图 5-5-1（b）所示。此时 $\frac{\Delta N}{N\Delta v}$ 的极限值就变成 v 的一个连续函数了，并用 $f(v)$ 表示，$f(v)$ 称为**速率分布函数**，即

$$f(v)=\lim_{\Delta v\to 0}\frac{\Delta N}{N\Delta v}=\frac{\mathrm{d}N}{N\mathrm{d}v}$$

$f(v)-v$ 曲线称为**速率分布曲线**。由上式可知，图 5-5-1（b）中速率分布曲线下面的小矩形面积为

$$\frac{\mathrm{d}N}{N}=f(v)\mathrm{d}v \tag{5-5-1}$$

该面积表示速率在 v 附近 $\mathrm{d}v$ 区间内的分子数 $\mathrm{d}N$ 占总分子数 N 的百分比。这个比值也表示分子速率在 v～$v+\mathrm{d}v$ 区间内的概率。于是速率分布函数的物理意义又可以表述为：气体分子的速率在 v 附近单位速率区间的概率。速率分布函数 $f(v)$ 也称为**概率密度**。

速率分布曲线下的总面积等于分子速率分布在从 0 到无穷大整个速率区间的百分比的总和，显然这个和为 100%，即等于 1，即

$$\int_0^{\infty} f(v)\mathrm{d}v=1 \tag{5-5-2}$$

这是速率分布曲线所必须满足的条件，称为速率分布函数的**归一化条件**。

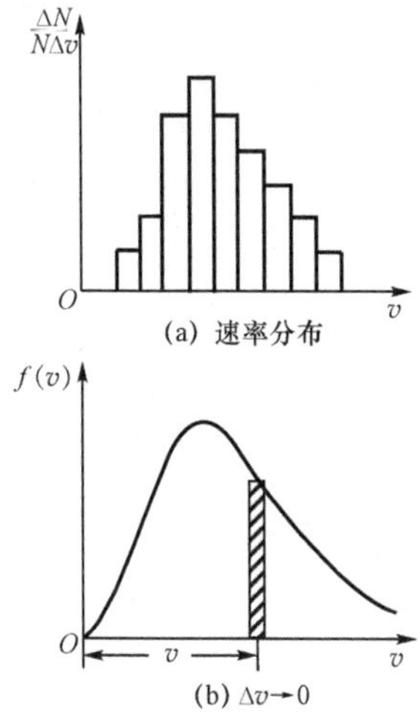

图 5-5-1　速率分布曲线

5.5.2　麦克斯韦速率分布定律

1859 年麦克斯韦首先从理论上导出了气体分子的速率分布规律，在平衡态下，理想气体分子的速率分布函数表达式为

$$f(v)=4\pi\left(\frac{m}{2\pi kT}\right)^{\frac{3}{2}}\mathrm{e}^{-\frac{mv^2}{2kT}}v^2 \tag{5-5-3}$$

上式称为**麦克斯韦速率分布函数**。式中 T 为气体的温度，m 为分子的质量，k 为玻尔兹曼常量。根据麦克斯韦速率分布函数画出的 $f(v)-v$ 曲线称为**麦克斯韦速率分布曲线**，这条曲线与实验给出的速率分布曲线图 5-5-1（b）相符合。

由式（5-5-1）可以得到分子速率在 v~$v+\mathrm{d}v$ 区间内的概率为

$$\frac{\mathrm{d}N}{N}=4\pi\left(\frac{m}{2\pi kT}\right)^{\frac{3}{2}}\mathrm{e}^{-\frac{mv^2}{2kT}}v^2\mathrm{d}v \tag{5-5-4}$$

上式称为**麦克斯韦速率分布定律**。

任一速率间隔从 v_1 到 v_2 之间的分子数占总分子数的百分比可用积分的方法求出，即

$$\frac{\Delta N}{N}=\int_{v_1}^{v_2}f(v)\mathrm{d}v$$

5.5.3 三种统计速率

下面利用麦克斯韦速率分布函数，讨论三种具有代表性的分子速率的统计值。

1. 最概然速率 v_p

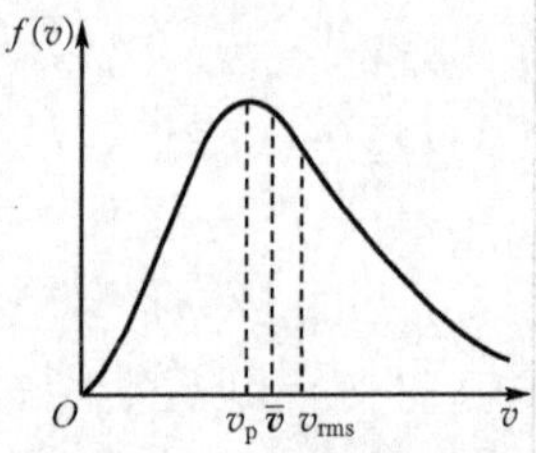

图 5-5-2 同一种气体分子的三种统计速率

从 $f(v)$ 与 v 的关系曲线中可以看到，$f(v)$ 有一极大值，与 $f(v)$ 的极大值相对应的速率叫作气体分子的**最概然速率**，常用 v_p 表示，如图 5-5-2 所示。v_p 的物理意义是：在一定温度下，若把气体分子的速率分成许多相等的速率区间，则分布在 v_p 所在区间内的分子数占总分子数的百分比最大。也就是说，对所有相同的速率区间而言，气体分子分布在 v_p 附近的概率最大。由极值条件可得

$$\frac{\mathrm{d}f(v)}{\mathrm{d}v}=0$$

将麦克斯韦速率分布函数式（5-5-3）代入上式，可得平衡态下，满足麦克斯韦速率分布定律的气体分子的最概然速率为

$$v_\mathrm{p}=\sqrt{\frac{2kT}{m}}=\sqrt{\frac{2RT}{M_\mathrm{mol}}}\approx 1.41\sqrt{\frac{RT}{M_\mathrm{mol}}} \tag{5-5-5}$$

2. 平均速率 $\overline{v}$

所有分子速率的算术平均值称为气体分子的**平均速率**，用 $\overline{v}$ 表示，根据求平均值的定义有

$$\overline{v}=\frac{\sum v_i\Delta N_i}{N}$$

对于连续分布，上式可写为

$$\overline{v}=\frac{\int_0^\infty v\mathrm{d}N}{N}=\int_0^\infty vf(v)\mathrm{d}v$$

将麦克斯韦速率分布函数式（5-5-3）代入上式，可得理想气体速率从 0 到∞整个区间内的平均速率为

$$\overline{v}=\sqrt{\frac{8kT}{\pi m}}=\sqrt{\frac{8RT}{\pi M_{\mathrm{mol}}}}\approx 1.60\sqrt{\frac{RT}{M_{\mathrm{mol}}}} \tag{5-5-6}$$

注意：式（5-5-6）讨论的是平均速率，而非平均速度。平衡态时，大量分子做无规则热运动，分子在各个方向上运动的概率相等，故平均速度应为零。

3. 方均根速率 v_{rms}

利用速率分布函数可求出 v^2 的平均值，由平均速率的定义有

$$\overline{v^2}=\frac{\int_0^\infty v^2\mathrm{d}N}{N}=\int_0^\infty v^2 f(v)\mathrm{d}v$$

将麦克斯韦速率分布函数式（5-5-3）代入上式，可得

$$\overline{v^2}=\frac{3kT}{m}$$

$\overline{v^2}$ 的平方根称为**方均根速率**，常用 v_{rms} 表示，其表达式为

$$v_{\mathrm{rms}}=\sqrt{\overline{v^2}}=\sqrt{\frac{3kT}{m}}=\sqrt{\frac{3RT}{M_{\mathrm{mol}}}}\approx 1.73\sqrt{\frac{RT}{M_{\mathrm{mol}}}} \tag{5-5-7}$$

上式也可根据气体分子平均平动动能与温度的关系式（5-3-2）求得。

以上三种速率都与 $\sqrt{T}$ 成正比，与 $\sqrt{m}$ 成反比。对于同一种气体分子，三种速率的数值关系为 $v_{\mathrm{p}}<\overline{v}<v_{\mathrm{rms}}$，如图 5-5-2 所示。三种速率有不同的应用，例如，讨论速率分布时要用 v_{p}，计算分子的平均平动动能时要用 v_{rms}，后面讨论分子的碰撞时要用 $\overline{v}$。

分子的这三种速率都具有统计平均的意义，反映的都是大量分子做热运动的统计规律。对于给定的气体，分子的摩尔质量 M_{mol} 相同，气体分子的速率只依赖于气体的温度。如图 5-5-3 所示，当温度升高时，气体分子热运动加剧，速率大的分子数目相对增多，速率分布曲线中的最概然速率 v_{p} 向速率大的方向移动，根据归一化条件可知，曲线下的总面积恒等于 1，所以随着温度的升高，分布曲线变得越来越平坦。

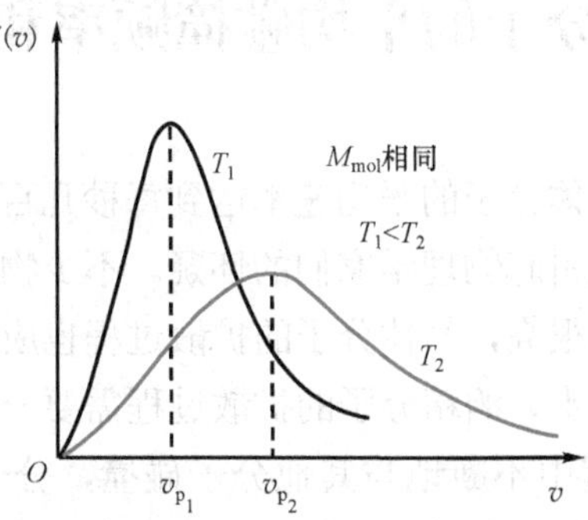

图 5-5-3　不同温度下的速率分布

在相同温度下，对不同种类的气体，分子摩尔质量大的，速率分布曲线中的最概然速率 v_p 向速率小的方向移动。因为曲线下的总面积不变，所以分布曲线宽度变窄，高度增大，如图 5-5-4 所示。

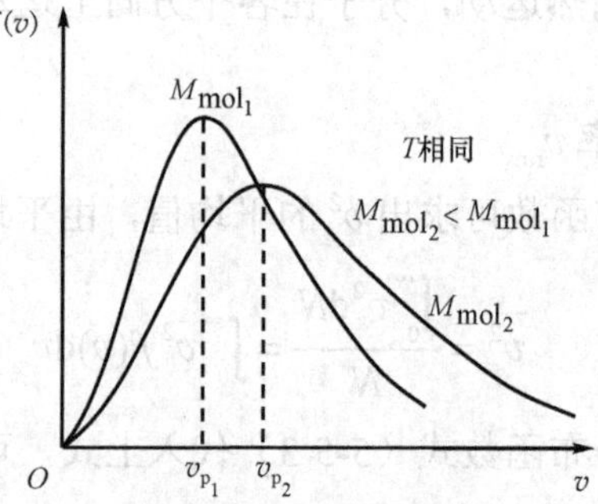

图 5-5-4 不同质量分子的速率分布

例 5-5-1 计算在 27 ℃时氧气分子的最概然速率、平均速率和方均根速率。

解 已知氧气分子的摩尔质量为 $M_{mol} = 3.2\times10^{-2}$ kg/mol，温度 $T = 300$ K。根据三种速率的定义可知，氧气分子的最概然速率为

$$v_p = \sqrt{\frac{2RT}{M_{mol}}} = \sqrt{\frac{2\times8.31\times300}{3.2\times10^{-2}}} \approx 394.7\ (\text{m/s})$$

氧气分子的平均速率为

$$\overline{v} = \sqrt{\frac{8RT}{\pi M_{mol}}} = \sqrt{\frac{8\times8.31\times300}{3.14\times3.2\times10^{-2}}} \approx 445.5\ (\text{m/s})$$

氧气分子的方均根速率为

$$v_{rms} = \sqrt{\frac{3RT}{M_{mol}}} = \sqrt{\frac{3\times8.31\times300}{3.2\times10^{-2}}} \approx 483.4\ (\text{m/s})$$

5.6 气体分子的平均碰撞频率和平均自由程

在常温下，气体分子的平均速率达到每秒几百米，这个在 19 世纪末揭示的结果曾经引起物理学家们的怀疑。不少物理学家认为，气体分子的平均速率既然很高，气体分子的扩散过程也应很快。但实际情况并非如此，例如，香水、酒精分子的扩散过程需要一定的时间。这表明气体分子在运动过程中不断地与其他分子碰撞，分子沿着迂回的折线前进。因此气体分子的平均速率虽然很大，但在单位时间内，它的位移并不是很大。分子间频繁的碰撞是大量气体分子热运动的一个重要特点，

气体分子的扩散、热传导和黏滞性等许多性质都与分子间的碰撞密切相关。

5.6.1 分子的平均碰撞频率

一个分子单位时间内和其他分子碰撞的平均次数，称为分子的平均碰撞频率，常用 $\overline{Z}$ 表示。下面讨论分子的平均碰撞频率。

为了使问题简化，假定每个分子都可以看成直径为 d 的弹性小球，分子间的碰撞为完全弹性碰撞。大量分子中，只有被考查的一个分子 A 以平均速率 $\overline{v}$ 运动，其他分子都看成静止不动的。显然，在分子 A 的运动过程中，它的球心轨迹是一条折线，如图 5-6-1 所示。

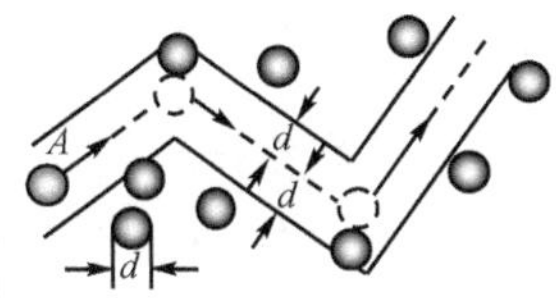

图 5-6-1　分子碰撞示意图

设想以分子 A 球心的运动轨迹为轴，以 d 为半径作一圆柱体，如图 5-6-1 所示。显然，凡是球心到圆柱体轴线的距离小于或等于 d 的分子，都将和分子 A 相碰。分子 A 在时间 t 内走过的路程为 $\overline{v}t$，相应的圆柱体的体积为 $\pi d^2\overline{v}t$。设分子数密度为 n，则上述圆柱体内的分子数为 $\pi d^2\overline{v}tn$。由于凡是球心落在圆柱体内的分子都将与分子 A 发生碰撞，所以分子 A 在时间 t 内与其他分子碰撞的次数在数值上等于落入圆柱体内的分子数，即等于 $n\pi d^2\overline{v}t$，所以单位时间内分子 A 与其他分子碰撞的次数，即分子的平均碰撞频率为

$$\overline{Z}=\frac{\pi d^2\overline{v}tn}{t}=\pi d^2\overline{v}n \tag{5-6-1}$$

上式是假定在大量分子中，只有被考查的那个分子以平均速率 $\overline{v}$ 运动，而其他分子都静止不动的情况下得到的。实际上，一切分子都在不停地运动着，而且每个分子的运动速率并不相同，因此式（5-6-1）中的平均速率 $\overline{v}$ 应修改为平均相对速率 $\overline{u}$。根据麦克斯韦速率分布定律，可以证明，气体分子的平均相对速率 $\overline{u}$ 与平均速率 $\overline{v}$ 之间的关系为

$$\overline{u}=\sqrt{2}\overline{v}$$

所以

$$\overline{Z}=\sqrt{2}\pi d^2\overline{v}n \tag{5-6-2}$$

上式表明，分子的平均碰撞频率 $\overline{Z}$ 与分子数密度 n、分子的平均速率 $\overline{v}$ 以及分子直径的平方成正比。

5.6.2 平均自由程 $\overline{\lambda}$

分子在连续两次碰撞之间自由运动的平均路程，称为分子的平均自由程，常用 $\overline{\lambda}$ 表示。显然，分子的平均自由程 $\overline{\lambda}$ 与 $\overline{Z}$ 和 $\overline{v}$ 的关系为

$$\overline{\lambda}=\frac{\overline{v}}{\overline{Z}}=\frac{1}{\sqrt{2}\pi d^2 n} \tag{5-6-3}$$

上式表明，分子的平均自由程与分子直径的平方和分子数密度成反比。当气体处于温度为T的平衡态时，有

$$\bar{\lambda}=\frac{kT}{\sqrt{2}\pi d^2 p} \tag{5-6-4}$$

上式表明，当温度恒定时，平均自由程$\bar{\lambda}$与气体的压强p成反比，压强越小，平均自由程越大。

在标准状态下，$\bar{v}$的数量级为10^2 m/s，$\bar{\lambda}$的数量级为10^{-7} m，则平均碰撞频率$\bar{Z}$的数量级为10^9/s，即在 1 s 内一个分子与其他分子平均要碰撞几十亿次。由此可以看出，分子的热运动具有极大的无规则性，频繁的碰撞正是大量分子呈现统计规律的基础。

5.7 本章小结

1. 平衡态、理想气体状态方程、热力学第零定律

平衡态：一个不受外界影响的系统，不论其初始状态如何，系统宏观性质经足够长的时间后不再发生变化。

理想气体状态方程：$pV=\frac{M}{M_{\text{mol}}}RT$ 或 $p=nkT$

热力学第零定律：如果两个系统分别与第三个系统的同一平衡态达到热平衡，则这两个系统彼此也处于热平衡。

2. 理想气体的压强

理想气体压强公式：$p=\frac{1}{3}nm\overline{v^2}=\frac{2}{3}n\bar{\varepsilon}_{\text{kt}}$

3. 温度的微观本质

$$\bar{\varepsilon}_{\text{kt}}=\frac{3}{2}kT$$

上式表明，理想气体处于平衡态时，分子的平均平动动能与气体的温度成正比。

4. 能量均分定理、理想气体的内能

自由度（见表 5-7-1）：确定一个物体的空间位置所需要的独立坐标数。

表 5-7-1 气体分子的自由度

	单原子分子	刚性双原子分子	刚性多原子分子
平动自由度t	3	3	3
转动自由度r	0	2	3
总自由度$i=t+r$	3	5	6

能量按自由度均分定理：在温度为T的平衡态下，气体分子每个自由度的平均动能都相等，其大小都等于$\frac{1}{2}kT$。

自由度为i的分子的平均动能：$\overline{\varepsilon}_{\mathrm{k}}=\frac{i}{2}kT$

1 mol 理想气体的内能：$E=\frac{i}{2}RT$

ν mol 理想气体的内能：$E=\frac{i}{2}\nu RT$

5. 麦克斯韦速率分布定律

麦克斯韦速率分布函数：$f(v)=4\pi\left(\frac{m}{2\pi kT}\right)^{\frac{3}{2}}\mathrm{e}^{-\frac{mv^2}{2kT}}v^2$

最概然速率：$v_{\mathrm{p}}=\sqrt{\frac{2kT}{m}}=\sqrt{\frac{2RT}{M_{\mathrm{mol}}}}\approx 1.41\sqrt{\frac{RT}{M_{\mathrm{mol}}}}$

平均速率：$\overline{v}=\sqrt{\frac{8kT}{\pi m}}=\sqrt{\frac{8RT}{\pi M_{\mathrm{mol}}}}\approx 1.60\sqrt{\frac{RT}{M_{\mathrm{mol}}}}$

方均根速率：$v_{\mathrm{rms}}=\sqrt{\overline{v^2}}=\sqrt{\frac{3kT}{m}}=\sqrt{\frac{3RT}{M_{\mathrm{mol}}}}\approx 1.73\sqrt{\frac{RT}{M_{\mathrm{mol}}}}$

6. 气体分子的平均碰撞频率和平均自由程

分子的平均碰撞频率：$\overline{Z}=\sqrt{2}\pi d^2\overline{v}n$

平均自由程：$\overline{\lambda}=\frac{kT}{\sqrt{2}\pi d^2 p}$

5.8　习　题

扫码查看习题答案

1. 一个恒温容器内储有 1 mol 氢气和 1 mol 氦气，若两种气体各自对器壁产生的压强分别为p_1和p_2，则两者的大小关系是（　　）。

（A）$p_1>p_2$　　（B）$p_1<p_2$

（C）$p_1=p_2$　　（D）无法确定

2. 一密闭容器中储有三种理想气体 A、B、C，三种气体的分子数密度分别为n、$3n$、$5n$，若处于平衡态时 A 气体产生的压强为p，则混合气体的压强为（　　）。

（A）$6p$　　（B）$7p$

（C）$8p$　　（D）$9p$

3. 关于温度的意义有下列几种说法，其中正确的是（　　）。

① 气体的温度是分子平均平动动能的量度

② 气体的温度是大量气体分子热运动的集体表现，具有统计意义

③ 温度的高低反映物质内部分子运动剧烈程度的不同

④ 从微观上看，气体的温度表示每个气体分子的冷热程度

（A）①②④　　（B）①②③

（C）②③④　　（D）①③④

4. 处于平衡状态的一瓶氦气和一瓶氮气的分子数密度相同，分子的平均平动动能也相同，则它们（　　）。

（A）温度、压强均不相同

（B）温度相同，但氦气压强大于氮气的压强

（C）温度、压强都相同

（D）温度相同，但氦气压强小于氮气的压强

5. 温度、压强相同的氦气和氢气，它们分子的平均动能 $\bar{\varepsilon}_k$ 和平均平动动能 $\bar{\varepsilon}_{kt}$ 有如下关系（　　）。

（A）$\bar{\varepsilon}_k$ 和 $\bar{\varepsilon}_{kt}$ 都相等　　（B）$\bar{\varepsilon}_k$ 相等，而 $\bar{\varepsilon}_{kt}$ 不相等

（C）$\bar{\varepsilon}_{kt}$ 相等，而 $\bar{\varepsilon}_k$ 不相等　　（D）$\bar{\varepsilon}_k$ 和 $\bar{\varepsilon}_{kt}$ 都不相等

6. 一容器内装有 N_1 个刚性单原子理想气体分子和 N_2 个刚性双原子理想气体分子，当该系统处于温度为 T 的平衡态时，其内能为（　　）。

（A）$(N_1+N_2)\left(\frac{3}{2}kT+\frac{5}{2}kT\right)$　　（B）$N_1\left(\frac{3}{2}kT+\frac{5}{2}kT\right)$

（C）$\frac{3}{2}N_1kT+\frac{5}{2}N_2kT$　　（D）$N_2\left(\frac{3}{2}kT+\frac{5}{2}kT\right)$

7. 速率分布函数 $f(v)$ 的物理意义为（　　）。

（A）具有速率 v 的分子占总分子数的百分比

（B）速率分布在 v 附近的单位速率间隔中的分子数占总分子数的百分比

（C）具有速率 v 的分子数

（D）速率分布在 v 附近的单位速率间隔中的分子数

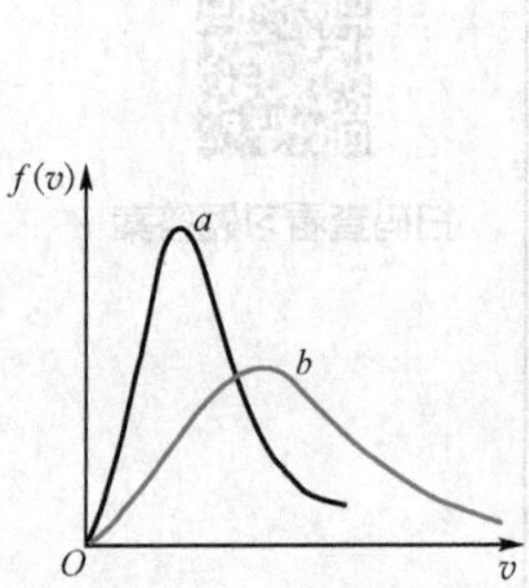

图 5-8-1　习题 8 图

8. 图 5-8-1 所示的两条曲线分别表示相同温度下的氧气和氢气分子的速率分布曲线。如果 v_{p,O_2} 和 v_{p,H_2} 分别表示氧气和氢气的最概然速率，则（　　）。

（A）a 表示氧气分子的速率分布曲线，且 $\frac{v_{p,O_2}}{v_{p,H_2}}=4$

（B）a 表示氧气分子的速率分布曲线，且 $\frac{v_{p,O_2}}{v_{p,H_2}}=\frac{1}{4}$

（C）b 表示氧气分子的速率分布曲线，且 $\frac{v_{p,O_2}}{v_{p,H_2}}=4$

（D）b 表示氧气分子的速率分布曲线，且 $\frac{v_{p,O_2}}{v_{p,H_2}}=\frac{1}{4}$

9. 一定量的理想气体，在温度不变的条件下，当压强降低时，分子的平均碰撞频率 $\bar{Z}$ 和平均自由程 $\bar{\lambda}$ 的变化情况是（　　）。

（A）$\bar{Z}$ 和 $\bar{\lambda}$ 都增大　　（B）$\bar{Z}$ 和 $\bar{\lambda}$ 都减小

（C）$\bar{Z}$ 增大而 $\bar{\lambda}$ 减小　　（D）$\bar{Z}$ 减小而 $\bar{\lambda}$ 增大

10. 与外界既无能量交换又无物质交换的系统称为__________；与外界只有能量交换而无物质交换的系统称为__________；与外界既有能量交换又有物质交换的系统称为__________。（填“孤立系统”“封闭系统”“开放系统”）

11. 在温度为 127 ℃时，2 mol 氧气（氧气分子可视为刚性分子）的内能为__________J，平动动能为__________J，转动动能为__________J。

12. 有一个电子管，其真空度（即电子管内气体压强）为 1.0×10^{-3} Pa，则 27 ℃时管内单位体积的分子数为__________。

13. 容积为 0.2 m^3 的容器内储有 10 g 某种理想气体，设气体的压强为 0.5×10^5 Pa，则气体分子的最概然速率为__________m/s，平均速率为__________m/s，方均根速率为__________m/s。

14. 容器内储有氮气，其温度为 300 K，压强为 1.013×10^5 Pa。把氮气看作刚性理想气体。求：（1）氮气的分子数密度；（2）氮气的质量密度；（3）氮气分子的质量；（4）氮气分子的平均平动动能；（5）氮气分子的平均转动动能；（6）氮气分子的平均动能。

15. 容器内储有 1 mol 氧气，其温度为 27 ℃。如果把它视为刚性双原子分子的理想气体，求：（1）氧气分子的平均动能；（2）所有氧气分子平均动能的总和及内能。

16. 1 mol 氢气，在温度为 27 ℃时的平动动能、转动动能和内能各是多少？

17. 容积为 1 m^3 的容器内混有 $N_1=1.0\times10^{25}$ 个氢气分子和 $N_2=4.0\times10^{25}$ 个氧气分子，混合气体的温度为 400 K。求：（1）气体分子的平动动能总和；（2）混合气体的压强。

18. 容器内有 10 kg 氦气和 2 kg 氢气（两种气体均视为刚性分子的理想气体），已知混合气体的内能是 8.0×10^6 J。求：（1）混合气体的温度；（2）两种气体分子各自的平均动能。

19. 已知氧气和氢气的温度、压强均相等。求：（1）氧气和氢气分子数密度之比；（2）氧分子和氢分子的平均速率之比。

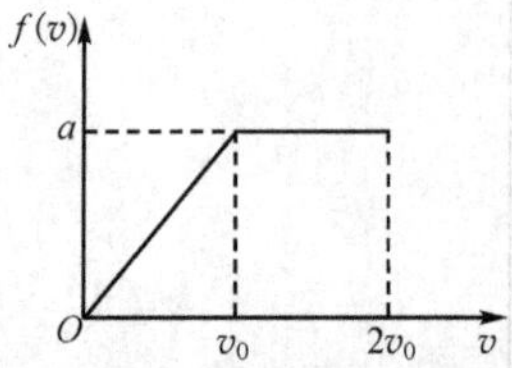

图 5-8-2　习题 20 图

20. 设有 N 个分子的系统，其速率分布如图 5-8-2 所示。求：（1）a 与 v_0 之间的关系；（2）速率分布函数 $f(v)$ 的表达式；（3）速度在 $1.5v_0$～$2.0v_0$ 之间的分子数；（4）分子的平均速率；（5）$0.5v_0$～v_0 范围内分子的平均速率。

21. 试说明下列各量的物理意义（n 为分子数密度，N 为系统总分子数）。

（1）$f(v)\mathrm{d}v$；（2）$nf(v)\mathrm{d}v$；（3）$Nf(v)\mathrm{d}v$；

（4）$\int_0^v f(v)\mathrm{d}v$；（5）$\int_0^\infty f(v)\mathrm{d}v$；（6）$\int_{v_1}^{v_2} Nf(v)\mathrm{d}v$。

22. 一真空管的真空度约为 1.38×10^{-3} Pa，试求在 27 ℃时单位体积中的分子数及分子的平均自由程（设分子的有效直径 $d=3\times10^{-10}$ m）。

第 6 章　热力学基础

第 5 章从气体分子热运动的观点出发，运用统计方法研究了大量气体分子热运动的规律，并对理想气体的热学性质给予了微观说明。本章以大量的实验结论为依据，从能量转化和守恒的观点出发，来研究热现象的宏观基本规律及其应用。热力学的研究方法与气体动理论的研究方法互为补充，相辅相成。

本章主要介绍的内容有：内能、功和热量等基本概念，准静态过程，热力学第一定律及其在理想气体各等值过程中的应用，循环过程，热力学第二定律，熵和熵增加原理。

6.1　内能、功、热量、准静态过程

6.1.1　内能、功、热量

通过第 5 章的学习可知，理想气体内能的表达式为

$$E=\frac{i}{2}\nu RT$$

对给定的理想气体，其内能仅是温度的单值函数，即 $E=E(T)$。一般来讲，对于一个封闭系统来说，做功和传递热量都可以改变系统的内能。例如，要使一壶水升高一定的温度，可以将其放在炉火上通过传递热量的方式来实现，也可以通过搅拌或摩擦做功的方式来实现，这说明传递热量和做功这两种方式是等效的。

尽管做功和传递热量都是能量交换的方式，并且对系统内能的改变具有等效性，但两者在本质上是不同的。用机械方式对系统做功使其内能改变，是通过物体的宏观位移来实现的，是把有规则的宏观机械运动能量转化为系统内分子无规则热运动能量的过程；而传递热量则是由于各系统之间存在温度差而引起各系统之间分子热运动能量的传递过程，这种过程称为**热传递过程**。对某系统传递热量，就是把高温物体中分子热运动能量传递给该系统，并转化为系统的分子热运动能量，从而使系统的内能增加。热量只是系统之间因温度不同而交换

的能量的度量，热量通常用Q表示。

总体来说，内能是系统状态的单值函数，是一个状态量。系统的状态一定时，其内能也是一定的，**系统内能的变化只与系统起始和终了的状态有关，与系统所经历的过程无关**。功与热量则不属于任何系统，而是在系统状态变化过程中出现的物理量，其值与过程有关，是过程量。国际单位制中，内能、功和热量的单位均为焦耳，符号为 J。

6.1.2 准静态过程

当一个系统的状态随时间变化时，我们就说系统在经历一个**热力学过程**，简称**过程**。在过程进行中的任意时刻，系统的状态均为非平衡态，但为了能利用系统处于平衡态时的性质来研究过程的规律，需引入**准静态过程**（也叫**平衡过程**）的概念。

准静态过程是指，**在过程中的任意时刻，系统都无限地接近平衡态**，因而任何时刻系统的状态都可以当作平衡态处理。若过程中间状态有非平衡态（系统无确定的压强、体积、温度值）的出现，则这样的过程为**非静态过程**（或**非平衡过程**）。

准静态过程是一种理想过程。实际过程进行得越缓慢，经过一段确定时间系统状态的变化就越小，各时刻系统的状态就越接近平衡态。当实际过程进行得无限缓慢时，各时刻系统的状态也就无限地接近平衡态，而过程也就成了准静态过程。一个系统由最初的非平衡态过渡到平衡态所经历的时间叫作**弛豫时间**。如果系统的外界条件（如压强、容积、温度等）发生一个微小变化所经历的时间比系统的弛豫时间长得多，那么在外界条件的变化过程中，系统有充分的时间达到平衡态，这样的过程可视为准静态过程。例如，内燃机气缸内气体经历一次压缩的时间约为 10^{-2} s，而该气体的弛豫时间只有 10^{-3} s，实际的压缩过程时间是弛豫时间的 10 倍，所以内燃机气缸中气体状态的变化过程可视为准静态过程。

前面曾指出，当系统处于平衡态时，可用 $p-V$ 图上的一个点来表示系统的一个状态。所以，当系统经历一个准静态过程时，可以在 $p-V$ 图上用一条相应的曲线来表示系统的准静态过程，这条曲线称为**过程曲线**。表示这条曲线的方程叫作**过程方程**。例如，图 6-1-1 中的曲线表示系统由初态Ⅰ到末态Ⅱ的准静态过程，其中箭头方向为过程进行的方向。

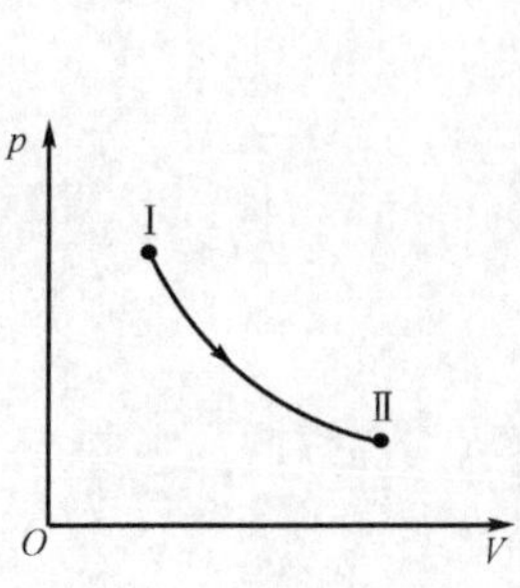

图 6-1-1 准静态过程

准静态过程是实际过程的近似，实际过程中并不存在准静态过程。但是准静态过程在热力学理论研究和对实际过程应用的指导上均有重要意义。本章中如不特别说明，所讨论的过程均视为准静态过程。

6.1.3 准静态过程中功和热量的计算

1. 准静态过程中功的计算

系统在准静态过程中由于体积变化所做的功称为**体积功**。下面以气缸内气体体积变化所做的功为例进行讨论。

如图 6-1-2 所示，在一个有活塞的气缸内储有一定量的气体，气缸内气体的压强为 p，活塞的面积为 S，当气体经历一个准静态过程使活塞无摩擦地移动一段微小位移 dl 时，气体对外界做的功为

$$dW = Fdl = pSdl = pdV \tag{6-1-1}$$

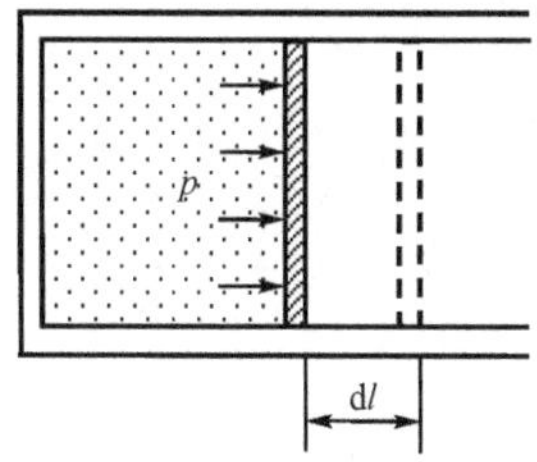

图 6-1-2　气体膨胀时做功的计算

式中 $dV = Sdl$ 是气体体积 V 的增量。式（6-1-1）虽然是通过气缸内气体体积变化做功的特例导出的，但可以证明它是准静态过程中气体做功的一般计算公式。功的大小可以直接利用系统的状态参量来计算。

由式（6-1-1）可以看出，当气体膨胀时，$dV>0$，$dW>0$，气体对外界做正功；当气体被压缩时，$dV<0$，$dW<0$，气体对外界做负功，或者说外界对气体做正功。总之，在同一个准静态过程中，气体对外界做的功与外界对气体做的功，总是大小相等，符号相反。若气体保持体积不变，则 $dV=0$，$dW=0$，即外界或气体均不做功。

当气体经历了一个有限的准静态过程，体积由 V_1 变为 V_2 时，气体对外界做的总功为

$$W = \int dW = \int_{V_1}^{V_2} pdV \tag{6-1-2}$$

如果知道过程中气体的压强随体积变化的具体关系式，将它代入上式就可以求出功来。

在一个准静态过程中，气体所做的功可以在 $p-V$ 图上直观地表示出来。由积分的意义可知，图 6-1-3 中小长条阴影的面积为 pdV，表示Ⅰ—a—Ⅱ过程中系统体积膨胀 dV 时所做的元功。曲线Ⅰ—a—Ⅱ下的总面积等于系统经历Ⅰ—a—Ⅱ过程对外所做的总功。

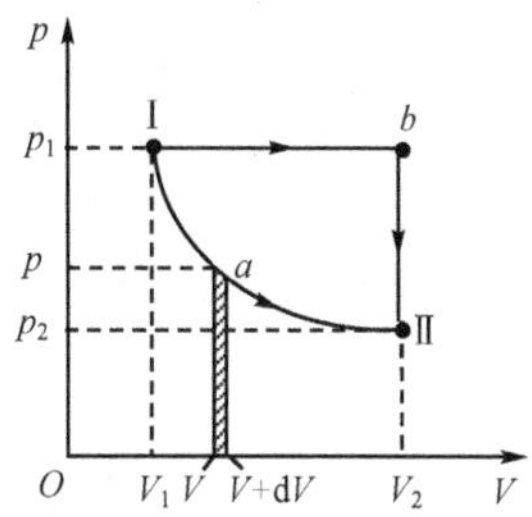

图 6-1-3　功的示意图

从图 6-1-3 中还可以看出，只给定初、末状态并不能唯一地确定功的数值。例如，系统初、末状态仍为Ⅰ、Ⅱ，但经历Ⅰ—b—Ⅱ过程，那么此过程系统所做的功就等于曲线Ⅰ—b—Ⅱ下的面积。显然Ⅰ—b—Ⅱ过程系统做的功大于Ⅰ—a—Ⅱ过程做的功。这表明，系统由一个状态变化到另一个状态时，系统对外所做功的大小与系统经历的过程有关。即功不是状态量，而是过程量。

2. 准静态过程中热量的计算

准静态过程中热量的计算主要有两种方法。第一种方法是摩尔热容法，将 1 mol 理想气体温度升高（或降低）1 K 所吸收（或放出）的

热量定义为该气体的**摩尔热容**，即

$$C_{\mathrm{m}} = \frac{\mathrm{d}Q}{\mathrm{d}T}$$

对 ν（mol）理想气体，有

$$\mathrm{d}Q = \nu C_{\mathrm{m}} \mathrm{d}T$$

由于热量是过程量，同种物质的摩尔热容也就随过程的不同而不同。常用的摩尔热容有摩尔定容热容和摩尔定压热容，分别由等体和等压过程下物质吸收（或放出）的热量决定。

准静态过程中计算热量的另一种方法是，通过热力学第一定律计算过程中的热量，此部分内容将在下面讨论。

6.2 热力学第一定律

一般情况下，在系统状态变化的过程中，做功与热传递往往同时存在。假设在系统的内能从 E_1 状态变化到 E_2 状态的某一过程中，外界对系统传递的热量为 Q，同时系统对外界做功为 W，根据能量转换和守恒定律，有

$$Q = (E_2 - E_1) + W = \Delta E + W \tag{6-2-1}$$

上式就是热力学第一定律的数学表达式，它表明**外界对系统所传递的热量，一部分转化为系统的内能，另一部分转化为系统对外所做的功**。显然，热力学第一定律就是包括热现象在内的能量转换与守恒定律，适用于任何系统的任何过程。

在式（6-2-1）中，规定系统从外界吸收热量时，Q 为正值，系统向外界放出热量时，Q 为负值；系统对外界做功时，W 为正值，外界对系统做功时，W 为负值；系统内能增加时，ΔE 为正值，系统内能减少时，ΔE 为负值。

对于无限小的状态变化过程，热力学第一定律的数学表达式为

$$\mathrm{d}Q = \mathrm{d}E + \mathrm{d}W \tag{6-2-2}$$

式（6-2-1）和式（6-2-2）对准静态过程普遍成立；对非静态过程，则仅当初态和末态为平衡态时才适用。根据热力学第一定律可知，既然功是过程量，那么热量也是过程量。

如果系统是通过体积变化来做功，则式（6-2-1）表示为

$$Q = \Delta E + \int_{V_1}^{V_2} p \mathrm{d}V \tag{6-2-3}$$

上式中 $\Delta E=\frac{i}{2}\nu R\Delta T$。

对于无限小的状态变化过程，式（6-2-2）可分别表示为

$$dQ=dE+pdV \tag{6-2-4}$$

上式中 $dE=\frac{i}{2}\nu RdT$。

在热力学第一定律建立以前，历史上曾有不少人试图制造一种能不断地对外做功，而不消耗系统的内能，又不需要外界向它传递任何能量的机器，这样的机器称为**第一类永动机**。它显然违反了热力学第一定律，所有的尝试最终都以失败而告终。因此，热力学第一定律又可表述为：**第一类永动机是不可能制成的**。

6.3　理想气体的等值过程

作为热力学第一定律的应用，本节利用热力学第一定律讨论理想气体在等体过程、等压过程和等温过程中，功、热量和内能的改变量以及它们之间的转换关系。

6.3.1　理想气体的等体过程

在等体过程中，理想气体的体积保持不变，即 V 是常量，$dV=0$。如图 6-3-1 所示，等体过程在 $p-V$ 图上为一条平行于 p 轴的直线段，叫**等体线**。根据理想气体状态方程可知，理想气体等体过程方程为 $pT^{-1}=$常量。

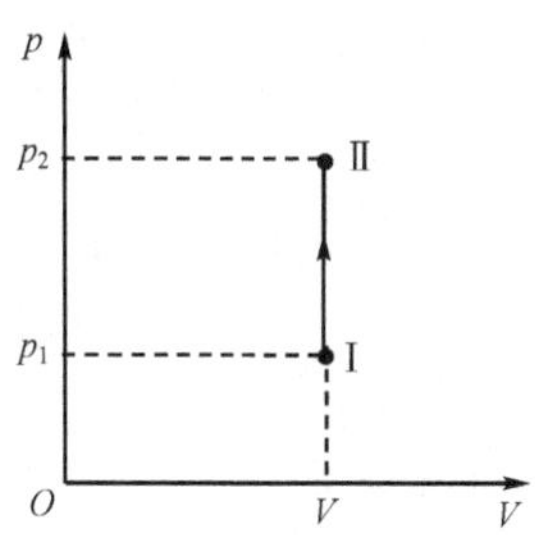

图 6-3-1　等体过程

由于等体过程 $dV=0$，所以气体不对外做功，即 $dW_V=pdV=0$。由式（6-2-4）可知，热力学第一定律在等体过程中的表达式为

$$dQ_V=dE=\frac{i}{2}\nu RdT \tag{6-3-1}$$

上式表明，在等体过程中，理想气体吸收的热量全部用来增加气体的内能。

气体吸收的热量可以通过热容量法计算。定义 1 mol 理想气体在等体过程中温度升高（或降低）1 K 所吸收（或放出）的热量为**摩尔定容热容**，即

$$C_{V,m}=\frac{dQ_V}{\nu dT}=\frac{i}{2}R \tag{6-3-2}$$

摩尔定容热容的单位名称为焦耳每摩尔开尔文，符号为 J/(mol・K)，式

（6-3-2）说明，理想气体的摩尔定容热容只与分子的自由度有关。将式（6-3-2）代入式（6-3-1）中得

$$dQ_V = dE = \nu C_{V,m} dT \tag{6-3-3}$$

若气体经历了一个有限的等体过程，温度从 T_1 变为 T_2，气体吸收的热量和内能的增量为

$$Q_V = \Delta E = \nu C_{V,m} \Delta T = \nu C_{V,m} \left(T_2 - T_1\right) \tag{6-3-4}$$

注意：因为理想气体的内能只是温度的单值函数，不管经历什么样的过程，只要系统的温度由 T_1 变为 T_2，系统内能的增量都是 $\Delta E = \nu C_{V,m}\left(T_2 - T_1\right)$。

6.3.2 理想气体的等压过程

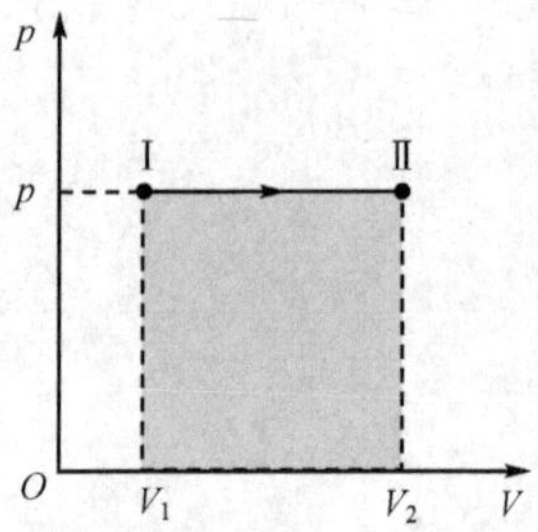

图 6-3-2 等压过程

在等压过程中，理想气体的压强保持不变，即 p 是常量，$dp = 0$。如图 6-3-2 所示，等压过程在 $p-V$ 图上为一条平行于 V 轴的直线段，叫**等压线**。根据理想气体状态方程可知，理想气体等压过程方程为 $VT^{-1} =$ 常量。

在等压过程中，若气体吸收的热量为 dQ_p，气体对外所做的功为 pdV，则热力学第一定律可写为

$$dQ_p = dE + pdV \tag{6-3-5}$$

上式表明，在等压过程中，理想气体吸收的热量一部分用来增加气体的内能，另一部分用来对外做功。

对理想气体状态方程 $pV = \nu RT$ 两边取微分，可得 $pdV = \nu RdT$，将其代入式（6-3-5）有

$$dQ_p = \nu C_{V,m} dT + \nu R dT = \nu\left(C_{V,m} + R\right) dT \tag{6-3-6}$$

定义 1 mol 理想气体在等压过程中温度升高（或降低）1 K 所吸收（或放出）的热量为**摩尔定压热容**，即

$$C_{p,m} = \frac{dQ_p}{\nu dT} \tag{6-3-7}$$

摩尔定压热容的单位名称为焦耳每摩尔开尔文，符号为 J/(mol · K)。根据式（6-3-7）摩尔定压热容的定义有

$$dQ_p = \nu C_{p,m} dT \tag{6-3-8}$$

对比式（6-3-6）和式（6-3-8）可得

$$C_{p,m} = C_{V,m} + R = \frac{i+2}{2} R \tag{6-3-9}$$

若理想气体经历了一个有限的等压过程，从状态Ⅰ(p,V_1,T_1)变到状态Ⅱ(p,V_2,T_2)，气体对外所做的功为

$$W_{\mathrm{p}}=\int_{V_1}^{V_2}p\mathrm{d}V=p(V_2-V_1) \tag{6-3-10}$$

气体吸收的热量为

$$Q_p=\nu C_{p,\mathrm{m}}(T_2-T_1) \tag{6-3-11}$$

气体内能的增量仍为

$$\Delta E=\nu C_{V,\mathrm{m}}(T_2-T_1)$$

式（6-3-9）叫作**迈耶公式**，表示 1 mol 理想气体的摩尔定压热容与摩尔定容热容之差为摩尔气体常量 R。也就是说，在等压过程中，1 mol 理想气体温度升高 1 K 时，要比等体过程多吸收 8.31 J 的热量用来对外做的功。

实际应用中，常用到 $C_{p,\mathrm{m}}$ 与 $C_{V,\mathrm{m}}$ 的比值，称为系统的**比热容比**，以γ表示，即

$$\gamma=\frac{C_{p,\mathrm{m}}}{C_{V,\mathrm{m}}}=\frac{i+2}{i} \tag{6-3-12}$$

式（6-3-12）说明，理想气体的比热容比只与分子的自由度有关，而与气体状态无关。表 6-3-1 给出了不同理想气体分子自由度、摩尔定容热容和摩尔定压热容的理论值。

表 6-3-1　理想气体分子自由度、摩尔定容热容和摩尔定压热容的理论值

[$C_{p,\mathrm{m}}$、$C_{V,\mathrm{m}}$ 的单位均为 J/（mol · K）]

气体	自由度 i	$C_{V,\mathrm{m}}$	$C_{p,\mathrm{m}}$	$C_{p,\mathrm{m}}-C_{V,\mathrm{m}}$	γ
单原子分子	3	$3R/2$=12.47	$5R/2$=20.78	8.31	1.67
双原子分子	5	$5R/2$=20.78	$7R/2$=29.09	8.31	1.40
多原子分子	6	$3R$=24.93	$4R$=33.24	8.31	1.33

表 6-3-2 给出了几种气体分子摩尔定容热容和摩尔定压热容的实验值。从表 6-3-2 中可以看出：各种气体的 $C_{p,\mathrm{m}}-C_{V,\mathrm{m}}$ 值都接近 R 值；室温下单原子分子气体及双原子分子气体的 $C_{V,\mathrm{m}}$、$C_{p,\mathrm{m}}$、γ 的实验数据与理论值较为相近。但是对于某些多原子分子气体 $C_{p,\mathrm{m}}-C_{V,\mathrm{m}}$ 的实验值与理论值有较大的差异，这表明经典热容理论具有一定的局限性。

表 6-3-2　几种气体分子摩尔定容热容和摩尔定压热容的实验值

［在 1 标准大气压，25 ℃时，$C_{p,\mathrm{m}}$、$C_{V,\mathrm{m}}$ 的单位均为 J/（mol・K）］

原子数	气体	$C_{V,\mathrm{m}}$	$C_{p,\mathrm{m}}$	$C_{p,\mathrm{m}}-C_{V,\mathrm{m}}$	γ
单原子	He	12.52	20.79	8.27	1.66
	Ar	12.45	20.79	8.34	1.67
双原子	H_2	20.44	28.82	8.38	1.41
	N_2	20.80	29.12	8.32	1.40
	CO	20.74	29.04	8.30	1.40
	O_2	20.98	29.37	8.39	1.40
多原子	CO_2	28.17	36.62	8.45	1.30
	N_2O	28.39	36.90	8.51	1.31
	H_2S	27.36	36.12	8.76	1.32
	水蒸气	27.82	36.21	8.39	1.30

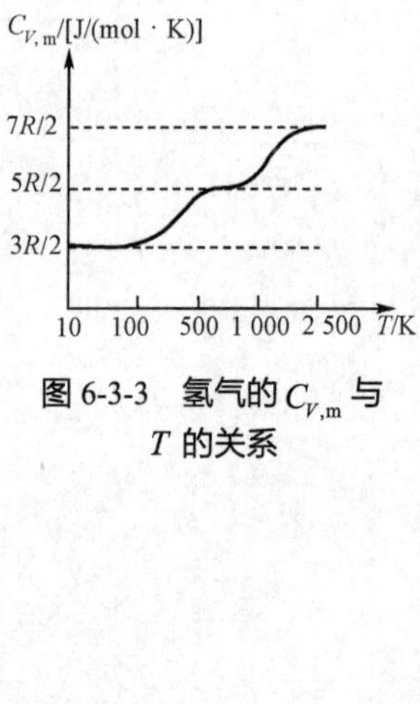

图 6-3-3　氢气的 $C_{V,\mathrm{m}}$ 与 T 的关系

不仅如此，通过实验发现 $C_{V,\mathrm{m}}$ 还与温度有关。表 6-3-3 为 1 个标准大气压下氢气的摩尔定容热容的实验值，利用实验数据可作如图 6-3-3 所示的 $C_{V,\mathrm{m}}$ 与 T 的关系曲线。当氢气的温度低于 100 K 时，$C_{V,\mathrm{m}}$ 近似为 $3R/2$，近似只有分子的平均平动动能对 $C_{V,\mathrm{m}}$ 有贡献；当温度介于 250～1 000 K 之间时，$C_{V,\mathrm{m}}$ 最高约为 $5R/2$，此时除了分子的平均平动动能，转动动能也对 $C_{V,\mathrm{m}}$ 有贡献；当温度高达 2 500 K 以上时，$C_{V,\mathrm{m}}$ 逐渐达到 $7R/2$，这时分子的平动、转动和振动能量都对 $C_{V,\mathrm{m}}$ 有贡献。

表 6-3-3　1 个标准大气压下氢气的摩尔定容热容的实验值

［$C_{V,\mathrm{m}}$ 的单位为 J/（mol・K）］

温度 T/K	40	90	197	273	775	1 273	1 773	2 273	2 773
$C_{V,\mathrm{m}}$	12.46	13.59	18.31	20.27	21.04	22.95	25.04	26.71	27.96

这种摩尔定容热容随温度变化的关系是经典理论无法解释的。后来人们认识到，其根本原因在于，上述经典热容的理论是建立在能量均分定理之上的，而这个定理是以粒子能量可以连续变化这一经典概念为基础的。实际上，原子、分子等微观粒子的运动遵从量子力学规律，经典概念只在一定的限度内适用，只有量子理论才能处理好这个问题。

例 6-3-1 2 mol 单原子理想气体分别经历等体过程和等压过程使温度由 300 K 升高到 400 K。求这两个过程中气体各吸收了多少热量，增加了多少内能以及对外做了多少功。

解 等体过程中气体不对外做功，有 $W_V = 0$。根据热力学第一定律，等体过程中气体从外界吸收的热量和内能的增量为

$$Q_V = \Delta E = \nu C_{V,\mathrm{m}}(T_2 - T_1) = 2\times\frac{3}{2}\times 8.31\times(400-300) = 2\,493 \text{（J）}$$

等压过程气体从外界吸收的热量为

$$Q_p = \nu C_{p,\mathrm{m}}(T_2 - T_1) = 2\times\frac{5}{2}\times 8.31\times(400-300) = 4\,155 \text{（J）}$$

等压过程气体对外做功为

$$W_p = p(V_2 - V_1) = \nu R(T_2 - T_1) = 2\times 8.31\times(400-300) = 1\,662 \text{（J）}$$

根据热力学第一定律，等压过程气体内能的增量为

$$\Delta E = Q_p - W_p = 4\,155 - 1\,662 = 2\,493 \text{（J）}$$

等体过程与等压过程气体内能的增量相同，说明内能的变化与过程无关。

6.3.3 理想气体的等温过程

在等温过程中，理想气体的温度保持不变，即 T 是常量，$\mathrm{d}T = 0$。如图 6-3-4 所示，理想气体等温过程在 $p-V$ 图上为一条双曲线，叫**等温线**。等温线把 $p-V$ 图分为两个区域，等温线以上的区域，气体的温度大于 T；等温线以下的区域，气体的温度小于 T。根据理想气体状态方程可知，理想气体**等温过程方程**为 $pV =$ 常量。

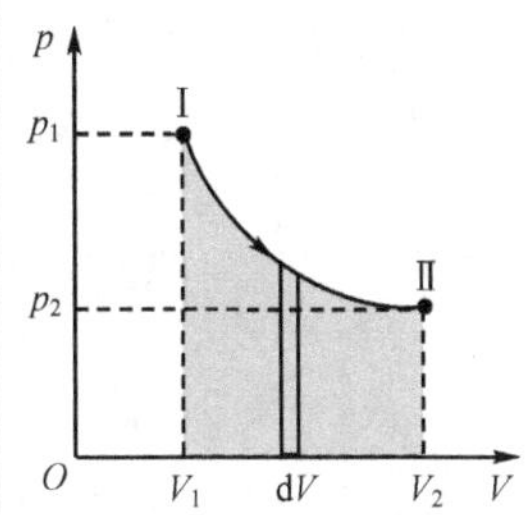

图 6-3-4 等温过程

因为理想气体在等温过程中 $\mathrm{d}T = 0$，所以 $\mathrm{d}E = 0$，这表明气体在等温过程中内能保持不变。热力学第一定律在等温过程中的表达式为

$$\mathrm{d}Q_T = \mathrm{d}W_T = p\mathrm{d}V$$

由理想气体状态方程得 $p = \nu RT/V$，代入上式可得

$$\mathrm{d}Q_T = \mathrm{d}W_T = \nu RT\frac{\mathrm{d}V}{V} \tag{6-3-13}$$

若理想气体经历了一个有限的等温过程，从状态 I (p, V_1, T_1) 变到状态 II (p, V_2, T_2)，气体对外所做的功为

$$Q_T = W_T = \int_{V_1}^{V_2}\nu RT\frac{\mathrm{d}V}{V} = \nu RT\ln\frac{V_2}{V_1} = \nu RT\ln\frac{p_1}{p_2} \tag{6-3-14}$$

上式表明，在等温过程中理想气体所吸收的热量全部用来对外界做功，气体的内能保持不变。

6.4 绝热过程

在系统的状态发生变化的过程中，如果系统与外界之间没有热量传递，这种过程叫作**绝热过程**。绝热过程是热力学中一个十分重要的过程。绝对的绝热过程是没有的，在有些过程中虽然系统与外界之间有热量传递，但所传递的热量很小以致可忽略不计，或过程进行得很快，系统来不及和外界交换热量，如内燃机气缸内气体的膨胀和压缩过程等，这些过程都可以近似地看作准静态绝热过程。

6.4.1 绝热过程方程

由于在绝热过程中 $dQ=0$，所以热力学第一定律在绝热过程中的表达式为

$$0=dE+dW_a \tag{6-4-1}$$

系统对外界做的功为 $dW_a=-dE$。由此可见，绝热过程中系统对外做功是以系统内能减少为代价的。

式（6-4-1）可以写为

$$pdV=-\nu C_{V,m}dT \tag{6-4-2}$$

对理想气体状态方程 $pV=\nu RT$ 两边取微分，有

$$pdV+Vdp=\nu RdT \tag{6-4-3}$$

将式（6-4-2）和式（6-4-3）消去 dT 可得

$$\left(C_{V,m}+R\right)pdV+C_{V,m}Vdp=0$$

将 $C_{p,m}=C_{V,m}+R$ 和 $\gamma=C_{p,m}/C_{V,m}$ 代入上式，得

$$\frac{dp}{p}+\gamma\frac{dV}{V}=0$$

将上式两边积分，得

$$\ln p+\gamma\ln V=常量$$

所以有

$$pV^{\gamma}=常量 \tag{6-4-4}$$

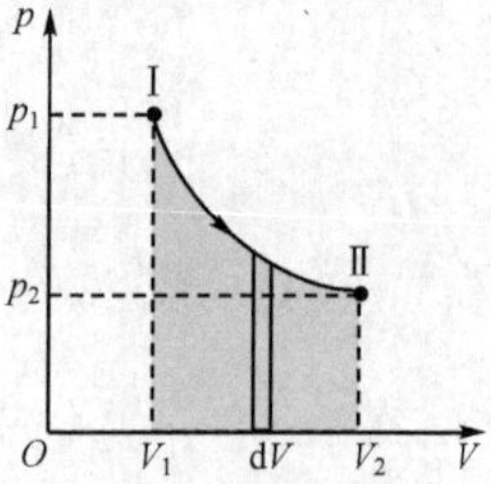

图 6-4-1 绝热过程

上式就是理想气体的**绝热过程方程**，简称**绝热方程**。在 $p-V$ 图中，绝热过程方程对应的曲线称为**绝热线**，如图 6-4-1 所示。

将理想气体状态方程 $pV=\nu RT$ 代入式（6-4-4）中，分别消去 p 或 V 可得

$$TV^{\gamma-1}=\text{常量} \tag{6-4-5}$$

$$p^{\gamma-1}T^{-\gamma}=\text{常量} \tag{6-4-6}$$

式（6-3-4）、式（6-3-5）和式（6-3-6）均称为绝热过程方程。三个方程中的恒量各不相同，使用时可根据实际情况任取一个公式来应用。

理想气体在绝热过程中所做的功也可以利用状态参量 p 、V 来表示，由式(6-4-2)可知，若系统从状态 (p_1,V_1) 经绝热过程变化到 (p_2,V_2)，气体所做的功为

$$W_{\mathrm{a}}=-\nu C_{V,\mathrm{m}}\int_{T_1}^{T_2}\mathrm{d}T=-\nu C_{V,\mathrm{m}}\left(T_2-T_1\right)$$

由 $\gamma=\left(C_{V,\mathrm{m}}+R\right)/C_{V,\mathrm{m}}$ ，得 $C_{V,\mathrm{m}}=R/(\gamma-1)$，代入上式可得

$$W_{\mathrm{a}}=\frac{\nu R\left(T_1-T_2\right)}{\gamma-1}=\frac{p_1V_1-p_2V_2}{\gamma-1} \tag{6-4-7}$$

6.4.2　绝热线与等温线

为了比较绝热线和等温线，可根据等温过程方程 $pV=\text{常量}$ 和绝热过程方程 $pV^{\gamma}=\text{常量}$，在 $p-V$ 图中分别做出这两个过程的过程曲线，如图 6-4-2 中所示。图中的实线为绝热线，虚线为等温线。两条线在图 6-4-2 中的点 A 相交，显然绝热线比等温线要陡些。下面通过计算两条曲线在点 A 的斜率证明这一点。

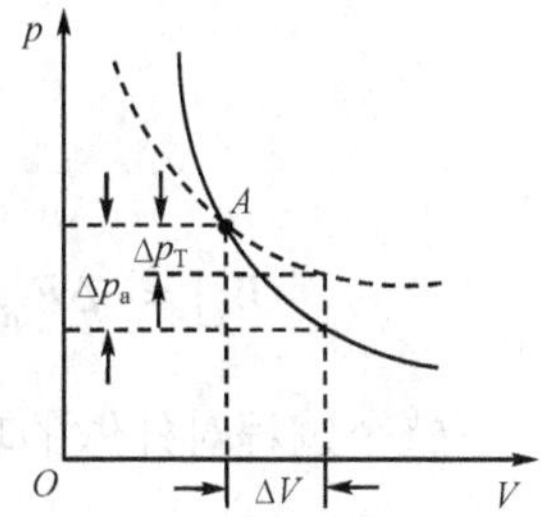

图 6-4-2　绝热线比等温线陡

分别对等温过程方程 $pV=\text{常量}$ 和绝热过程方程 $pV^{\gamma}=\text{常量}$ 两边取微分，整理后得等温线和绝热线在点 A 的斜率分别为

$$\left(\frac{\mathrm{d}p}{\mathrm{d}V}\right)_{\mathrm{T}}=-\frac{p_A}{V_A}$$

$$\left(\frac{\mathrm{d}p}{\mathrm{d}V}\right)_{\mathrm{a}}=-\gamma\frac{p_A}{V_A}$$

由于 $\gamma>1$，所以绝热线斜率的绝对值大于等温线斜率的绝对值，因此绝热线比等温线要陡些。

从气体分子动理论的观点来看绝热线比等温线陡是很容易解释的。若理想气体从点 A 的状态分别经等温过程和绝热过程膨胀相同的体积 ΔV ，则等温过程中压强减小 Δp_{T} 仅由分子数密度减小而引起；而绝热过程中压强减小 Δp_{a} 是由分子数密度减小和温度降低这两个原因所致，根据 $p=nkT$ 可知，$\Delta p_{\mathrm{a}}>\Delta p_{\mathrm{T}}$，因此绝热线要比等温线陡些。

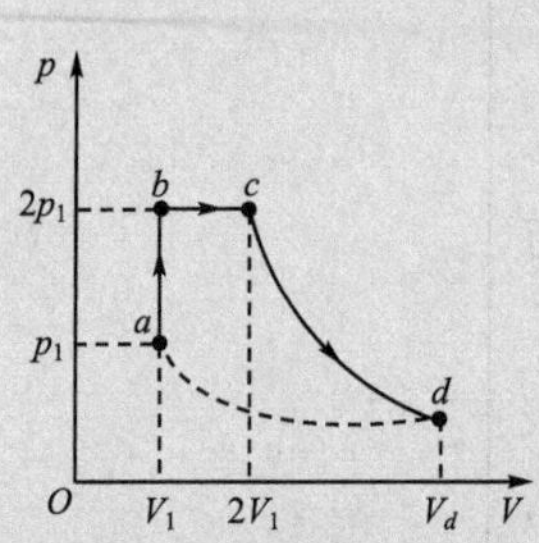

图 6-4-3 例 6-4-1 图

例 6-4-1 1 mol 单原子理想气体，由初始状态 $a(p_1,V_1)$ 先等体加热至压强增大 1 倍，再等压加热至体积增大 1 倍，最后经绝热膨胀使其温度降至初始温度，如图 6-4-3 所示。求：（1）状态 d 的体积 V_d；（2）整个过程对外做的功；（3）整个过程吸收的热量。

解 （1）由理想气体状态方程可得点 a 的温度为 $T_a=\dfrac{p_1V_1}{R}$，根据题意有

$$T_d=T_a=\frac{p_1V_1}{R}$$

$$T_c=\frac{p_cV_c}{R}=\frac{(2p_1)(2V_1)}{R}=\frac{4p_1V_1}{R}$$

因此有 $T_c=4T_d=4T_a$，点 c 与点 d 在同一绝热线上，由绝热方程 $T_cV_c^{\gamma-1}=T_dV_d^{\gamma-1}$ 得

$$V_d=\left(\frac{T_c}{T_d}\right)^{\frac{1}{\gamma-1}}V_c=4^{\frac{1}{5/3-1}}\times 2V_1=16V_1$$

（2）各分过程的功为

$$W_{ab}=0$$

$$W_{bc}=p(V_c-V_b)=2p_1(2V_1-V_1)=2p_1V_1$$

$$W_{cd}=-\Delta E_{cd}=-\nu C_{V,m}(T_d-T_c)=-1\times\frac{3}{2}R(T_a-4T_a)=\frac{9}{2}RT_a=\frac{9}{2}R\left(\frac{p_1V_1}{R}\right)=\frac{9}{2}p_1V_1$$

整个过程对外做的功为

$$W=W_{ab}+W_{bc}+W_{cd}=0+2p_1V_1+\frac{9}{2}p_1V_1=\frac{13}{2}p_1V_1$$

（3）计算整个过程吸收的热量有两种方法

方法一：根据整个过程吸收的热量等于各分过程吸收热量的和进行求解。各分过程吸收的热量为

$$Q_{ab}=\nu C_{V,m}(T_b-T_a)=\nu\times\frac{3}{2}R(T_b-T_a)=\frac{3}{2}(p_bV_b-p_aV_a)=\frac{3}{2}p_1V_1$$

$$Q_{bc}=\nu C_{p,m}(T_c-T_b)=\nu\times\frac{5}{2}R(T_c-T_b)=\frac{5}{2}(p_cV_c-p_bV_b)=5p_1V_1$$

$$Q_{cd}=0$$

所以整个过程吸收的热量为

$$Q=Q_{ab}+Q_{bc}+Q_{cd}=\frac{3}{2}p_1V_1+5p_1V_1+0=\frac{13}{2}p_1V_1$$

方法二：应用热力学第一定律求解。对整个过程应用热力学第一定律，有

$$Q=\Delta E+W$$

由于 $T_d = T_a$，所以 $\Delta E = 0$，则

$$Q = W = \frac{13}{2} p_1 V_1$$

例 6-4-2　如图 6-4-4 所示，1 mol 双原子理想气体由初态 A 经准静态过程变到末态 B。求：（1）该理想气体在此过程中内能的增量；（2）对外界做的功；（3）吸收的热量。

解　（1）内能的增量为

$$\Delta E = \nu C_{V,\mathrm{m}}\left(T_B - T_A\right) = \nu \frac{5}{2} R\left(T_B - T_A\right)$$

$$= \frac{5}{2}\left(p_B V_B - p_A V_A\right) = 20 p_1 V_1$$

（2）理想气体在此过程中对外所做的功为曲线下梯形的面积，即

$$W = \frac{\left(p_1 + 3p_1\right)\left(3V_1 - V_1\right)}{2} = 4 p_1 V_1$$

（3）根据热力学第一定律可知，理想气体在此过程中吸收的热量为

$$Q = \Delta E + W = 20 p_1 V_1 + 4 p_1 V_1 = 24 p_1 V_1$$

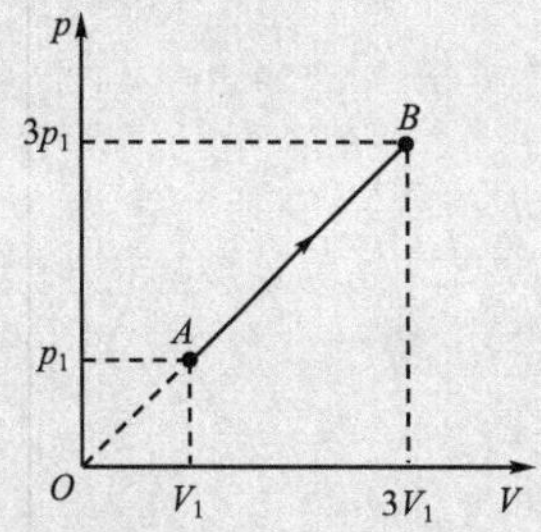

图 6-4-4　例 6-4-2 图

6.5　循环过程、卡诺循环

6.5.1　循环过程

在生产技术上需要将热量与功之间的转换持续下去，这就需要利用循环过程。**系统经过一系列变化后又回到初始状态的过程**叫作**循环过程**，简称**循环**。循环工作的物质叫作**工作物质**，简称**工质**。

因为系统的内能是其状态的单值函数，所以系统经历一个循环过程之后内能没有改变，即 $\Delta E = 0$。

考虑以气体为工作物质的循环过程，如果循环过程的各个阶段都是准静态过程，则循环过程就可以在 $p-V$ 图上用一个闭合曲线表示。图 6-5-1 中的曲线 $abcda$ 就表示了一个循环过程，其中箭头的方向表示过程进行的方向。在过程 abc 中，工作物质膨胀对外所做的功 W_1 等于曲线 abc 下的面积；在 cda 过程中，外界对工作物质所做的功 W_2 等于曲线 cda 下的面积。在整个循环过程中，工作物质对外所做的净功 W 是 W_1 与 W_2 之差，即

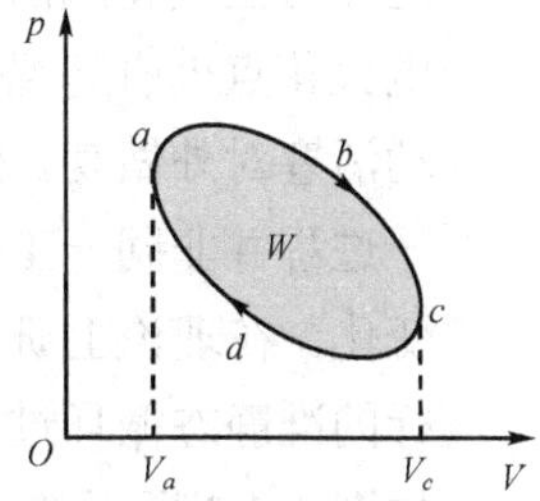

图 6-5-1　循环过程所做的功

$$W = W_1 - W_2$$

在 $p-V$ 图中，W 的值等于循环曲线所包围的面积。应当指出，在任何一个循环过程中，系统所做的净功都等于 $p-V$ 图中循环曲线所包围的面积。

在 $p-V$ 图上，如果循环沿顺时针方向进行，则循环中工作物质对外做正功，这样的循环称为**正循环**；反之，若循环沿逆时针方向进行，则循环中工作物质对外做负功，这样的循环称为**逆循环**。

6.5.2 热机和制冷机

1. 热机、热机效率

设工作物质在一次正循环过程中从高温热源吸收热量 Q_1，向低温热源放出热量 Q_2（只表示数值），则工作物质吸收的净热量为 $Q=Q_1-Q_2$。由于工作物质完成一次循环内能不变，即 $\Delta E=0$，根据热力学第一定律，工作物质吸收的净热量应等于外界对它做的净功，即

$$Q_1-Q_2=W$$

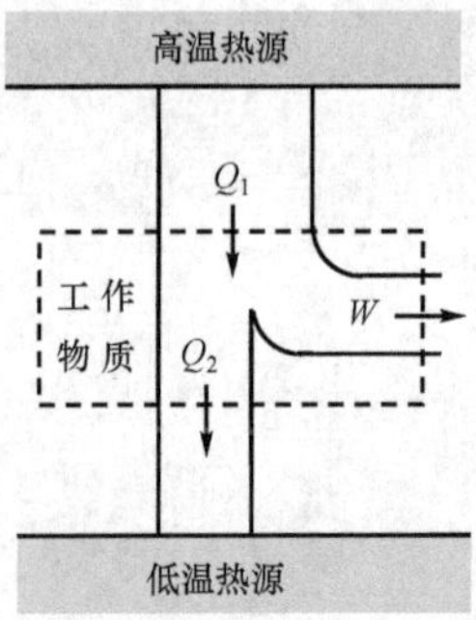

图 6-5-2 正循环能流

上式表明，正循环中工作物质从高温热源吸收热量 Q_1，一部分用于对外做功 W，另一部分则向低温热源放出热量 Q_2，其能量转换关系如图 6-5-2 所示。正循环是一种通过工作物质使热量不断转换为功的循环。

工作物质做正循环的机器叫作**热机**，它是把热量持续地转化为功的机器。例如，蒸汽机、内燃机、汽轮机等都是常用的热机。在正循环中，工作物质对外所做的功 W 与它吸收的热量 Q_1 的比值，称为**热机效率**或**循环效率**，即

$$\eta=\frac{W}{Q_1}=\frac{Q_1-Q_2}{Q_1}=1-\frac{Q_2}{Q_1} \qquad (6\text{-}5\text{-}1)$$

式中，Q_2 为放出热量的绝对值。

例 6-5-1 燃烧汽油的四冲程内燃机中进行的循环过程叫作奥托循环。奥托循环的过程是先将空气和汽油的混合气体吸入汽缸，然后进行急速压缩，压缩至混合气体的体积最小时电火花点火引起混合气体爆燃。汽缸内气体燃烧放出热量，温度、压强迅速增大，从而能推动活塞对外做功，做功后的废气被排出汽缸，然后再吸入新的混合气体进行下一个循环。这一过程并非同一工作物质反复进行的循环过程，而且经过燃烧，汽缸内的气体还发生了化学变化。在理论上研究奥托循环中的能量转化关系时，总是用一定质量的空气（理想气体）进行的准静态循环过程来代替实际的过程，这样的理想循环过程称为空气标准奥托循环，它由如图 6-5-3 所示的四步组成：（1）ab 为绝热压缩过程；（2）bc 为等体吸热过程（点火爆燃过程）；（3）cd 为绝热膨胀过程（气体膨胀对外做功过程）；（4）da 为等体放热过程（排气过程）。求这个理想热机的效率。

解 在bc过程和da过程中气体吸收和放出的热量分别为

$$Q_1=\nu C_{V,\mathrm{m}}\left(T_c-T_b\right)$$

$$Q_2=\nu C_{V,\mathrm{m}}\left(T_d-T_a\right)$$

热机效率为

$$\eta=1-\frac{Q_2}{Q_1}=1-\frac{\left(T_d-T_a\right)}{\left(T_c-T_b\right)}$$

由于ab和cd均为绝热过程，其过程方程分别为

$$T_aV_1^{\gamma-1}=T_bV_2^{\gamma-1}$$

$$T_dV_1^{\gamma-1}=T_cV_2^{\gamma-1}$$

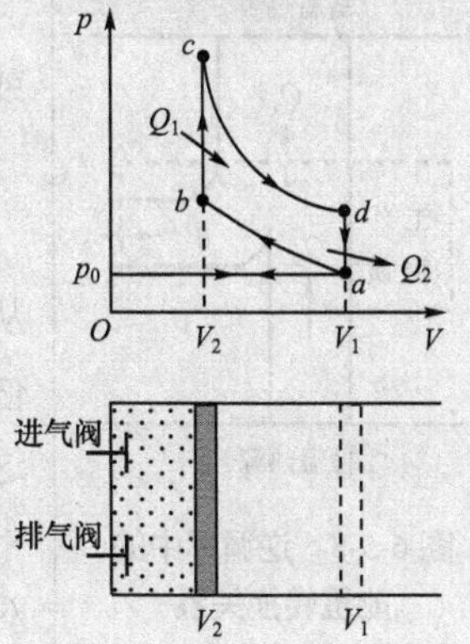

图 6-5-3 空气标准奥托循环

两式相减，得

$$\left(T_d-T_a\right)V_1^{\gamma-1}=\left(T_c-T_b\right)V_2^{\gamma-1}$$

即

$$\frac{T_c-T_b}{T_d-T_a}=\left(\frac{V_1}{V_2}\right)^{\gamma-1}$$

因此热机效率为

$$\eta=1-\frac{1}{\left(\dfrac{V_1}{V_2}\right)^{\gamma-1}}$$

定义压缩比为$\varepsilon=V_1/V_2$，则有

$$\eta=1-\frac{1}{\varepsilon^{\gamma-1}}$$

由此可见，空气标准奥拓循环的效率决定于压缩比ε，ε越大效率越高。现代汽油内燃机的压缩比ε约为10，但当ε更大时，空气和汽油的混合气体在尚未压缩到b状态时，温度就已升高到足以引起混合气体燃烧了，这时内燃机将发生爆震而不能平稳工作。设$\varepsilon=10$，空气的$\gamma=1.4$，则热机的效率为

$$\eta=1-\frac{1}{10^{0.4}}\approx60\%$$

实际汽油机的效率只有25%左右。柴油机的压缩比能做到$\varepsilon=12$～20，实际效率可达40%左右。

2. 制冷机、制冷系数

如果工作物质做如图 6-5-4 所示的逆循环，设工作物质在一次逆循环过程中从低温热源吸收热量Q_2，向高温热源放出热量Q_1（只表示数值），外界对工作物质做功W，其能量转换关系如图 6-5-5 所示。在一次循环过程中内能不变，根据热力学第一定律，得

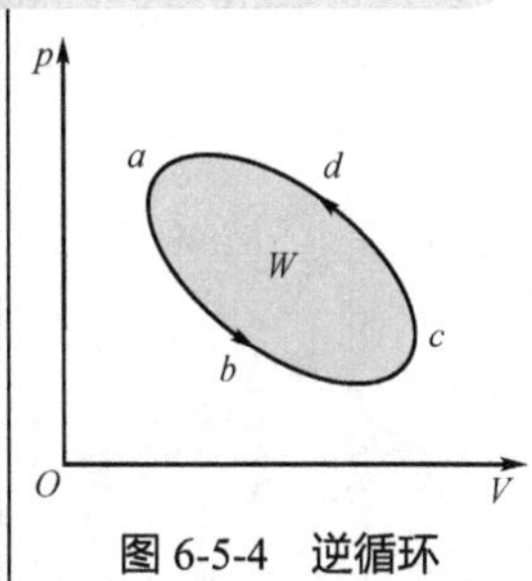

图 6-5-4 逆循环

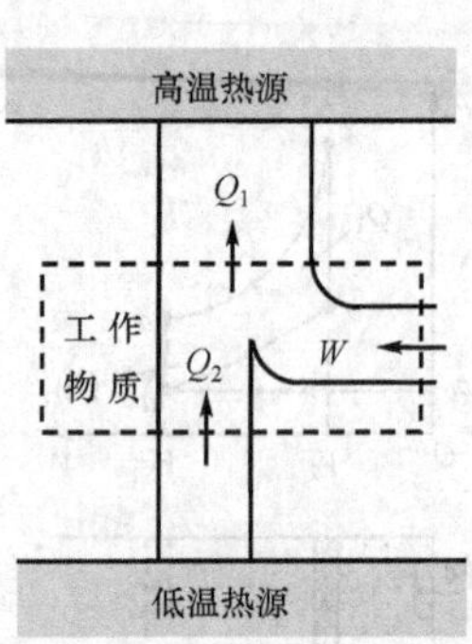

图 6-5-5　逆循环中的能量转换关系

$$Q_1 - Q_2 = W$$

或

$$Q_1 = Q_2 + W$$

由此可见，逆循环过程中向高温热源放出的热量Q_1等于工作物质从低温热源中吸收的热量Q_2与外界对工作物质做的功W之和。由于从低温热源吸热有可能使其温度降低，所以逆循环又叫**制冷循环**，按照这种循环工作的机器叫作**制冷机**。

由于制冷机的目的是从低温热源吸收热量，实现该目的是以外界对工作物质（俗称为制冷剂）做功为代价的，所以制冷机的效能通常用从低温热源吸收的热量Q_2与外界对工作物质做功W的比值来表示，因此，制冷机的**制冷系数**定义为

$$e = \frac{Q_2}{W} = \frac{Q_2}{Q_1 - Q_2} \tag{6-5-2}$$

式中，Q_1、Q_2均为绝对值。显然，从低温热源吸收的热量Q_2越大，对工作物质所做功W越小，制冷系数e就越大，制冷机的制冷效率就越高。

冰箱是一种常见的制冷机，其基本结构和工作原理可用图 6-5-6 说明。工作物质用较易液化的物质，如氨气、氟利昂（CCl_2F_2）等。氨气在压缩机内被急速压缩，使其压强增大温度升高（ab绝热压缩过程）；氨气进入冷凝器（高温热源）后放出热量而凝结为液态（bc等压压缩过程）；液氨经过节流阀的小通道后降压降温（cd绝热膨胀过程）；最后进入蒸发器，液氨从冷库（低温热源）中吸收热量使冷库降温，自身则汽化变为蒸汽再进入压缩机进行下一个循环（da等压膨胀过程）。如此重复循环起到制冷作用。

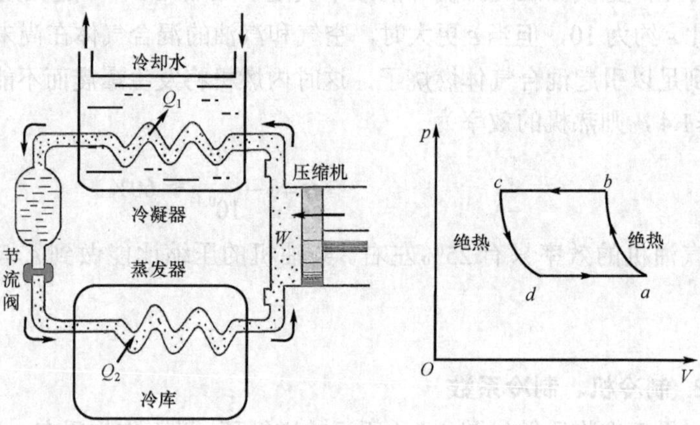

图 6-5-6　冰箱循环示意图

冰箱的制冷原理也可应用于房间。夏天可将房间作为低温热源，室外作为高温热源，用类似图 6-5-6 的制冷机使房间降温，这就是空调

的基本原理。如果在冬天则以室外为低温热源，以房间为高温热源，经电力做功后，向房间放热使房间升温变暖，这种根据制冷机制冷原理制成的供热机叫作**热泵**。

6.5.3 卡诺循环

19 世纪初，蒸汽机在工业上的应用越来越广泛，但当时蒸汽机的效率很低，只有 3%～5%，瓦特对蒸汽机进行了改进使热机的效率大为提高，人们迫切需要进一步提高热机的效率。如何提高热机的效率以及热机效率有没有极限，便成为当时科学家和工程师研究的重要课题。

1824 年，年仅 28 岁的法国青年工程师卡诺（S. Carnot，1796—1832）提出了一种理想循环，在循环过程中不存在散热和摩擦等因素，**工作物质只与两个恒温热源交换热量**，这种循环叫作**卡诺循环**，按顺时针方向进行的卡诺循环称为卡诺正循环，完成卡诺正循环的热机叫作**卡诺热机**。

下面讨论以理想气体为工作物质的卡诺正循环，并求出卡诺正循环效率。如图 6-5-7 所示，卡诺正循环由四个准静态过程组成。

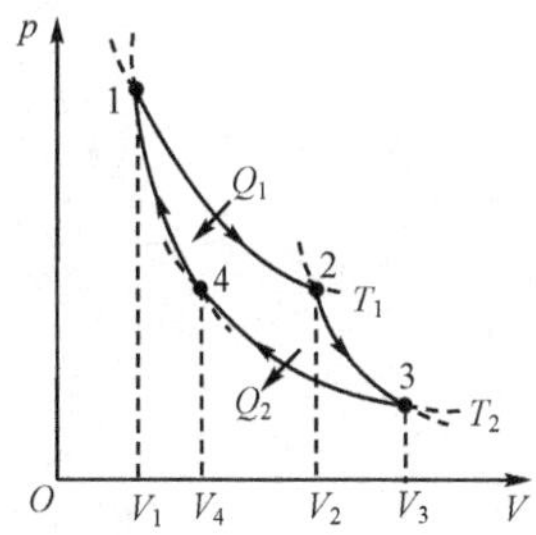

图 6-5-7　卡诺正循环

$1\to2$：气体与温度为 T_1 的高温热源接触做等温膨胀，体积由 V_1 增大到 V_2。设理想气体为 ν (mol)，则它从高温热源吸收的热量为

$$Q_1=\nu RT_1\ln\frac{V_2}{V_1} \tag{6-5-3}$$

$2\to3$：气体与高温热源分开做绝热膨胀，体积增大到 V_3，温度降到 T_2。此过程气体对外做功，但无热量交换。

$3\to4$：气体与温度为 T_2 的低温热源接触做等温压缩，体积缩小到 V_4，使状态 4 和状态 1 位于同一条绝热线上。此过程外界对气体做功，气体向低温热源放出热量的大小为

$$Q_2=\nu RT_2\ln\frac{V_3}{V_4} \tag{6-5-4}$$

$4\to1$：气体与低温热源分开做绝热压缩，回到原来状态 1，完成一次循环。此过程外界对气体做功，但无热量交换。

在一次循环过程中，气体对外做的净功为

$$W=Q_1-Q_2$$

卡诺正循环中的能量转换关系如图 6-5-8 所示。

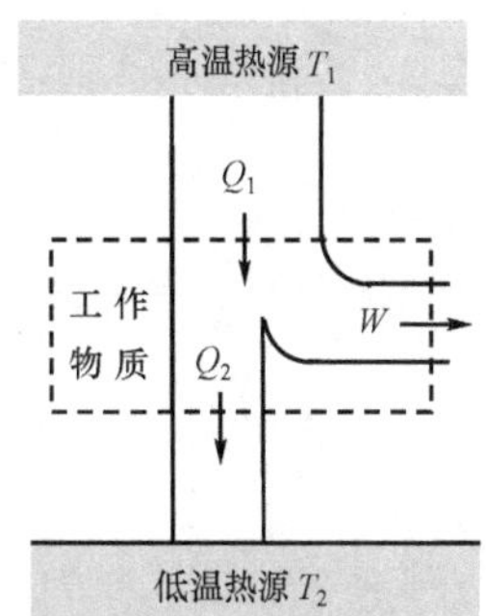

图 6-5-8　卡诺正循环中的能量转换关系

根据循环效率的定义，可得以理想气体为工作物质的卡诺正循环效率为

$$\eta = 1 - \frac{Q_2}{Q_1} = 1 - \frac{T_2 \ln \frac{V_3}{V_4}}{T_1 \ln \frac{V_2}{V_1}}$$

对绝热过程 $2 \to 3$ 和 $4 \to 1$ 分别应用绝热过程方程，有

$$T_1 V_2^{\gamma-1} = T_2 V_3^{\gamma-1}$$

$$T_1 V_1^{\gamma-1} = T_2 V_4^{\gamma-1}$$

两式相比，可得

$$\frac{V_2}{V_1} = \frac{V_3}{V_4} \tag{6-5-5}$$

因此，卡诺正循环效率为

$$\eta = 1 - \frac{T_2}{T_1} \tag{6-5-6}$$

注意：由式（6-5-6）可以得出以下结论。

（1）要完成一次卡诺循环必须有高温和低温两个热源。

（2）卡诺循环效率只与两个热源的温度有关，高温热源温度越高，低温热源温度越低，卡诺循环效率越高。

（3）由于不能实现 $T_1 \to \infty$ 或 $T_2 = 0\,\mathrm{K}$（热力学第三定律），因此卡诺循环效率总小于 1。

（4）可以证明，在相同的高温热源和低温热源之间工作的一切热机中，卡诺热机的效率最高。

如果卡诺循环按逆时针方向进行，就构成卡诺逆循环，完成卡诺逆循环的制冷机叫作**卡诺制冷机**。卡诺制冷机的过程曲线和能量转换关系如图 6-5-9 所示。

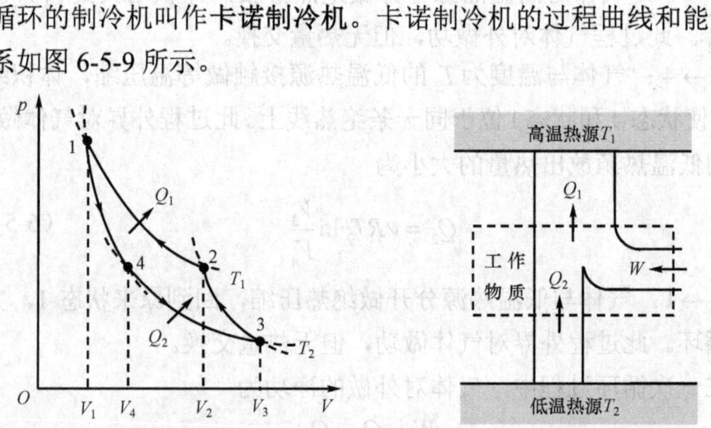

(a) 卡诺逆循环　　(b) 卡诺逆循环中的能量转换关系

图 6-5-9 卡诺制冷机

将式（6-5-5）带入式（6-5-3）和式（6-5-4），化简后得

$$\frac{Q_1}{T_1}=\frac{Q_2}{T_2}$$

将上式代入式（6-5-2），得卡诺制冷机的制冷系数为

$$e=\frac{Q_2}{W}=\frac{Q_2}{Q_1-Q_2}=\frac{T_2}{T_1-T_2} \tag{6-5-7}$$

可见，卡诺制冷机的制冷系数也只与两个热源的温度有关。与卡诺热机效率不同的是，高温热源温度越高，低温热源温度越低，则制冷系数越小，这意味着从温度越低的低温热源中吸收相同的热量，外界需要消耗更多的功。由式（6-5-7）可知，卡诺制冷机的制冷系数与工作物质无关，因此我们可以选择更为环保的材料作为工作物质。

例 6-5-2　一卡诺热机工作于温度分别为 27˚C 与 127˚C 的两个热源之间。(1) 若在正循环中热机从高温热源吸收热量 5 840 J，求该热机向低温热源放出多少热量？对外做了多少功？（2）若使它逆向运转而做制冷机工作，求它从低温热源吸收热量 5 840 J 时，将向高温热源放出多少热量？外界做了多少功？

解　(1) 卡诺热机的效率为

$$\eta=1-\frac{T_2}{T_1}=1-\frac{27+273}{127+273}=25\%$$

根据热机效率 $\eta=\dfrac{W}{Q_1}=1-\dfrac{Q_2}{Q_1}$，可得热机向低温热源放出的热量为

$$Q_2=Q_1(1-\eta)=5\,840\times(1-0.25)=4\,380\ \text{(J)}$$

对外做功为

$$W=\eta Q_1=0.25\times 5\,840=1\,460\ \text{(J)}$$

(2) 逆循环时，卡诺制冷机的制冷系数为

$$e=\frac{T_2}{T_1-T_2}=\frac{300}{400-300}=3$$

根据制冷机制冷系数 $e=\dfrac{Q_2}{W}$，可得外界做功为

$$W=\frac{Q_2}{e}=\frac{5\,840}{3}\approx 1946.7\ \text{(J)}$$

向高温热源放出的热量为

$$Q_1=Q_2+W=5\,840+1\,946.7=7\,786.7\ \text{(J)}$$

6.6 热力学第二定律

自然界一切涉及热现象的过程必然遵循热力学第一定律，热力学第一定律说明了热力学过程中的能量守恒关系。但满足能量守恒的热力学过程不一定都能进行，一切实际的热力学过程都只能按一定的方向进行，反方向的热力学过程不可能发生，而热力学第一定律并没有介绍热力学过程进行的方向。本节将要介绍的热力学第二定律就是关于自然过程方向性的规律，它决定了实际过程是否能发生以及沿什么方向进行。

6.6.1 热力学第二定律的两种表述

1. 开尔文表述

我们知道，在正循环中工作物质从高温热源吸收的热量Q_1，一部分用于对外做功W，另一部分则向低温热源放出热量Q_2，热机效率为$\eta=1-Q_2/Q_1$。显然，热机效率不能大于 100%，否则将违反热力学第一定律。可以看出，Q_2越小热机效率越高，当$Q_2=0$时，即不需要低温热源，只存在一个单一温度的热源，热机效率就可以达到 100%。也就是说，热机在循环过程中，只从单一热源吸收热量，并将吸收的热量全部用来做功而不放出热量给低温热源，热机效率就可达到 100%。假如这种机器制造成功，那就可以从单一热源吸收热量，并把它全部用来做功，这种热机叫作**第二类永动机**。据估算，要是用这样的热机来吸收海水中的热量而做功，则只要使海水的温度下降 0.01 K，就能使全世界的机器工作许多年。第二类永动机虽然不违背热力学第一定律，然而人们经过长期的实践认识到，第二类永动机是不可能实现的。

1851 年，开尔文（L. Kelvin，1824—1907）在总结前人制造第二类永动机的大量实践经验后得出结论：**不可能制造出这样一种循环工作的热机，它只从单一热源吸收热量，使之完全转换为功而不引起其他变化**。也就是说，**第二类永动机是不可能制成的**。这一结论称为**热力学第二定律的开尔文表述**。

需要指出的是，热力学第二定律的开尔文表述指的是循环工作的热机。如果工作物质经历的是等温膨胀过程，虽然可以把从单一热源吸收的热量全部转换为功，但它不是循环工作的热机，要用它来持续做功是不现实的。另外，开尔文表述中的“不引起其他变化”，是指除了工作物质从热源吸收热量并对外做功，再也不发生其他（包括工作物质和外界）变化。在等温膨胀过程中，工作物质吸收热量对外做功的同时，其体积增大、压强降低，也就是说工作物质和外界都发生了变化。

根据热力学第二定律的开尔文表述，热机工作过程中必然会通过排出废水、废气等形式放出余热，从而形成所谓的热污染。因此提高热机效率，减少余热的释放，不仅能使有限的能源得到更充分的利用，同时对环境保护也具有重大意义。目前热机效率最高只能达到接近 50%，见表 6-6-1，这与热力学第二定律的理论极限值相差甚远，为此提高热机效率、减少热污染已经成为全人类面临的重大问题。

表 6-6-1　几种热机的效率

热机	液体燃料火箭	燃气轮机	柴油机	汽油机	蒸汽机
效率	48%	46%	37%	25%	8%

2. 克劳修斯表述

在两个温度不同的物体组成的孤立系统中，当两个物体相互接触时，热量总是从高温物体自动地传向低温物体。与此相反的过程，即热量从低温物体自动地传向高温物体的过程，虽然并不违背热力学第一定律，但实际上却从未观察到过。借助于制冷机就可以使热量从低温物体传向高温物体，但外界要对它做功，所以不是自动的，或者说要引起其他变化。

1850 年，德国物理学家克劳修斯（R. J. E. Clausius，1822—1888）在总结前人大量实验的基础上得出结论：**热量不可能自动地由低温物体传向高温物体**。这一结论称为**热力学第二定律的克劳修斯表述**。在克劳修斯表述中，“自动”的意思是在不消耗外界能量的情况下，热量可直接从低温物体传向高温物体，这是不能实现的。制冷机是通过外界做功使热量从低温物体传向高温物体的。

热力学第二定律与热力学第一定律一样，都是大量实验的总结和概括，不能通过任何其他更普遍的定律推导出来。但是，由热力学第二定律得出的推论都与客观实际相符，这也证明了热力学第二定律本身的正确性。

3. 两种表述的等效性

热力学第二定律的开尔文表述和克劳修斯表述表面上看来各自独立，但是可以证明它们是等价的。可以用反证法来证明这一点，即证明两种表述中有一个不成立，则另一个也不成立。

首先证明如果开尔文表述不成立，则克劳修斯表述也不成立。假如开尔文表述不成立，即可以从单一热源吸收热量 Q_1，并把它完全转

换为功 W 而不引起其他变化。那么可用此功带动一台制冷机，使它在循环过程中从低温热源吸收热量 Q_2，并向高温热源放出热量 $W+Q_2=Q_1+Q_2$。两台机器联合工作的总效果是热量 Q_2 自动地由低温热源传给了高温热源而不需要外界做功，也就是说克劳修斯表述不成立，如图 6-6-1 所示。所以如果开尔文表述不成立，那么克劳修斯表述也不成立。

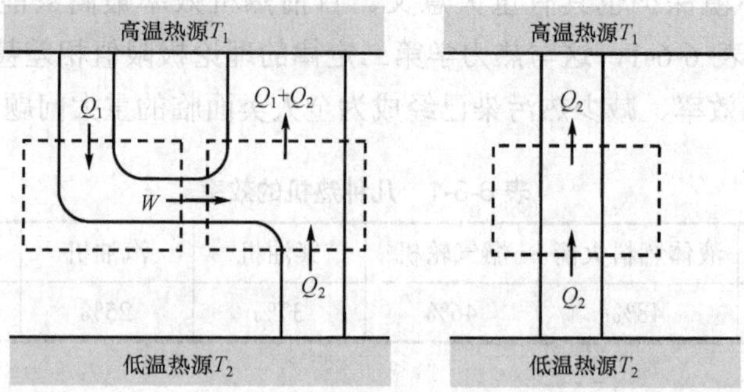

（a）违反开尔文表述的机器和制冷机　（b）违反克劳修斯表述的热机

图 6-6-1　开尔文表述不成立则克劳修斯表述也不成立

再证明如果克劳修斯表述不成立，则开尔文表述也不成立。假如克劳修斯表述不成立，热量 Q_2 能自动地由低温热源传向高温热源。我们把违反克劳修斯表述的机器与一台热机组合在一起，并让热机从高温热源吸收热量 Q_1，对外做功 W，并将热量 Q_2 传递给低温热源。则最终的效果为从单一的高温热源吸收的热量 Q_1-Q_2 全部用来对外做功 W，而不引起其他变化，即开尔文表述不成立，如图 6-6-2 所示。所以克劳修斯表述不成立，那么开尔文表述也不成立。至此，我们证明了热力学第二定律的两种表述是等价的。

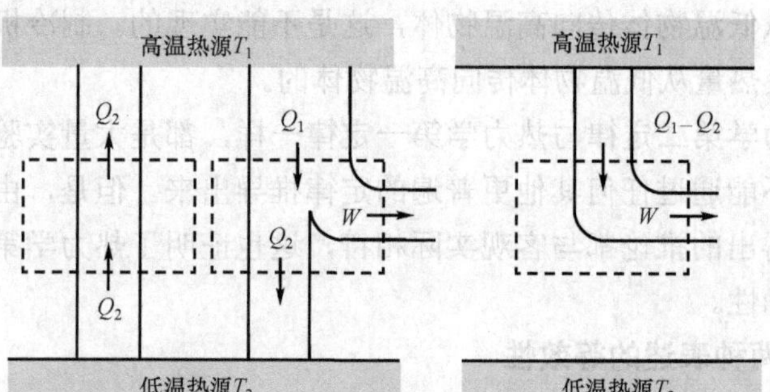

（a）违反克劳修斯表述的机器和热机　（b）违反开尔文表述的机器

图 6-6-2　克劳修斯表述不成立则开尔文表述也不成立

6.6.2 可逆过程与不可逆过程

前面介绍的热力学第二定律的开尔文表述说明，在不引起其他变化的情况下，不可能把吸收的热量全部转换为功，但是与其相反的过程，即功全部转换为热量的过程是能够发生的，这说明功热转换的过程是有方向性的。例如，单摆在摆动过程中，由于空气阻力及悬点处摩擦力的作用，单摆的振幅自动地逐渐减小直到静止，此过程机械能全部转换为内能，功自动地转换为热量。但是与其相反的过程，即空气和单摆的内能自动减小，使单摆重新摆动起来的过程却从未观察到。热力学第二定律的克劳修斯表述说明，热量能够自动地从高温物体传向低温物体，不能自动地从低温物体传向高温物体，这说明热传导过程也具有方向性。自然过程具有方向性的例子还有很多，例如，将绝热容器的左半部分充以理想气体，右半部分抽成真空，如图 6-6-3 所示，将中间的隔板抽去后气体会自动地向真空中膨胀，但是已经膨胀到真空中的气体不会自动退回到左半部分中，这说明气体的绝热自由膨胀过程具有方向性。为了进一步讨论热力学过程的方向问题，需要引入可逆过程和不可逆过程的概念。

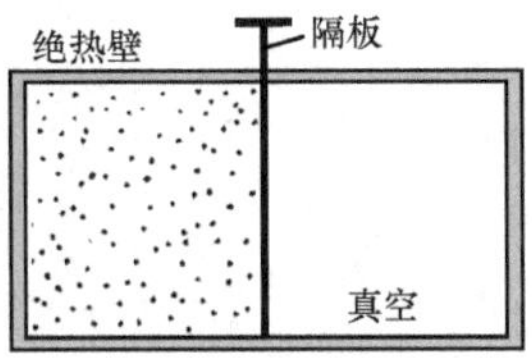

图 6-6-3　气体绝热自由膨胀

在系统状态变化的过程中，**如果逆过程能重复正过程的每一个状态，而且不引起其他变化**，这样的过程叫作**可逆过程**；反之，**在不引起其他变化的条件下，不能使逆过程重复正过程的每一个状态，或者虽然能够重复但必然会引起其他变化**，这样的过程叫作**不可逆过程**。

功热转换过程、热传递过程和气体的绝热自由膨胀过程都是不可逆过程，这些过程或是包含着某种不平衡因素，或是过程中存在摩擦等耗散因素。功热转换过程是由于过程中存在摩擦等耗散因素引起的；热传递过程是由于存在有限的温度差引起的；气体的绝热自由膨胀过程是由于存在有限的压强差引起的。过程的方向总是由不平衡趋向于平衡，并且达到新的平衡态后过程就自动终止。通过分析自然界中各种不可逆过程可以发现，不平衡（如有限的压强差、有限的密度差、有限的温度差等）和耗散因素（如摩擦、黏滞性、非弹性、电阻等）是导致过程不可逆的原因。

若一个过程是可逆过程，它必须同时满足以下两个条件。

（1）过程中不出现非平衡因素，即过程必须是无限缓慢进行的准静态过程，以保证每一中间状态均是平衡态。

（2）过程中无耗散效应。也就是说，**一个无耗散效应的准静态过程才是可逆过程**。虽然可逆过程是一种理想模型，但是实际过程在一定条件下可以近似地作为可逆过程，因此可逆过程在理论研究中具有重要意义。本章所讨论的热力学过程除特别说明外都视为可逆过程。

各种不可逆过程是相互联系的。前面已经证明了热力学第二定律的开尔文表述和克劳修斯表述是等价的，这表明功热转换的不可逆性与热传导的不可逆性是相互联系的。同样可以证明，自然界一切不可逆过程都是相互关联的，即可以由一个过程的不可逆性推断出另一个过程的不可逆性。由于不可逆过程多种多样，各种不可逆过程又相互联系，因此热力学第二定律可以有各种不同的表述。但无论采用什么样的表述，热力学第二定律的实质在于指出，**一切与热现象有关的实际宏观过程都是不可逆的**。

6.6.3 卡诺定理

若组成循环的每一个过程都是可逆过程，则该循环称为**可逆循环**。做可逆循环的热机或制冷机分别称为**可逆热机或可逆制冷机**，否则称为**不可逆热机或不可逆制冷机**。在研究热机效率的工作中，卡诺提出在温度为T_1的高温热源和温度为T_2的低温热源之间工作的热机必须遵守的两条结论，即**卡诺定理**，它的具体内容如下。

（1）在相同的高温热源和低温热源之间工作的任意工作物质的可逆热机，都具有相同的效率，都等于理想气体可逆卡诺热机的效率。

（2）在相同的高温热源和低温热源之间工作的一切不可逆热机，其效率都不可能大于可逆热机的效率。

如果在可逆热机中取一个以理想气体为工作物质的可逆卡诺热机，由卡诺定理（1）可得

$$\eta = 1 - \frac{Q_2}{Q_1} = 1 - \frac{T_2}{T_1}$$

由卡诺定理（2）可得

$$\eta = 1 - \frac{Q_2}{Q_1} \leqslant 1 - \frac{T_2}{T_1}$$

式中“=”适用于可逆热机，而“<”适用于不可逆热机。

卡诺定理指明了提高热机效率的方向，首先，要增大高温热源和低温热源的温度差，由于一般热机总是以周围环境作为低温热源，所以实际上只能从提高高温热源的温度着手；其次，要尽量减少热机循环的不可逆性，也就是减少摩擦、漏气、散热等耗散因素。

*6.7　热力学第二定律的统计意义

热力学第二定律指出，一切与热现象有关的实际宏观过程都是不可逆的，都是有方向性的。功热转换、热传导和气体的绝热自由膨胀过程都是不可逆过程。为了更方便地判别孤立系统中过程进行的方向，我们引入一个新的态函数——熵，并用熵的变化把系统中实际过程进行的方向表示出来，这就是熵增加原理。

6.7.1　热力学第二定律的微观意义

从微观上看，任何热力学过程总包含大量分子的无序运动状态的变化。热力学第一定律说明了热力学过程要遵循能量守恒定律，热力学第二定律则说明大量分子的无序运动程度变化的规律，下面用几个前面讨论过的实例定性地说明这一点。

首先讨论功热转换。功转变为热是机械能转换为内能的过程，例如，单摆在摆动过程中，机械能转换为内能。功可看作大量分子定向运动的结果，内能则是大量分子无规则热运动的结果。从微观上看，功转换成热的过程，是大量分子从有序运动向无序运动转化的过程，这是可能的。而逆过程，即无序运动自动地转化为有序运动，是不可能的。因此从微观上看，功热转换过程说明，自然过程总是沿着使大量分子的运动从有序状态向无序状态的方向进行。

其次讨论热传导。当两个温度不同的物体相互接触时，热量可以自动地从高温物体传向低温物体，最后达到相同的温度。温度是大量分子无规则热运动平均动能的量度，温度高的物体，其分子的平均动能大；温度低的物体，其分子的平均动能小。虽然两物体的分子运动都是无序的，但还能根据分子的平均动能区分两物体。经过一段时间后，两物体的温度相同，这时就不能按分子的平均动能来区分两物体了。这是由于大量分子无规则的热运动使得无序程度增加了。而逆过程，即两物体的分子运动从平均动能完全相同的无序状态自动地向两物体分子平均动能不同的较为有序的状态进行的过程，是不可能的。从微观上看，热传导过程说明，自然过程总是沿着使大量分子的运动向更加无序的方向进行。

最后讨论气体绝热自由膨胀。气体绝热自由膨胀过程是气体分子从占据较小空间的初态变到占据较大空间的末态的过程。当气体占据的空间较小时，气体分子的位置不确定性小，即无序性小；在气体占据的空间较大时，气体分子的位置不确定性增大，无序性也增大。而逆过程，即分子运动从无序状态自动地向较为有序的状态变化的过程，是不可能的。从微观上看，气体的绝热自由膨胀过程说明，自然过程总是沿着使大量分子的运动向更加无序的方向进行。

从以上分析可知，**一切自然过程总是沿着无序性增大的方向进行**，这就是**热力学第二定律的微观意义**。必须注意的是，热力学第二定律是统计规律，只适用于由大量分子构成的热力学系统。

6.7.2 热力学第二定律的统计意义与玻尔兹曼熵

一个孤立系统内部发生的热力学过程总是沿着无序性增大的方向进行，那么怎样定量描述自然过程的方向性呢？玻尔兹曼首先把态函数熵和无序性联系起来，并用数学形式来表示热力学第二定律的微观本质。为了引入熵的概念，首先介绍热力学概率。

1. 热力学第二定律的统计意义

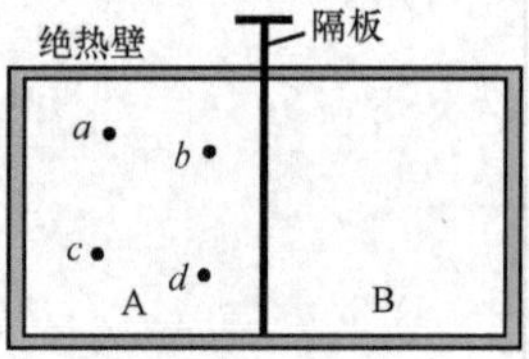

图 6-7-1　气体分子的自由膨胀

为简单起见，下面以孤立系统中气体自由膨胀为例，讨论气体分子的位置分布。如图 6-7-1 所示，用隔板将绝热容器分成体积相等的 A、B 两室，给 A 室充以某种气体，B 室为真空。设容器中只有 a、b、c、d 4 个分子，在抽掉隔板气体自由膨胀后，A、B 中可能的分子分布情况如表 6-7-1 所示。

表 6-7-1　4 个分子的可能宏观态及相应的微观态

宏观态		A4B0	A3B1				A2B2						A1B3				A0B4
微观态	A	*a b c d*	*a b c*	*b c d*	*a c d*	*a b d*	*a c*	*a b*	*a d*	*b c*	*b d*	*c d*	*d*	*a*	*b*	*c*	
	B		*d*	*a*	*b*	*c*	*b d*	*c d*	*b c*	*a d*	*a c*	*a b*	*a b c*	*b c d*	*a c d*	*a b d*	*a b c d*
宏观态包含的微观态数 Ω		1	4				6						4				1

对于气体的宏观热力学性质，并不需要确定每一个分子所处的微观位置和速度，只需要确定气体分子数的分布即可。把 A、B 两室中分子数的不同分布称为**宏观态**，把分子不同的组合称为**微观态**。由于每个宏观态分子的微观组合不同，所以每一个宏观态还可能包含若干种微观

态。例如，表 6-7-1 中的第一行表示有 5 种宏观态，其中 A3B1 表示 A 室中有 3 个分子，B 室中有 1 个分子的宏观态，A3B1 的宏观态包含了 4 种微观态。由表 6-7-1 可知，该系统的总微观态数为 $\Omega=2^4=16$ 个。

统计理论的一个基本假设是，**对于孤立系统，各微观态出现的概率是相同的**。因此对应微观态多的宏观态出现的概率大。实际上最可能观察到的宏观态就是在一定条件下出现的概率最大的状态，也就是包含微观状态数最多的宏观状态。由表 6-7-1 可知，分子全都集中在 A 室的宏观态只有 1 个微观态，出现这种宏观态的概率最小，为 $\dfrac{1}{2^4}=\dfrac{1}{16}$；而 A、B 两室分子均匀分布的 A2B2 宏观态所包含的微观态数最多，为 6 个，出现这种分布的概率最大，为 $\dfrac{6}{2^4}=\dfrac{6}{16}$。可以推论，如果上述系统有 N 个分子，则该系统的总微观态数为 2^N 个，N 个分子自动退回到 A 室的宏观态的概率为 $1/2^N$。例如，1 mol 气体分子自由膨胀后，所有分子退回到 A 室的宏观态的概率仅为 $1/2^{6.02\times10^{23}}$，这个概率如此之小，实际上根本观察不到。而 A 、B 两室分子数相等和差不多相等（位置上均匀分布）的宏观态出现的概率最大，接近 100%，因此实际观察到的总是这种宏观态。所以，气体自由膨胀过程是由包含微观态数少的宏观态向包含微观态数多的宏观态进行的，或者说由概率小的宏观态向概率大的宏观态进行的。

上述气体自由膨胀过程的结论对所有自然过程都是成立的，因此可以说**自然过程都是由概率小的宏观态向概率大的宏观态进行的**，这就是**热力学第二定律的统计意义**。与之相反的过程并非绝对不能发生，只是由于出现概率极小，实际上观察不到。

2. 玻尔兹曼熵

为了定量地说明宏观态和微观态的关系，我们定义：**任一宏观态所对应的微观态数称为该宏观态的热力学概率**，热力学概率用 Ω 表示。对应于微观态数最多的宏观态就是系统在一定宏观条件下的**平衡态**，否则为**非平衡态**。显然，对孤立系统，平衡态包含的微观态数最多，因而平衡态对应于热力学概率 Ω 为最大值的宏观态。对于分子数巨大的实际系统来说，由于非平衡态出现的概率根本观察不到，所以平衡态的热力学概率就等于该系统所有可能的微观状态数（总微观态数）Ω。若系统最初处于非平衡态，则系统将向热力学概率 Ω 增大的宏观态过渡，最后达到 Ω 为最大值的平衡态，即由非平衡态过渡到平衡态。这就是实际的自然过程方向的微观定量说明。

前面定性地分析了一切自然过程总是沿着无序性增大的方向进

行，这里又定量地说明了自然过程总是沿着使系统的热力学概率 Ω 增大的方向进行。由此可知，**热力学概率 Ω 是分子热运动无序性的一种度量**。

一般情况下，热力学概率 Ω 是非常大的，为了便于理论上处理，玻尔兹曼（Ludwig Boltzmann，1844—1906）和普朗克（Max Karl Ernst Ludwig Planck，1858—1947）定义了描述系统无序性大小的态函数——**熵**，用 S 表示，熵与热力学概率 Ω 的关系为

$$S = k\ln\Omega \tag{6-7-1}$$

式中 k 为玻尔兹曼常量，式（6-7-1）称为**玻尔兹曼熵公式或玻尔兹曼关系式**，熵的单位是焦耳每开尔文，符号是J/K。

对于热力学系统的每一个宏观态，都有一个热力学概率 Ω 与之对应，所以热力学系统的每一个宏观态都有一个熵值 S 与之对应，故熵是系统状态的函数。与热力学概率 Ω 一样，熵的微观意义是系统内分子热运动的无序性的一种度量。由于一切自然过程总是沿着无序性增大的方向进行，因此在孤立系统中进行的自然过程总是沿着熵增大的方向进行，平衡态对应于熵最大的状态。因为自然过程都是不可逆的，所以有

$$\Delta S > 0\ （孤立系统，不可逆过程） \tag{6-7-2}$$

上式也可以做如下证明：设有一个孤立系统经历不可逆过程从状态Ⅰ变化到状态Ⅱ，系统处于状态Ⅰ和状态Ⅱ时的熵分别为 S_1 和 S_2，对应的热力学概率分别为 Ω_1 和 Ω_2，由于过程是不可逆的，所以 $\Omega_2 > \Omega_1$，则该过程熵的增量为

$$\Delta S = S_2 - S_1 = k\ln\Omega_2 - k\ln\Omega_1 = k\ln\frac{\Omega_2}{\Omega_1} > 0$$

若孤立系统经历的是可逆过程，系统总是处于平衡态，平衡态对应于热力学概率取极大值的状态，因此孤立系统的热力学概率是不会改变的，所以孤立系统经历可逆过程时熵不变，即

$$\Delta S = 0\ （孤立系统，可逆过程） \tag{6-7-3}$$

将式（6-7-2）和式（6-7-3）合并为一个式子，有

$$\Delta S \geqslant 0 \tag{6-7-4}$$

式中，对于不可逆过程取“>”，对于可逆过程取“=”。式（6-7-4）称为**熵增加原理**，它表明，**孤立系统中所发生的不可逆过程的熵要增加，可逆过程的熵不变**。熵增加原理是热力学第二定律的另外一种表述形式，它既说明了热力学第二定律的统计意义，又为我们提供了判定过程进行方向的依据。

熵具有**可加性**，系统在任意状态的熵 S 等于组成系统各部分熵

$S_i\ (i=1,2,\cdots)$ 的总和，即

$$S=\sum S_i \tag{6-7-5}$$

例如，当一个系统由两个子系统组成时，设在一定条件下，两个子系统的热力学概率分别为 Ω_1 和 Ω_2，两个子系统的熵分别为 S_1 和 S_2，则根据概率法则，在同一条件下该系统的热力学概率为 $\Omega=\Omega_1\Omega_2$，所以有

$$S=k\ln\Omega=k\ln\Omega_1+k\ln\Omega_2=S_1+S_2$$

熵是系统内分子热运动的无序性的度量，熵的增加就意味着无序程度的增加，对熵的这一本质的认识已经远远超出了分子运动的领域。熵适用于任何做无序运动的粒子系统，对大量无序出现的事件的研究中也应用了熵的概念。目前，熵的概念以及与之相关的理论已在物理、化学、生命科学、工程技术以及社会科学等领域中得到了广泛的应用。

6.7.3 熵的宏观表示

前面从微观角度给出了熵的定义，下面讨论熵的宏观表示方法以及宏观意义，我们以理想气体绝热自由膨胀过程的熵变为例进行讨论。设 ν (mol)理想气体共有 N 个分子，在绝热自由膨胀过程中体积从 V_1 膨胀到 V_2。由于气体在做绝热自由膨胀前后温度不变，因而可以不考虑分子速率分布的变化，只需考虑分子的位置分布对系统微观态数的影响。假设将 V_1 分成 n 个小体积，则 V_2 中包含的小体积数为 $\dfrac{n}{V_1}V_2$。1 个分子在 V_1 中有 n 个微观态，在 V_2 中就有 $\dfrac{n}{V_1}V_2$ 个微观态。当气体体积由 V_1 膨胀到 V_2 时，1 个分子的微观态数将增大 V_2/V_1 倍，而 N 个分子的微观态将增大 $\left(V_2/V_1\right)^N$ 倍。这就是说，气体在膨胀前后热力学概率之比为

$$\frac{\Omega_2}{\Omega_1}=\left(\frac{V_2}{V_1}\right)^N$$

所以，理想气体在做绝热自由膨胀前后的熵变为

$$\Delta S=k\ln\frac{\Omega_2}{\Omega_1}=Nk\ln\frac{V_2}{V_1}=\nu R\ln\frac{V_2}{V_1} \tag{6-7-6}$$

式（6-7-6）的结论是气体经历绝热自由膨胀得出的。由于熵是态函数，故熵变与所经历的过程无关，因为气体经历绝热自由膨胀过程的温度不变，故可选用可逆等温过程来计算上述例子的熵变。在可逆等温过程中理想气体吸收的热量为

$$Q_T = \nu RT \ln \frac{V_2}{V_1}$$

与式（6-7-6）比较，得

$$\Delta S = \frac{\nu RT \ln \dfrac{V_2}{V_1}}{T} = \frac{Q_T}{T}$$

对于无限小的可逆等温过程有

$$\mathrm{d}S = \frac{\mathrm{d}Q}{T} \tag{6-7-7}$$

理论上可以严格证明，式（6-7-7）具有普遍意义，它对任何系统的任意无限小可逆过程都适用。式（6-7-7）中 $\mathrm{d}S$ 表示熵的元增量，而热量与温度之比 $\mathrm{d}Q/T$ 称为**热温比**。式（6-7-7）表明，在无限小的可逆过程中，系统的熵的元增量等于其热温比。当系统经历一个有限的可逆过程时，其熵变可以将式（6-7-7）积分求得，即

$$\Delta S = S_2 - S_1 = {}_{\mathrm{R}}\int_1^2 \frac{\mathrm{d}Q}{T} \tag{6-7-8}$$

式中的下标 R 表示可逆过程。式（6-7-7）和式（6-7-8）是熵的宏观定义，称为**克劳斯修斯熵公式**。

根据克劳修斯熵也可得出熵增加原理（严格证明见后文）。任意热力学过程的熵变为

$$\Delta S \geqslant \int_1^2 \frac{\mathrm{d}Q}{T} \tag{6-7-9}$$

式中，对于不可逆过程取“>”，对于可逆过程取“=”。对于孤立系统，因为 $\mathrm{d}Q = 0$，因此孤立系统的熵变为

$$\Delta S \geqslant 0 \tag{6-7-10}$$

上式表明，孤立系统中所发生的不可逆过程的熵要增加，可逆过程的熵不变，即熵增加原理。

玻尔兹曼熵和克劳修斯熵在概念上还是有区别的。由克劳修斯熵的推导过程可知，克劳修斯熵只对系统的平衡态才有意义，它是系统平衡态的函数，熵的变化是指系统从某一平衡态到另一平衡态熵的变化。玻尔兹曼熵表示了系统的某一宏观态所对应的微观态数，对于系统的任意宏观态，哪怕是非平衡态，都有一定的可能微观态数与之对应，因此也有一定的熵值和它对应。由于平衡态对应于热力学概率最大的状态，所以可以说，克劳修斯熵是玻尔兹曼熵的最大值，玻尔兹曼熵更具有普遍意义。

在利用克劳修斯熵公式计算熵变时，如果过程的始、末两态均为平衡态，则系统的熵变只取决于始、末两态，与过程是否可逆无关。因

此，当始、末两态间经历一个不可逆过程时，可以在始、末两态间设计一个可逆过程，然后用式（6-7-8）计算熵变。

例 6-7-1　1 kg 温度为 0 ℃的水与温度为 100 ℃的热源接触，最终水温为 100 ℃。（1）计算水的熵变和热源的熵变；（2）判断此过程是否可逆。

解　（1）水的熵变为

$$\Delta S_{水} = \int_{T_1}^{T_2} \frac{dQ}{T} = mc\int_{T_1}^{T_2} \frac{dT}{T} = mc\ln\frac{T_2}{T_1}$$

$$= 1\times 4.18\times 10^3 \times \ln\frac{373.15}{273.15} \approx 1.30\times 10^3 \ (J/K)$$

热源的熵变为

$$\Delta S_{热源} = \frac{Q}{T} = \frac{-mc(T_2 - T_1)}{T_2}$$

$$= \frac{-1\times 4.18\times 10^3 \times (373.15 - 273.15)}{373.15} \approx -1.12\times 10^3 \ (J/K)$$

（2）根据熵的可加性，由水和热源组成的大系统的熵变为

$$\Delta S = \Delta S_{水} + \Delta S_{热源} = 1.30\times 10^3 - 1.12\times 10^3 = 180 \ (J/K)$$

水和热源组成的大系统可看成一个孤立系统，在水与热源接触的过程中 $\Delta S > 0$，所以此过程是不可逆过程，即高温热源自动地将热量传给低温的水的过程是不可逆过程；而水或热源是非孤立系统，其熵既可以增加，也可以减少。

6.7.4　由克劳修斯熵推导熵增加原理

卡诺定理指出，在温度为 T_1 的高温热源和温度为 T_2 的低温热源之间工作的卡诺热机效率为

$$\eta = 1 - \frac{Q_2}{Q_1} \leqslant 1 - \frac{T_2}{T_1}$$

式中“=”对应于可逆卡诺热机，“<”对应于不可逆卡诺热机。显然，有

$$\frac{Q_1}{T_1} - \frac{Q_2}{T_2} \leqslant 0$$

式中，Q_1 和 Q_2 是工作物质所吸收和放出热量的绝对值。为了便于讨论，采用热力学第一定律中对热量正负的规定，即工作物质吸热 $Q > 0$，工作物质放热 $Q < 0$，则上式应改写为

$$\frac{Q_1}{T_1} + \frac{Q_2}{T_2} \leqslant 0 \tag{6-7-11}$$

上式表明，在卡诺循环中，系统热温比的总和总是小于或等于零。

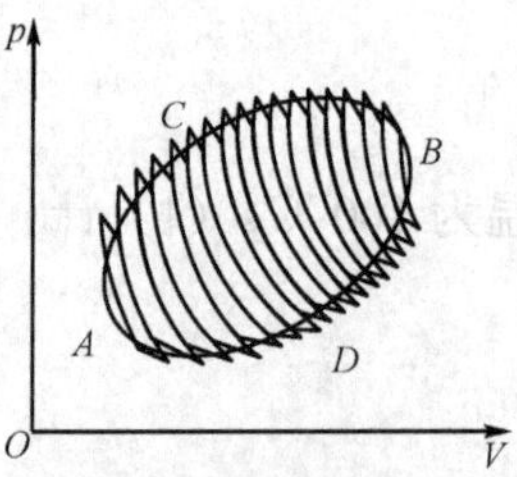

图 6-7-2 任意循环

对于图 6-7-2 所示的任意循环，都可以看成由一系列小卡诺循环组成。任意两个相邻的小卡诺循环中的绝热线是共同的，但进行的方向相反，因而相互抵消。当每一个卡诺循环趋于无限小时，由无数条等温线和绝热线组成的折线就趋于循环曲线。即 $ACBDA$ 循环可等价于沿所有小卡诺循环的总和。对于每一个卡诺循环，式（6-7-11）总是成立的，所以对于任意循环 $ACBDA$ 有

$$\sum_{i=1}^{n}\frac{Q_i}{T_i}\leqslant 0$$

当小卡诺循环的数目无限多时，上式中的 $n\to\infty$，这时求和可用积分代替，有

$$\oint\frac{\mathrm{d}Q}{T}\leqslant 0 \qquad (6\text{-}7\text{-}12)$$

式中，$\mathrm{d}Q$ 为系统从温度为 T 的热源中吸收的热量。等号对应可逆循环，称为克劳修斯等式；小于号对应不可逆循环，称为克劳修斯不等式。

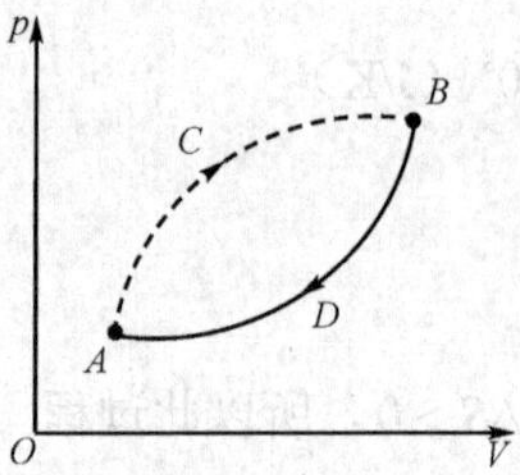

图 6-7-3 不可逆过程的熵变

设系统由平衡态 A 经过任意一个不可逆过程 ACB 变化到平衡态 B，而后经另一可逆过程 BDA 回到平衡态 A，这两个过程构成了一个不可逆循环，如图 6-7-3 所示。由式（6-7-12）可知

$$\int_{ACB}\frac{\mathrm{d}Q}{T}+{}_{\mathrm{R}}\int_{BDA}\frac{\mathrm{d}Q}{T}=\int_{ACB}\frac{\mathrm{d}Q}{T}-{}_{\mathrm{R}}\int_{ADB}\frac{\mathrm{d}Q}{T}<0$$

即

$${}_{\mathrm{R}}\int_{ADB}\frac{\mathrm{d}Q}{T}>\int_{ACB}\frac{\mathrm{d}Q}{T} \qquad (6\text{-}7\text{-}13)$$

因为 ADB 是可逆过程，所以有

$$S_B-S_A={}_{\mathrm{R}}\int_{ADB}\frac{\mathrm{d}Q}{T} \qquad (6\text{-}7\text{-}14)$$

对于 ACB 不可逆过程，由式（6-7-13）和式（6-7-14）得

$$S_B-S_A>\int_{ACB}\frac{\mathrm{d}Q}{T} \qquad (6\text{-}7\text{-}15)$$

式（6-7-14）和式（6-7-15）合并写成

$$\Delta S=S_B-S_A\geqslant\int_A^B\frac{\mathrm{d}Q}{T} \qquad (6\text{-}7\text{-}16)$$

上式中，可逆过程取“=”；不可逆过程取“>”，对于孤立系统，系统与外界无热量交换，在任意微小过程中 $\mathrm{d}Q=0$，则有

$$\Delta S=S_B-S_A\geqslant 0 \qquad (6\text{-}7\text{-}17)$$

上式就是熵增加原理。

6.8　本章小结

1. 内能、功、热量

内能：内能是系统状态的单值函数，是一个状态量，系统内能的变化只与系统的始、末状态有关，与过程无关。

功和热量：功和热量是系统与外界交换能量的两种方式，功和热量是过程量，它们的值都与热力学过程有关。

2. 准静态过程

在过程中的任意时刻，系统都无限地接近平衡态，这样的过程称为准静态过程。

3. 准静态过程中系统对外做的体积功

$$\mathrm{d}W = p\mathrm{d}V\,,\quad W = \int_{V_1}^{V_2} p\mathrm{d}V$$

4. 热力学第一定律

$$Q = \Delta E + W\,,\quad \mathrm{d}Q = \mathrm{d}E + \mathrm{d}W$$

5. 热力学第一定律在等值过程和绝热过程中的应用（见表 6-8-1）

表 6-8-1　理想气体在等值过程和绝热过程中的重要公式

过程	特征	过程方程	吸收热量 Q	对外做功 W	内能增量 ΔE
等体	$V=$ 常量	$pT^{-1}=$ 常量	$\nu C_{V,\mathrm{m}}(T_2-T_1)$	0	$\nu C_{V,\mathrm{m}}(T_2-T_1)$
等压	$p=$ 常量	$VT^{-1}=$ 常量	$\nu C_{p,\mathrm{m}}(T_2-T_1)$	$p(V_2-V_1)$ $\nu R(T_2-T_1)$	$\nu C_{V,\mathrm{m}}(T_2-T_1)$
等温	$T=$ 常量	$pV=$ 常量	$\nu RT\ln(V_2/V_1)$ $\nu RT\ln(p_1/p_2)$	$\nu RT\ln(V_2/V_1)$ $\nu RT\ln(p_1/p_2)$	0
绝热	$Q=0$	$pV^{\gamma}=$ 常量 $TV^{\gamma-1}=$ 常量 $p^{\gamma-1}T^{-\gamma}=$ 常量	0	$-\nu C_{V,\mathrm{m}}(T_2-T_1)$ $\dfrac{P_1V_1-P_2V_2}{\gamma-1}$	$\nu C_{V,\mathrm{m}}(T_2-T_1)$

表中，摩尔定容热容：$C_{V,\mathrm{m}}=\dfrac{i}{2}R$；摩尔定压热容：$C_{p,\mathrm{m}}=\dfrac{i+2}{2}R$；比热容比：$\gamma=\dfrac{C_{p,\mathrm{m}}}{C_{V,\mathrm{m}}}=\dfrac{i+2}{i}$。

6. 循环过程

热机效率：$\eta=\dfrac{W}{Q_1}=\dfrac{Q_1-Q_2}{Q_1}=1-\dfrac{Q_2}{Q_1}$

制冷机的制冷系数：$e=\dfrac{Q_2}{W}=\dfrac{Q_2}{Q_1-Q_2}$

7. 卡诺循环

卡诺热机循环效率：$\eta=\dfrac{W}{Q_1}=1-\dfrac{Q_2}{Q_1}=1-\dfrac{T_2}{T_1}$

卡诺制冷机的制冷系数：$e=\dfrac{Q_2}{W}=\dfrac{Q_2}{Q_1-Q_2}=\dfrac{T_2}{T_1-T_2}$

8. 热力学第二定律

开尔文表述：不可能制造出这样一种循环工作的热机，它只从单一热源吸收热量，使之完全转换为功而不引起其他变化。

克劳修斯表述：热量不可能自动地由低温物体传向高温物体。

9. 可逆过程与不可逆过程

可逆过程：如果逆过程能重复正过程的每一个状态，而且不引起其他变化，这样的过程叫作可逆过程。一个无耗散效应的准静态过程才是可逆过程。

不可逆过程：在不引起其他变化的条件下，不能使逆过程重复正过程的每一个状态，或者虽然能够重复但必然会引起其他变化，这样的过程叫作不可逆过程。一切与热现象有关的实际宏观过程都是不可逆的。

10. 热力学第二定律的微观意义和统计意义

微观意义：一切自然过程总是沿着无序性增大的方向进行。

统计意义：自然过程都是由概率小的宏观态向概率大的宏观态进行的。

11. 玻尔兹曼熵

玻尔兹曼熵公式：$S=k\ln\Omega$

熵增加原理：$\Delta S\geqslant 0$（对于不可逆过程取“>”，对于可逆过程取“=”）

12. 克劳修斯熵

克劳修斯熵公式：$\mathrm{d}S=\dfrac{\mathrm{d}Q}{T}$

6.9　习　　题

扫码查看习题答案

1. 若系统从外界吸收热量，则以下说法正确的是（　　）。

（A）系统的内能一定增加　　（B）系统的内能一定减少

（C）系统的内能保持不变　　（D）无法判断

2. 一定量的理想气体，经历某过程后温度升高了，则可以判断以下说法正确的是（　　）。

① 该理想气体系统在此过程中吸收了热量

② 在此过程中外界对该理想气体系统做了功

③ 该理想气体系统的内能增加了

④ 在此过程中理想气体系统既从外界吸收了热量，又对外做了功

（A）①③　　（B）②③

（C）③　　（D）③④

3. 当用公式 $\Delta E = \nu C_{V,\mathrm{m}} \Delta T$ 计算理想气体内能的增量时，此式（　　）

（A）仅适用于准静态的等体过程

（B）仅适用于等体过程

（C）仅适用于准静态过程

（D）适用于一切始、末状态为平衡态的过程

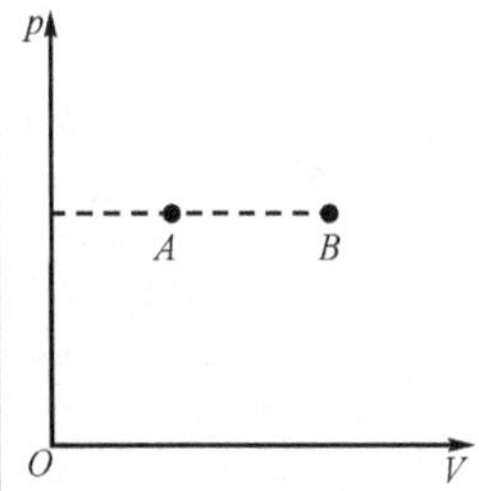

图 6-9-1　习题 4 图

4. 如图 6-9-1 所示，一定量理想气体由平衡态 A 变到平衡态 B，且它们的压强相等，即 $p_A = p_B$。则在 A、B 两平衡态之间，气体无论经过什么过程，下列说法正确的是（　　）。

（A）对外做正功　　（B）内能增加

（C）从外界吸热　　（D）向外界放热

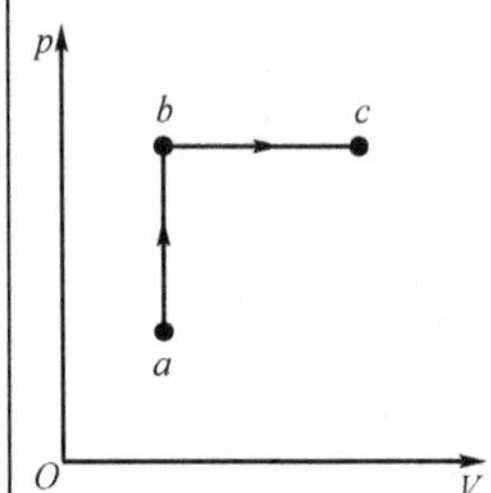

图 6-9-2　习题 5 图

5. 如图 6-9-2 所示，理想气体经历 abc 准静态过程，设系统对外做功 W，从外界吸收的热量 Q 和内能的增量 ΔE，则正负情况是（　　）。

（A）$\Delta E > 0$，$Q > 0$，$W < 0$

（B）$\Delta E > 0$，$Q > 0$，$W > 0$

（C）$\Delta E < 0$，$Q < 0$，$W < 0$

（D）$\Delta E < 0$，$Q < 0$，$W > 0$

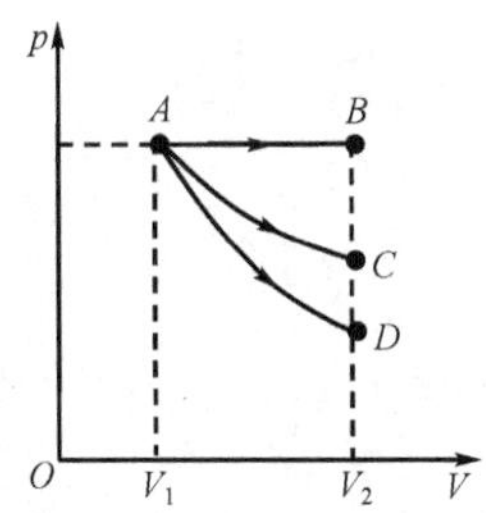

图 6-9-3　习题 6 图

6. 一定量理想气体分别经历等压、等温和绝热过程从体积 V_1 膨胀到体积 V_2，如图 6-9-3 所示，则下列说法正确的是（　　）。

（A）$A \to C$ 吸热最多，内能增加

（B）$A \to D$ 做功最少，内能增加

（C）$A \to B$ 吸热最多，内能不变

（D）$A \to C$ 对外做功，内能不变

7. 如图 6-9-4 所示，理想气体卡诺循环过程的两条绝热线下的面积大小分别为 S_1 和 S_2，则两者的大小关系为（　　）。

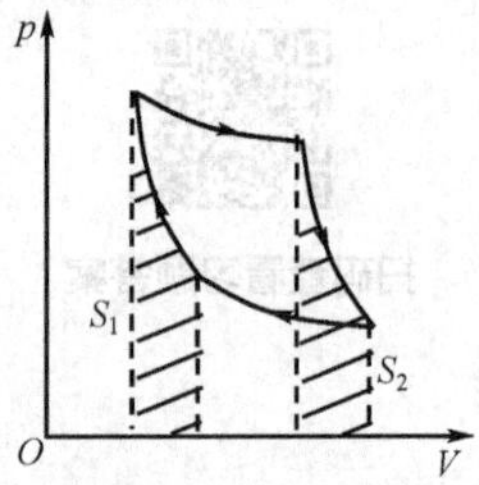

图 6-9-4　习题 7 图

（A）$S_1 > S_2$　　　　（B）$S_1 = S_2$

（C）$S_1 < S_2$　　　　（D）无法确定

8. 关于可逆过程和不可逆过程有以下几种说法，其中正确的是（　　）。

① 可逆过程一定是准静态过程

② 准静态过程一定是可逆过程

③ 不可逆过程就是不能向相反方向进行的过程

④ 非静态过程一定是不可逆过程

（A）①②③　　　　（B）①②④

（C）②④　　　　（D）①④

9. 根据热力学第二定律判断下列（　　）是正确的。

（A）热量能从高温物体传到低温物体，但不能从低温物体传到高温物体

（B）功可以全部变为热，但热不能全部变为功

（C）热力学第二定律可表述为效率等于 100% 的热机是不可能制造成功的

（D）有序运动的能量能够变为无序运动的能量，但无序运动的能量不能变为有序运动的能量

10. 某理想气体的过程方程为 $p^{1/2}V = a$，其中 a 为常数，理想气体从体积 V_1 膨胀到 V_2 所做的功为________J。

11. 两个相同的容器内分别装有温度和摩尔数都相同氢气和氦气，现将 3 J 的热量传给氦气，使其升高一定的温度。若使氢气升高同样的温度，则应向氢气传递的热量为________J。

12. 一容器内储有 2 mol 单原子理想气体，在压缩过程中外界做功 200 J，气体升温 1 K。此过程中气体内能的增量为________J，气体吸收的热量为________J。

13. 一定量理想气体对外做功 300 J。如果过程是等温的，气体吸收热量为________J；如果过程是绝热的，气体内能改变了________J。

14. 一定量的某种理想气体在等压过程中对外做功 100 J。若此种气体为单原子分子气体，则该过程中吸热________J；若为双原子分子气体，则吸热________J。

15. 某理想气体分子的自由度为 i，在等压过程中吸收的热量为

Q_p，对外做功为 W_p，内能的增量为 ΔE，则 $W_p/Q_p =$__________；$\Delta E/Q_p =$__________。

16. 家用冰箱的冷藏室要保持 270 K 的温度，冰箱外空气的温度为 300 K。按卡诺制冷循环计算冰箱的制冷系数为__________。

17. 一理想卡诺机在温度分别为 300 K 和 400 K 的两个热源之间工作。若把高温热源的温度提高 100 K，则卡诺热机的效率可提高为原来的__________倍；若把低温热源的温度降低 100 K，则卡诺制冷机的制冷系数降低为原来的__________倍。

18. 一卡诺热机从温度为 727 ℃的高温热源吸热，向温度为 527 ℃的低温热源放热。若热机每循环一次吸热 2 000 J，则热机每循环一次对外做的功为__________J。

19. 一绝热容器被隔板分成两半，一半装有理想气体，另一半是真空。如果把隔板撤去，气体将进行自由膨胀，达到平衡后气体的内能__________，气体的熵__________。（填“增加”“减少”“不变”）

20. 如图 6-9-5 所示，一系统由状态 a 沿 acb 过程到达状态 b 时，吸收了 600 J 的热量，并且对外做了 400 J 的功。（1）如果它沿 adb 过程到达状态 b 时，对外做了 150 J 的功，则系统吸收了多少热量？（2）当它由状态 b 沿曲线 ba 返回状态 a 时，外界对它做了 350 J 的功，则系统吸收了多少热量？

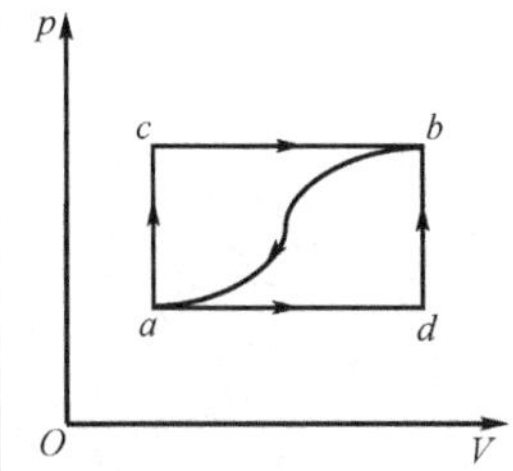

图 6-9-5　习题 20 图

21. 1 mol 单原子理想气体温度从 400 K 升高到 800 K。分别计算在等体过程和等压过程气体吸收了多少热量？增加了多少内能？对外做了多少功？

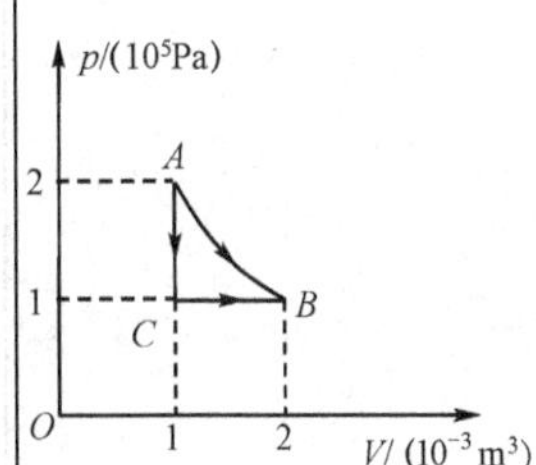

图 6-9-6　习题 22 图

22. 如图 6-9-6 所示，使 1 mol 氧气：（1）由状态 A 等温地变到状态 B；（2）由状态 A 等体地变到状态 C，再由状态 C 等压地变到状态 B。试分别计算氧气所做的功和吸收的热量。

23. 1 mol 单原子分子理想气体经历如图 6-9-7 所示的循环过程，已知状态 a 的压强和温度分别为 p_1、V_1，求其循环效率。

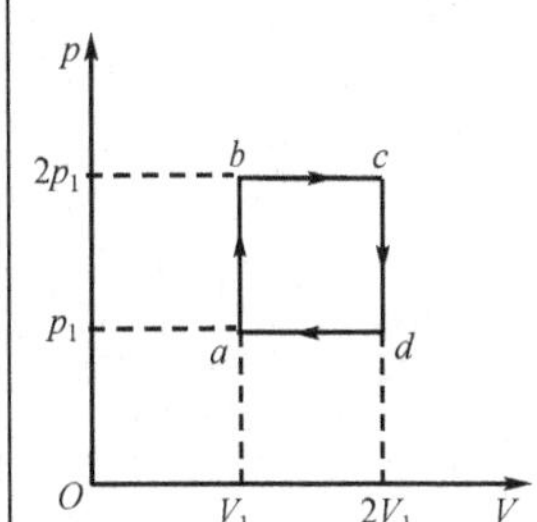

图 6-9-7　习题 23 图

24. 0.32 kg 的氧气做如图 6-9-8 所示的循环过程，其中 AB 和 CD 是等温过程，BC 和 DA 是等体过程。设 $V_2 = 2V_1$，两个等温过程的温度分别为 $T_1 = 200$ K，$T_2 = 100$ K。求其循环效率。

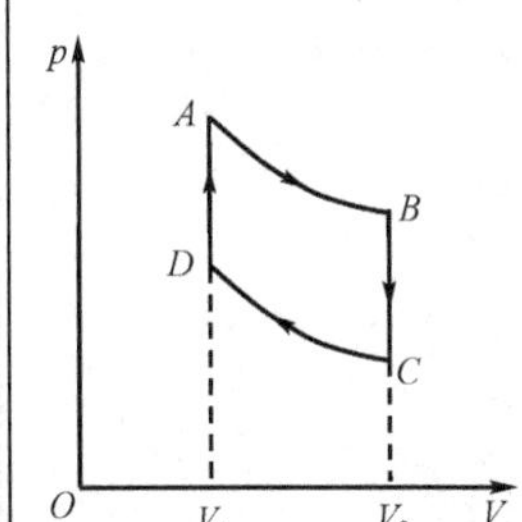

图 6-9-8　习题 24 图

25. 有人想设计一台卡诺热机，每循环一次可从 400 K 的高温热源吸热 2 000 J，向 300 K 的低温热源放热 1 100 J，同时对外作功 900 J。试计算该设计能否成功。

26. 一卡诺机工作于温度为 300 K 和 400 K 的两个热源之间。（1）在正循环中，如从高温热源吸收 1 200 J 的热量，将对外做多少功？向低温热源放出多少热量？（2）若使该机做逆循环的制冷机，如从低温热源吸收 1 200 J 的热量，外界对制冷机做了多少功？将向高温热源放出多少热量？

*27. 当人体温度为 37 ℃，环境温度为 0 ℃时，人体每天大约向周围环境散热 8×10^6 J。如果忽略进食带进体内的熵，试计算人体和环境一天内的总熵变。

*28. 把 0 ℃质量为 0.5 kg 的冰块与热源接触后融化成 0 ℃的水（1 kg 的冰融化成 1 kg 的水需要的热量为 3.34×10^5 J）。（1）水的熵变是多少？（2）若热源的温度为 20 ℃，则热源的熵变是多少？（3）水和热源的总熵变是多少？

附录A 相关资料

A.1 矢 量

A.1.1 标量与矢量

在物理学中，有一类物理量，如质量、时间、功、能量等，只有大小和正负而没有方向，这类物理量称为**标量**。另一类物理量，如位移、速度、加速度、力等，既有大小又有方向，并且按照平行四边形运算法则相加减，这类物理量称为**矢量**。

矢量通常用黑体字母（如 $\boldsymbol{A}$，印刷用）或带箭头的字母（如 $\vec{A}$，书写用）表示。在作图时，常用有向线段来表示，如图 A-1-1 所示。线段的长短按一定比例表示矢量的大小，箭头的指向表示矢量的方向。

矢量的大小叫作矢量的**模**，矢量 $\boldsymbol{A}$ 的模通常用符号 $|\boldsymbol{A}|$ 或 A 表示。如果有一矢量和另一矢量 $\boldsymbol{A}$ 大小相等而方向相反，这时可用 $-\boldsymbol{A}$ 来表示这个矢量。

如果矢量 $\boldsymbol{e}_A$ 的模等于 1，且方向与矢量 $\boldsymbol{A}$ 相同，则 $\boldsymbol{e}_A$ 称为矢量 $\boldsymbol{A}$ 方向上的**单位矢量**，因此矢量 $\boldsymbol{A}$ 可表示为

$$\boldsymbol{A}=|\boldsymbol{A}|\boldsymbol{e}_A=A\boldsymbol{e}_A \tag{A-1-1}$$

这种表示方法实际上是把矢量 $\boldsymbol{A}$ 的大小和方向这两个特征分别地表示出来。在直角坐标系中，通常用 $\boldsymbol{i}$、$\boldsymbol{j}$、$\boldsymbol{k}$ 分别表示沿 x、y、z 三个坐标轴正方向的单位矢量。

如图 A-1-2 所示，如果把矢量在空间平移，则矢量的大小和方向都保持不变，这称为**矢量平移的不变性**。根据这个性质，在考察矢量之间的关系或进行运算时，往往根据需要将矢量进行平移。

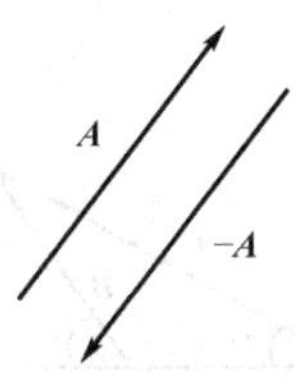

图 A-1-1　矢量的图像表示

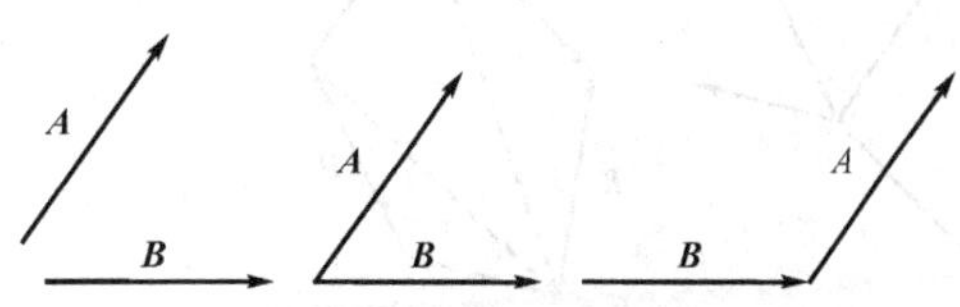

图 A-1-2　矢量的图像表示

A.1.2 矢量的合成

1. 矢量合成的几何法

设有两个矢量 $\boldsymbol{A}$ 和 $\boldsymbol{B}$，如图 A-1-3 所示，它们相加时，可利用矢量平移的不变性将这两个矢量平移，使两矢量的起点交于一点，再以这两个矢量 $\boldsymbol{A}$ 和 $\boldsymbol{B}$ 为邻边作平行四边形，从两矢量的交点作平行四边形的对角线 $\boldsymbol{C}$，此对角线即为 $\boldsymbol{A}$ 和 $\boldsymbol{B}$ 两个矢量之合，用矢量式表示为

$$\boldsymbol{C}=\boldsymbol{A}+\boldsymbol{B} \tag{A-1-2}$$

$\boldsymbol{C}$ 称为合矢量，$\boldsymbol{A}$ 和 $\boldsymbol{B}$ 称为 $\boldsymbol{C}$ 矢量的分矢量。这个方法叫作矢量相加的**平行四边形法则**。

因为平行四边形的对边平行且相等，因此两个矢量合成的平行四边形法则可简化为**三角形法则**：以矢量 $\boldsymbol{A}$ 的末端为起点作矢量 $\boldsymbol{B}$，如图 A-1-4 所示，则由矢量 $\boldsymbol{A}$ 的始端画到矢量 $\boldsymbol{B}$ 的末端的矢量就是合矢量 $\boldsymbol{C}$。

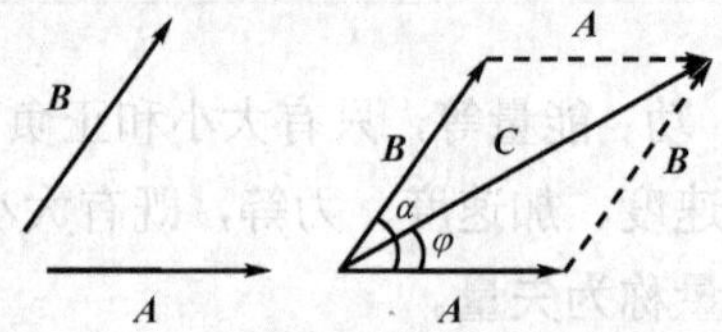

图 A-1-3 矢量合成的平行四边形法则

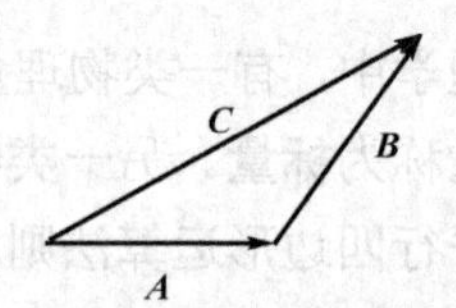

图 A-1-4 矢量合成的三角形法则

对于在同一个平面上的多个矢量相加，可根据三角形法则，先求出其中两个矢量的合矢量，然后将该合矢量与第三个矢量相加，求得这三个矢量的合矢量，依此类推，即可得到多个矢量的合矢量。如图 A-1-5 所示，或者从 $\boldsymbol{A}$ 矢量出发，首尾相连地依次画出 $\boldsymbol{B}$、$\boldsymbol{C}$、$\boldsymbol{D}$ 各矢量，然后由第一个矢量 $\boldsymbol{A}$ 的始端到最后一个矢量 $\boldsymbol{D}$ 的末端连一有向线段 $\boldsymbol{R}$，这个矢量 $\boldsymbol{R}$ 就是 $\boldsymbol{A}$、$\boldsymbol{B}$、$\boldsymbol{C}$、$\boldsymbol{D}$ 四个矢量的合矢量。由于各分矢量与合矢量在图中围成一个多边形，所以这种求合矢量的方法称为**多边形法则**。

合矢量的大小和方向也可以通过计算求得。在图 A-1-3 中，设矢量 $\boldsymbol{A}$ 和矢量 $\boldsymbol{B}$ 之间的夹角为 α，合矢量 $\boldsymbol{C}$ 与矢量 $\boldsymbol{A}$ 之间的夹角为 φ。由图 A-1-6 可知，合矢量 $\boldsymbol{C}$ 的大小和方向为

$$C=\sqrt{A^2+B^2+2AB\cos\alpha} \tag{A-1-3}$$

$$\varphi=\arctan\frac{B\sin\alpha}{A+B\cos\alpha} \tag{A-1-4}$$

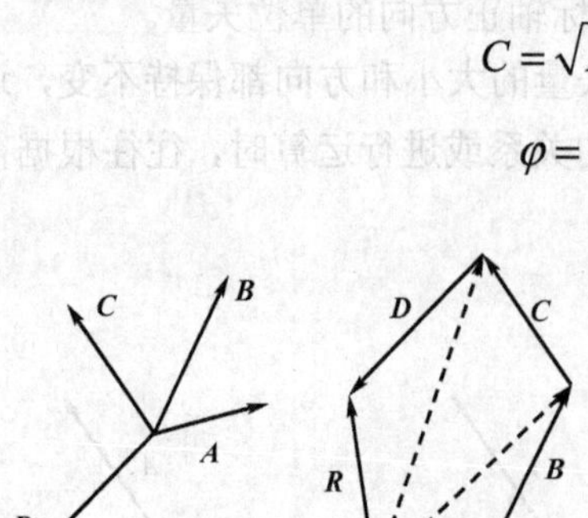

图 A-1-5 矢量合成的多边形法则

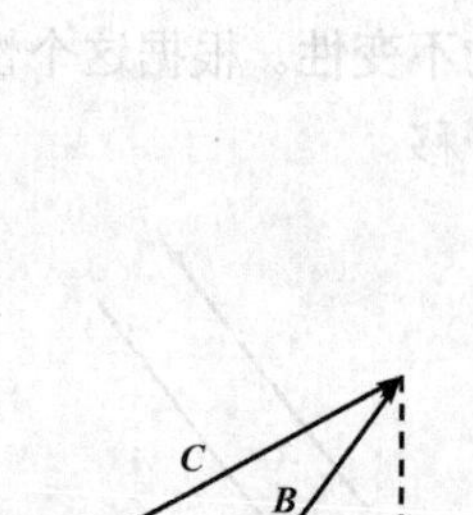

图 A-1-6 合矢量的计算

2. 矢量合成的解析法

1）矢量在直角坐标系上的分矢量和分量

如图 A-1-7 所示，在三维直角坐标系中，矢量 $\boldsymbol{A}$ 在 x、y、z 坐标轴上的分矢量分别为 $\boldsymbol{A}_x$、$\boldsymbol{A}_y$、$\boldsymbol{A}_z$，则有

$$\boldsymbol{A}=\boldsymbol{A}_x+\boldsymbol{A}_y+\boldsymbol{A}_z \tag{A-1-5}$$

矢量 $\boldsymbol{A}$ 在 x、y、z 坐标轴上的分量（即投影）分别为 A_x、A_y、A_z，若用 $\boldsymbol{i}$、$\boldsymbol{j}$、$\boldsymbol{k}$ 分别表示沿 x、y、z 坐标轴上的单位矢量，则有

$$\boldsymbol{A}=A_x\boldsymbol{i}+A_y\boldsymbol{j}+A_z\boldsymbol{k} \tag{A-1-6}$$

矢量 $\boldsymbol{A}$ 的方向由其与 x、y、z 坐标轴的夹角 α、β、γ 来确定，有

$$\cos\alpha=\frac{A_x}{A},\quad \cos\beta=\frac{A_y}{A},\quad \cos\gamma=\frac{A_z}{A} \tag{A-1-7}$$

2）矢量合成的解析法

利用矢量在直角坐标系上的分量表示法可以使矢量加减运算简化。设平面直角坐标系内有矢量 $\boldsymbol{A}$ 和矢量 $\boldsymbol{B}$，它们与 x 轴的夹角分别为 α 和 β，如图 A-1-8 所示。矢量 $\boldsymbol{A}$ 和矢量 $\boldsymbol{B}$ 在两坐标轴上的分量分别表示为

$$\begin{cases}A_x=A\cos\alpha\\A_y=A\sin\alpha\end{cases},\quad \begin{cases}B_x=B\cos\beta\\B_y=B\sin\beta\end{cases} \tag{A-1-8}$$

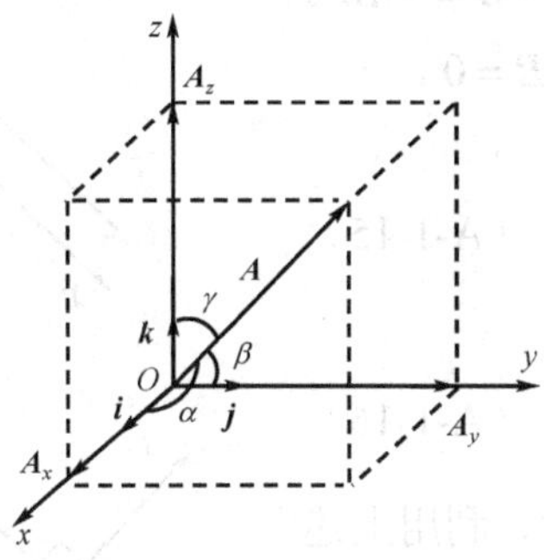

图 A-1-7 矢量的坐标表示

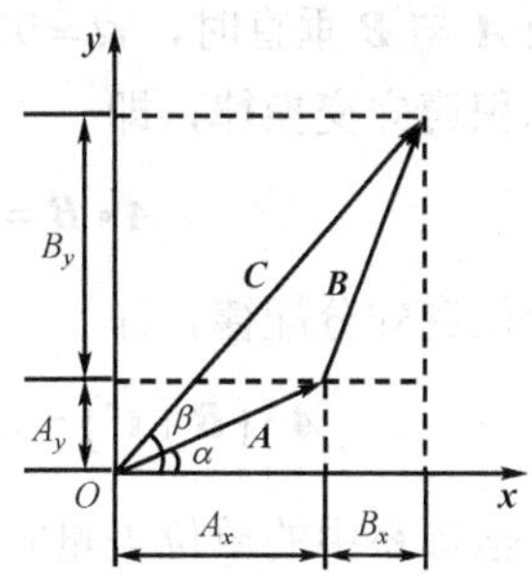

图 A-1-8 矢量合成的解析法

由图 A-1-8 可以看出，合矢量 $\boldsymbol{C}$ 在两坐标轴的分量 C_x 和 C_y 与矢量 $\boldsymbol{A}$、$\boldsymbol{B}$ 的分量之间的关系为

$$C_x=A_x+B_x \tag{A-1-9}$$

$$C_y=A_y+B_y \tag{A-1-10}$$

矢量 $\boldsymbol{C}$ 的大小和方向分别为

$$C=\sqrt{C_x^2+C_y^2} \tag{A-1-11}$$

$$\varphi=\arctan\frac{C_y}{C_x} \tag{A-1-12}$$

A.1.3 矢量的乘法

1. 矢量的数乘

一个数 k 与矢量 $\boldsymbol{A}$ 相乘，得到另一个矢量 $\boldsymbol{C}$，即

$$\boldsymbol{C}=k\boldsymbol{A} \tag{A-1-13}$$

$\boldsymbol{C}$ 的大小为 kA。如果 $k>0$，则 $\boldsymbol{C}$ 的方向与 $\boldsymbol{A}$ 的方向相同；如果 $k<0$，则 $\boldsymbol{C}$ 的方向与 $\boldsymbol{A}$ 的方向相反。

2. 矢量的标积

设两矢量 $\boldsymbol{A}$ 和 $\boldsymbol{B}$ 之间小于180°的夹角为 α，则矢量 $\boldsymbol{A}$ 和矢量 $\boldsymbol{B}$ 的标积（或称点积、点乘）用符号 $\boldsymbol{A}\cdot\boldsymbol{B}$ 表示，定义

$$\boldsymbol{A}\cdot\boldsymbol{B}=AB\cos\alpha \tag{A-1-14}$$

即矢量 $\boldsymbol{A}$ 和矢量 $\boldsymbol{B}$ 的标积是 $\boldsymbol{A}$ 和 $\boldsymbol{B}$ 的大小及它们夹角 α 余弦的乘积，**标积的结果为一标量**。

由图 A-1-9 可知，$\boldsymbol{A}\cdot\boldsymbol{B}$ 相当于 $\boldsymbol{A}$ 的大小与 $\boldsymbol{B}$ 沿 $\boldsymbol{A}$ 方向分量的乘积（或相当于 $\boldsymbol{B}$ 的大小与 $\boldsymbol{A}$ 沿 $\boldsymbol{B}$ 方向分量的乘积）。从标积的定义可以得到标积具有如下结论。

（1）当 $\boldsymbol{A}$ 与 $\boldsymbol{B}$ 同向时，$\alpha=0°$，$\cos\alpha=1$，$\boldsymbol{A}\cdot\boldsymbol{B}=AB$。

（2）当 $\boldsymbol{A}$ 与 $\boldsymbol{B}$ 反向时，$\alpha=180°$，$\cos\alpha=-1$，$\boldsymbol{A}\cdot\boldsymbol{B}=-AB$。

（3）当 $\boldsymbol{A}$ 与 $\boldsymbol{B}$ 垂直时，$\alpha=90°$，$\cos\alpha=0$，$\boldsymbol{A}\cdot\boldsymbol{B}=0$。

（4）标积遵守交换律，即

$$\boldsymbol{A}\cdot\boldsymbol{B}=\boldsymbol{B}\cdot\boldsymbol{A} \tag{A-1-15}$$

（5）标积遵守分配律，即

$$\boldsymbol{A}\cdot(\boldsymbol{B}+\boldsymbol{C})=\boldsymbol{A}\cdot\boldsymbol{B}+\boldsymbol{A}\cdot\boldsymbol{C} \tag{A-1-16}$$

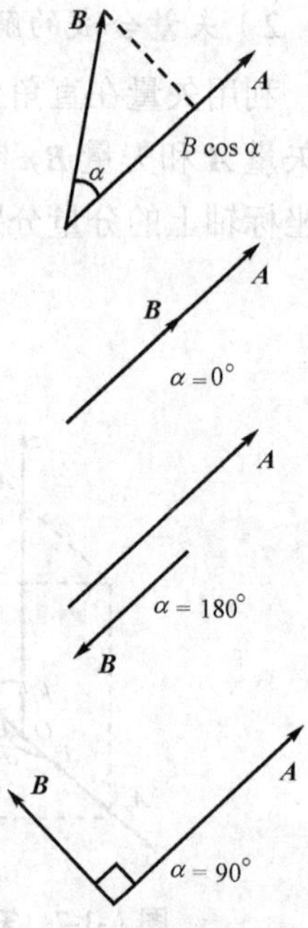

图 A-1-9 两矢量的夹角与标积的关系

在直角坐标系中的单位矢量 $\boldsymbol{i}$、$\boldsymbol{j}$、$\boldsymbol{k}$ 具有正交性，利用上述性质可得

$$\boldsymbol{i}\cdot\boldsymbol{i}=\boldsymbol{j}\cdot\boldsymbol{j}=\boldsymbol{k}\cdot\boldsymbol{k}=1 \tag{A-1-17}$$

$$\boldsymbol{i}\cdot\boldsymbol{j}=\boldsymbol{j}\cdot\boldsymbol{i}=\boldsymbol{i}\cdot\boldsymbol{k}=\boldsymbol{k}\cdot\boldsymbol{i}=\boldsymbol{j}\cdot\boldsymbol{k}=\boldsymbol{k}\cdot\boldsymbol{j}=0 \tag{A-1-18}$$

对于 $\boldsymbol{A}$ 和 $\boldsymbol{B}$ 两矢量的标积有

$$\boldsymbol{A}\cdot\boldsymbol{B}=\left(A_x\boldsymbol{i}+A_y\boldsymbol{j}+A_z\boldsymbol{k}\right)\cdot\left(B_x\boldsymbol{i}+B_y\boldsymbol{j}+B_z\boldsymbol{k}\right)=A_xB_x+A_yB_y+A_zB_z \tag{A-1-19}$$

3. 矢量的矢积

设两矢量 $\boldsymbol{A}$ 和 $\boldsymbol{B}$ 之间小于180°的夹角为 α，则矢量 $\boldsymbol{A}$ 和矢量 $\boldsymbol{B}$ 的矢积（或称叉积、叉乘）用符号 $\boldsymbol{A}\times\boldsymbol{B}$ 表示，若 $\boldsymbol{A}\times\boldsymbol{B}$ 得到另一个矢量 $\boldsymbol{C}$，则定义

$$\boldsymbol{C}=\boldsymbol{A}\times\boldsymbol{B} \tag{A-1-20}$$

矢量 $\boldsymbol{C}$ 的大小为

$$C = AB\sin\alpha \tag{A-1-21}$$

矢量 $\boldsymbol{C}$ 的方向垂直于 $\boldsymbol{A}$、$\boldsymbol{B}$ 两矢量所组成的平面，指向由右手螺旋定则确定。

如图 A-1-10 所示，当右手四指从 $\boldsymbol{A}$ 经小于180°的角转向 $\boldsymbol{B}$ 时，右手拇指的指向就是 $\boldsymbol{C}$ 的方向。如果以 $\boldsymbol{A}$、$\boldsymbol{B}$ 两矢量构成平行四边形的邻边，则矢量 $\boldsymbol{C}$ 垂直于四边形所在的平面，且 $\boldsymbol{C}$ 的指向代表着此平面的正法线方向，$\boldsymbol{C}$ 的大小等于平行四边形的面积。

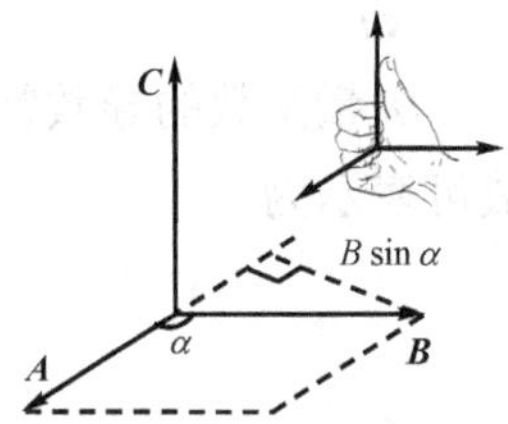

图 A-1-10　矢量的矢积

从矢积的定义可以得到矢积具有如下结论。

（1）当 $\boldsymbol{A}$ 与 $\boldsymbol{B}$ 同向或反向时，$\alpha = 0^\circ$ 或 $\alpha = 180^\circ$，$\sin\alpha = 0$，$\boldsymbol{A}\times\boldsymbol{B} = 0$。

（2）当 $\boldsymbol{A}$ 与 $\boldsymbol{B}$ 垂直时，$\alpha = 90^\circ$，$\sin\alpha = 1$，$\boldsymbol{A}\times\boldsymbol{B}$ 有最大值，其大小为 AB。

（3）矢积 $\boldsymbol{A}\times\boldsymbol{B}$ 的大小与 $\boldsymbol{B}\times\boldsymbol{A}$ 的大小相同，均为 $AB\sin\alpha$，但 $\boldsymbol{A}\times\boldsymbol{B}$ 与 $\boldsymbol{B}\times\boldsymbol{A}$ 的方向相反，所以

$$\boldsymbol{A}\times\boldsymbol{B} = -\boldsymbol{B}\times\boldsymbol{A} \tag{A-1-22}$$

即矢积不满足交换律。

（4）矢积遵守分配律，即

$$\boldsymbol{A}\times(\boldsymbol{B}+\boldsymbol{C}) = \boldsymbol{A}\times\boldsymbol{B} + \boldsymbol{A}\times\boldsymbol{C} \tag{A-1-23}$$

在直角坐标系中，单位矢量之间的矢积为

$$\boldsymbol{i}\times\boldsymbol{i} = \boldsymbol{j}\times\boldsymbol{j} = \boldsymbol{k}\times\boldsymbol{k} = 0 \tag{A-1-24}$$

$$\boldsymbol{i}\times\boldsymbol{j} = \boldsymbol{k},\quad \boldsymbol{j}\times\boldsymbol{k} = \boldsymbol{i},\quad \boldsymbol{k}\times\boldsymbol{i} = \boldsymbol{j},\quad \boldsymbol{j}\times\boldsymbol{i} = -\boldsymbol{k},\quad \boldsymbol{k}\times\boldsymbol{j} = -\boldsymbol{i},\quad \boldsymbol{i}\times\boldsymbol{k} = -\boldsymbol{j} \tag{A-1-25}$$

利用上述性质，对 $\boldsymbol{A}$ 和 $\boldsymbol{B}$ 两矢量求矢积有

$$\begin{aligned}\boldsymbol{A}\times\boldsymbol{B} &= (A_x\boldsymbol{i} + A_y\boldsymbol{j} + A_z\boldsymbol{k})\times(B_x\boldsymbol{i} + B_y\boldsymbol{j} + B_z\boldsymbol{k}) \\ &= (A_yB_z - A_zB_y)\boldsymbol{i} + (A_zB_x - A_xB_z)\boldsymbol{j} + (A_xB_y - A_yB_x)\boldsymbol{k}\end{aligned}$$

利用行列式的表达式，上式可写成

$$\boldsymbol{A}\times\boldsymbol{B} = \begin{vmatrix} \boldsymbol{i} & \boldsymbol{j} & \boldsymbol{k} \\ A_x & A_y & A_z \\ B_x & B_y & B_z \end{vmatrix} \tag{A-1-26}$$

A.1.4　矢量的求导

设在直角坐标系中有一矢量 $\boldsymbol{A}$，它仅是时间的函数，矢量 $\boldsymbol{A}$ 的大小和方向都随时间的变化而改变。设 t 时刻该矢量为 $\boldsymbol{A}_1(t)$，$t+\Delta t$ 时刻该矢量为 $\boldsymbol{A}_2(t+\Delta t)$，则在 Δt 时间内，其增量为

$$\Delta A = \boldsymbol{A}_2(t+\Delta t) - \boldsymbol{A}_1(t)$$

当 $\Delta t \to 0$ 时，$\Delta \boldsymbol{A}/\Delta t$ 的极限为

$$\lim_{\Delta t\to 0}\frac{\Delta \boldsymbol{A}}{\Delta t}=\frac{\mathrm{d}\boldsymbol{A}}{\mathrm{d}t} \tag{A-1-27}$$

式中$\frac{\mathrm{d}\boldsymbol{A}}{\mathrm{d}t}$为矢量$\boldsymbol{A}$对时间$t$的导数。

矢量函数的导数常用其分量函数的导数来表示。在直角坐标系中，矢量$\boldsymbol{A}$对时间t的导数可表示为

$$\frac{\mathrm{d}\boldsymbol{A}}{\mathrm{d}t}=\frac{\mathrm{d}A_x}{\mathrm{d}t}\boldsymbol{i}+\frac{\mathrm{d}A_y}{\mathrm{d}t}\boldsymbol{j}+\frac{\mathrm{d}A_z}{\mathrm{d}t}\boldsymbol{k} \tag{A-1-28}$$

显然，$\frac{\mathrm{d}\boldsymbol{A}}{\mathrm{d}t}$是矢量，其大小为

$$\left|\frac{\mathrm{d}\boldsymbol{A}}{\mathrm{d}t}\right|=\sqrt{\left(\frac{\mathrm{d}A_x}{\mathrm{d}t}\right)^2+\left(\frac{\mathrm{d}A_y}{\mathrm{d}t}\right)^2+\left(\frac{\mathrm{d}A_z}{\mathrm{d}t}\right)^2} \tag{A-1-29}$$

利用矢量导数的公式可以得到下列公式。

（1）$\frac{\mathrm{d}}{\mathrm{d}t}(\boldsymbol{A}+\boldsymbol{B})=\frac{\mathrm{d}\boldsymbol{A}}{\mathrm{d}t}+\frac{\mathrm{d}\boldsymbol{B}}{\mathrm{d}t}$

（2）若C为常量，则$\frac{\mathrm{d}}{\mathrm{d}t}(C\boldsymbol{A})=C\frac{\mathrm{d}\boldsymbol{A}}{\mathrm{d}t}$

（3）若$f(t)$是t的可微函数，则$\frac{\mathrm{d}}{\mathrm{d}t}\left[f(t)\boldsymbol{A}\right]=f(t)\frac{\mathrm{d}\boldsymbol{A}}{\mathrm{d}t}+\frac{\mathrm{d}f(t)}{\mathrm{d}t}\boldsymbol{A}$

（4）$\frac{\mathrm{d}}{\mathrm{d}t}(\boldsymbol{A}\cdot\boldsymbol{B})=\boldsymbol{A}\cdot\frac{\mathrm{d}\boldsymbol{B}}{\mathrm{d}t}+\frac{\mathrm{d}\boldsymbol{A}}{\mathrm{d}t}\cdot\boldsymbol{B}$

（5）$\frac{\mathrm{d}}{\mathrm{d}t}(\boldsymbol{A}\times\boldsymbol{B})=\boldsymbol{A}\times\frac{\mathrm{d}\boldsymbol{B}}{\mathrm{d}t}+\frac{\mathrm{d}\boldsymbol{A}}{\mathrm{d}t}\times\boldsymbol{B}$

A.1.5 矢量的积分

矢量函数的积分比较复杂，下面举两个例说明。

首先说明上述导数的逆问题。已知$\frac{\mathrm{d}\boldsymbol{A}}{\mathrm{d}t}=\boldsymbol{B}$，有

$$\mathrm{d}\boldsymbol{A}=\boldsymbol{B}\mathrm{d}t$$

对上式积分并略去积分常数，得

$$\boldsymbol{A}=\int\boldsymbol{B}\mathrm{d}t=\int\left(B_x\boldsymbol{i}+B_y\boldsymbol{j}+B_z\boldsymbol{k}\right)\mathrm{d}t=\left(\int B_x\mathrm{d}t\right)\boldsymbol{i}+\left(\int B_y\mathrm{d}t\right)\boldsymbol{j}+\left(\int B_z\mathrm{d}t\right)\boldsymbol{k} \tag{A-1-30}$$

式中

$$A_x=\int B_x\mathrm{d}t，\ A_y=\int B_y\mathrm{d}t，\ A_z=\int B_z\mathrm{d}t$$

若矢量$\boldsymbol{A}$沿如图 A-1-11 所示的曲线变化，则

$$\int \boldsymbol{A} \cdot \mathrm{d}\boldsymbol{s}$$

为矢量 $\boldsymbol{A}$ 沿此曲线的线积分。由于

$$\boldsymbol{A} = A_x\boldsymbol{i} + A_y\boldsymbol{j} + A_z\boldsymbol{k}$$

$$\mathrm{d}\boldsymbol{s} = \mathrm{d}x\boldsymbol{i} + \mathrm{d}y\boldsymbol{j} + \mathrm{d}z\boldsymbol{k}$$

$$\boldsymbol{A} \cdot \mathrm{d}\boldsymbol{s} = A_x\mathrm{d}x + A_y\mathrm{d}y + A_z\mathrm{d}z$$

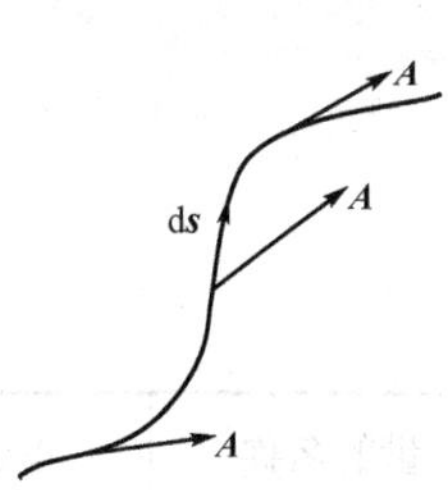

图 A-1-11 矢量的线积分

所以

$$\int \boldsymbol{A} \cdot \mathrm{d}\boldsymbol{s} = \int A_x\mathrm{d}x + \int A_y\mathrm{d}y + \int A_z\mathrm{d}z \tag{A-1-31}$$

若上式中的矢量 $\boldsymbol{A}$ 为力，d$\boldsymbol{s}$ 为元位移，则式（A-1-31）就是变力做功的计算式。

A.2　国际单位制的基本单位

量的名称	单位名称	单位符号	定　义
长度	米（meter）	m	米是光在真空中（1/299 792 458）s 的时间间隔内所经路径的长度
质量	千克（kilogram）	kg	千克等于国际千克原器的质量
时间	秒（second）	s	秒是铯-133 原子基态的两个超精细能级之间跃迁所对应的辐射的 9 192 631 770 个周期的持续时间
电流	安［培］（Ampere）	A	在真空中，截面积可忽略的两根相距 1 m 的无限长平行圆直导线内通以等量恒定电流时，若导线间相互作用力在每米长度上为 2×10^{-7} N，则每根导线中的电流为 1 A
热力学温度	开［尔文］（Kelvin）	K	开尔文是水三相点热力学温度的 1/273.16
物质的量	摩［尔］（mole）	mol	摩尔是一系统的物质的量，该系统中所包含的基本单元数与 0.012 kg 碳-12 的原子数相等。在使用摩尔时，基本单元应予指明，可以是原子、分子、离子、电子及其他粒子，或是这些粒子的特定组合
发光强度	坎［德拉］（candle）	cd	坎德拉是一光源在给定方向上的发光强度，该光源发出频率为 540×10^{12} Hz 的单色辐射，且在此方向上的辐射强度为（1/683）W/sr

注：去掉中括号时为单位名称的全称，去掉中括号中的字时为单位名称的简称；无中括号的单位名称，简称与全称相同。

A.3 国际单位制中的单位词头

词头名称	英文	符号	幂	词头名称	英文	符号	幂
十	deka	da	10^{1}	分	deci	d	10^{-1}
百	hecto	h	10^{2}	厘	centi	c	10^{-2}
千	kilo	k	10^{3}	毫	milli	m	10^{-3}
兆	mega	M	10^{6}	微	micro	μ	10^{-6}
吉［咖］	giga	G	10^{9}	纳［诺］	nano	n	10^{-9}
太［拉］	tera	T	10^{12}	皮［可］	pico	p	10^{-12}
拍［它］	peta	P	10^{15}	飞［母托］	femto	f	10^{-15}
艾［可萨］	exa	E	10^{18}	阿［托］	atto	a	10^{-18}
泽［它］	zetta	Z	10^{21}	仄［普托］	zepto	z	10^{-21}
尧［它］	yotta	Y	10^{24}	幺［科托］	yocto	y	10^{-24}
容［那］	ronna	R	10^{27}	柔［托］	roato	r	10^{-27}
昆［它］	quetta	Q	10^{30}	亏［科托］	quecto	q	10^{-30}

A.4 常用物理量的名称、符号和单位一览表

物理量名称	物理量符号	单位名称	单位符号
长度	l, L	米	m
面积	S, A	平方米	m^2
体积，容积	V	立方米	m^3
质量	m	千克	kg
时间	t	秒	s
速度	v, u, c	米每秒	m/s
加速度	a	米每二次方秒	m/s^2
角	α，β，γ，θ，φ等	弧度	rad
角速度	ω	弧度每秒	rad/s
角加速度	α	弧度每二次方秒	rad/s^2
转速	n	每秒	1/s
力	F	牛顿	N
摩擦因数	μ	—	1
动量	p	千克米每秒	kg·m/s
冲量	I	牛顿秒	N·s
功	W	焦耳	J
能量，热量	E，E_k，E_p，Q	焦耳	J
功率	P	瓦特	W
力矩	M	牛顿米	N·m
转动惯量	J	千克二次方米	$kg \cdot m^2$
角动量	L	千克二次方米每秒	$kg \cdot m^2/s$
密度	ρ	千克每立方米	kg/m^3
面密度	σ	千克每平方米	kg/m^2

续表

物理量名称	物理量符号	单位名称	单位符号
线密度	λ	千克每米	kg/m
劲度系数	k	牛顿每米	N/m
周期	T	秒	s
频率	ν	赫兹	Hz
角频率	ω	弧度每秒	rad/s
波长	λ	米	m
波数	$\tilde{\nu}$	每米	1/m
角波数	k	弧度每米	rad/m
振幅	A	米	m
声强	I	瓦特每平方米	W/m^2
声强级	L	分贝	dB
压强	p	帕斯卡	Pa
热力学温度	T	开尔文	K
摄氏温度	t	摄氏度	℃
物质的量	ν	摩尔	mol
摩尔质量	M_{mol}	千克每摩尔	kg/mol
分子平均自由程	$\bar{\lambda}$	米	m
分子平均碰撞频率	$\bar{Z}$	次每秒	1/s
比热容	c	焦耳每千克开尔文	J/(kg·K)
摩尔热容	$C_{\mathrm{m}}, C_{V,\mathrm{m}}, C_{p,\mathrm{m}}$	焦耳每摩尔开尔文	J/(mol·K)
比热容比	γ	—	1
热机效率	η	—	1
制冷机的制冷系数	e	—	1
熵	S	焦耳每开	J/K
电量	q, Q	库伦	C
电场强度	E	伏特每米	V/m

续表

物理量名称	物理量符号	单位名称	单位符号
真空电容率	ε_0	法拉每米	F/m
相对电容率	ε_r	—	1
电场强度通量	Φ_e	伏特米	V·m
电势能	W_p	焦耳	J
电势	U	伏特	V
电势差	U_{ab}	伏特	V
电偶极矩	p	库伦米	C·m
电容	C	法拉	F
电位移	D	库伦每平方米	C/m^2
电流	I	安培	A
电流密度	j	安培每平方米	A/m^2
电阻	R	欧姆	Ω
电阻率	ρ	欧姆米	Ω·m
电动势	$\mathscr{E}$	伏特	V
磁感应强度	B	特斯拉	T
磁矩	p_m	安培平方米	$A\cdot m^2$
真空磁导率	μ_0	亨利每米	H/m
相对磁导率	μ_r	—	1
磁场强度	H	安培每米	A/m
磁通量	Φ_m	韦伯	Wb
自感系数	L	亨利	H
互感系数	M	亨利	H
位移电流	I_d	安培	A
辐射出射度	M	瓦特每平方米	W/m^2
普朗克常量	h	焦耳秒	J·s
里德伯常数	R	每米	1/m
波函数	Ψ	—	1

A.5 基本物理常量

物理量	符号	数值	单位	相对标准不确定度
真空中的光速	c	$2.99\,792\,458\times10^{8}$	m/s	精确
普朗克常量	h	$6.626\,070\,15\times10^{-34}$	J・s	精确
约化普朗克常量	$h/2\pi$	$1.054\,571\,817\cdots\times10^{-34}$	J・s	精确
元电荷	e	$1.602\,176\,634\times10^{-19}$	C	精确
阿伏伽德罗常量	N_A	$6.022\,140\,76\times10^{23}$	1/mol	精确
摩尔气体常量	R	$8.314\,462\,618\cdots$	J/(mol・K)	精确
玻尔兹曼常量	k	$1.380\,649\times10^{-23}$	J/K	精确
理想气体标准条件下的摩尔体积	V_m	$0.022\,413\,969\,54\cdots$	m^3/mol	精确
斯特潘—玻尔兹曼常量	σ	$5.670\,374\,419\cdots\times10^{-8}$	W/(m^2・K^4)	精确
维恩位移定律常量	b	$2.897\,771\,955\times10^{-3}$	m・K	精确
引力常量	G	6.674 30（15）$\times10^{-11}$	m^3/(kg・s^2)	2.2×10^{-5}
真空磁导率	μ_0	1.256 637 062 12（19）$\times10^{-6}$	N/A^2	1.5×10^{-10}
真空介电常量	ε_0	8.854 187 812 8（13）$\times10^{-12}$	F/m	1.5×10^{-10}
电子质量	m_e	9.109 383 701 5（28）$\times10^{-31}$	kg	3.0×10^{-10}
电子荷质比	$-e/m_e$	−1.758 820 010 76（53）$\times10^{11}$	C/kg	3.0×10^{-10}
质子质量	m_p	1.672 621 923 69（51）$\times10^{-27}$	kg	3.1×10^{-10}
中子质量	m_n	1.674 927 498 04（95）$\times10^{-27}$	kg	5.7×10^{-10}
原子质量常量	m_u	1.660 539 066 60（50）$\times10^{-27}$	kg	3.0×10^{-10}
里德伯常量	R_∞	1.097 373 156 816 0（21）$\times10^{7}$	1/m	1.9×10^{-12}
精细结构常数	α	7.297 352 569 3（11）$\times10^{-3}$		1.5×10^{-10}
精细结构常数的倒数	α^{-1}	137.035 999 084（21）		1.5×10^{-10}
玻尔磁子	μ_B	9.274 010 078 3（28）$\times10^{-24}$	J/T	3.0×10^{-10}
核磁子	μ_N	5.050 783 746 1（15）$\times10^{-27}$	J/T	3.1×10^{-10}
玻尔半径	a_0	5.291 772 109 03（80）$\times10^{-11}$	m	1.5×10^{-10}
康普顿波长	λ_c	2.426 310 238 67（73）$\times10^{-12}$	m	3.0×10^{-10}

注：表中数据为国际科学理事会（ISC）国际数据委员会（CODATA）2018 年的国际推荐值。

A.6 常用天文数据

常用天文量	具体数值	常用天文量	具体数值
太阳质量	1.99×10^{30} kg	地球平均密度	5.5×10^{3} kg/m^3
太阳平均密度	1.41×10^{3} kg/m^3	地球公转平均速度	29.79 km/s
太阳半径	6.96×10^{5} km	地球自转周期	23 h 56 min 4 s
太阳中心温度	1.5×10^{7} K	月球质量	7.35×10^{22} kg
地球表面重力加速度（赤道）	9.780 m/s^2	月球半径	1 737 km
地球表面重力加速度（两极）	9.832 m/s^2	月球迟到表面重力加速度	1.62 m/s^2
地球质量	5.98×10^{24} kg	日地平均距离	1.496×10^{8} km
地球半径	6.37×10^{6} m（平均值） $6.378\ 2\times10^{6}$ m（赤道） $6.356\ 8\times10^{6}$ m（两极）	月地平均距离	（384 401±1）km

A.7 希腊字母

小写	大写	英文名称	小写	大写	英文名称
α	Α	alpha	ν	Ν	nu
β	Β	beta	ξ	Ξ	xi
γ	Γ	gamma	ο	Ο	omicron
δ	Δ	delta	π	Π	pi
ε	Ε	epsilon	ρ	Ρ	rho
ζ	Ζ	zeta	σ	Σ	sigma
η	Η	eta	τ	Τ	tau
θ	Θ	theta	υ	ϒ	upsilon
ι	Ι	iota	φ(ϕ)	Φ	phi
κ	Κ	kappa	χ	Χ	chi
λ	Λ	lambda	ψ	Ψ	psi
μ	Μ	mu	ω	Ω	omega

A.8 历年诺贝尔物理学奖获得者一览表

年份	获奖者	国籍	获奖原因
1901	威廉·康拉德·伦琴	德国	发现X射线
1902	彼得·塞曼	荷兰	发现磁场对辐射现象的影响，即塞曼效应
	亨得里克·安顿·洛伦兹	荷兰	对塞曼效应的理论研究
1903	安东尼·亨利·贝克勒尔	法国	发现天然放射性
	皮埃尔·居里	法国	对天然放射性的研究
	玛丽·居里	法籍波兰人	
1904	瑞利	英国	对一些重要气体密度的测定，以及由这些研究而发现氩气体
1905	菲利普·莱纳德	德籍匈牙利人	关于阴极射线的研究
1906	约瑟夫·汤姆孙	英国	对气体导电的理论和实验研究
1907	阿尔伯特·迈克耳孙	美籍普鲁士人	精密光学仪器，以及借助它们所做的光谱学和计量学的研究
1908	加布里埃尔·李普曼	法国	发明应用干涉现象的彩色照相法
1909	伽利尔摩·马可尼	意大利	他们对无线电报的发展的贡献
	卡尔·费迪南德·布劳恩	德国	
1910	约翰尼斯·迪德里克·范·德·瓦耳斯（范德华）	荷兰	关于气体和液体的状态方程的研究
1911	威廉·维恩	德国	发现那些影响热辐射的定律
1912	尼尔斯·古斯塔夫·达伦	瑞典	发明用于控制灯塔和浮标中气体蓄积器的自动调节阀
1913	海克·卡末林·昂内斯	荷兰	在低温下物体性质的研究以及由此制成液态氦
1914	马克斯·冯·劳厄	德国	发现晶体中的X射线衍射现象
1915	威廉·亨利·布拉格	英国	用X射线对晶体结构的研究
	威廉·劳伦斯·布拉格	英国	
1916	未颁奖		
1917	查尔斯·格洛弗·巴克拉	英国	发现元素的特征伦琴辐射

续表

年份	获奖者	国籍	获奖原因
1918	马克斯·普朗克	德国	发现能量子，并据此对物理学进展所做的贡献
1919	约翰尼斯·斯塔克	德国	发现极隧射线的多普勒效应以及电场作用下谱线的分裂现象
1920	夏尔·爱德华·纪尧姆	瑞士	发现镍钢合金的反常现象及其在精密物理学中的重要性
1921	阿尔伯特·爱因斯坦	瑞士美籍德国人	在理论物理学方面的成就，特别是发现光电效应定律
1922	尼尔斯·玻尔	丹麦	研究原子结构和原子辐射
1923	罗伯特·安德鲁·密立根	美国	在基本电荷以及光电效应方面的工作
1924	曼内·西格巴恩	瑞典	X射线光谱学领域的发现和研究
1925	詹姆斯·弗兰克	德国	发现原子和电子碰撞的规律
	古斯塔夫·路德维希·赫兹	德国	
1926	让·佩兰	法国	物质结构不连续性的研究和发现沉积平衡
1927	阿瑟·康普顿	美国	发现光子与自由电子的非弹性散射作用，即康普顿效应
	查尔斯·威耳逊	英国	发明通过水蒸气的凝结来显示带电荷的粒子的轨迹的方法
1928	欧文·里查孙	英国	在热离子方面的工作，特别是发现里查孙定律
1929	路易·德布罗意	法国	发现电子的波动性
1930	钱德拉塞卡拉·文卡塔·拉曼	印度	发现光散射的拉曼效应
1931	未颁奖		
1932	维尔纳·海森堡	德国	创立量子力学矩阵力学和提出不确定关系
1933	埃尔温·薛定谔	奥地利	创立量子力学非相对论波动力学即薛定谔方程
	保罗·狄拉克	英国	创立量子力学相对论波动力学即狄拉克方程
1934	未颁奖		
1935	詹姆斯·查德威克	英国	发现中子
1936	维克托·弗朗西斯·赫斯	奥地利	发现宇宙射线
	卡尔·戴维·安德森	美国	发现正电子
1937	克林顿·约瑟夫·戴维孙	美国	发现电子在晶体中的衍射的现象
	乔治·佩吉特·汤姆森	英国	

续表

年份	获奖者	国籍	获奖原因
1938	恩里科・费米	美籍意大利人	用中子辐照的方法产生的新放射性元素，以及在研究中发现慢中子引发的核反应的
1939	欧内斯特・劳伦斯	美国	发明和发展回旋加速器，用加速器取得成果，特别是产生人工放射性元素
1940	未颁奖		
1941	未颁奖		
1942	未颁奖		
1943	奥托・施特恩	美籍德国人	发展分子束方法的贡献以及发现质子的磁矩
1944	伊西多・艾萨克・拉比	美籍奥地利人	利用共振方法记录原子核的磁矩
1945	沃尔夫冈・泡利	美籍奥地利人	发现泡利不相容原理
1946	珀西・布里奇曼	美国	发明获得超高压的装置以及在高压物理学领域的工作
1947	爱德华・维克托・阿普尔顿	英国	对高层大气的物理学的研究，特别是对所谓阿普顿层的发现
1948	帕特里克・布莱克特	英国	改进威尔逊云雾室方法和由此在核物理和宇宙射线领域的发现
1949	汤川秀树	日本	以核的理论的基础上预言介子的存在
1950	塞西尔・弗兰克・鲍威尔	英国	发展核乳胶方法，发现 π 介子
1951	约翰・道格拉斯・科克罗夫特	英国	用人工加速原子产生原子核嬗变方面的开创性工作
	欧内斯特・沃吞	爱尔兰	
1952	费利克斯・布洛赫	美籍瑞士人	对核磁精密测量新方法的发展及有关发现
	爱德华・米尔斯・珀塞尔	美国	
1953	弗里茨・塞尔尼克	荷兰	相衬法的证实，特别是发明相衬显微镜
1954	马克斯・玻恩	英籍德国人	在量子力学领域的基础研究，特别是对波函数的统计解释
	瓦尔特・博特	德国	提出符合法以及以此获得的发现
1955	威利斯・尤金・兰姆	美国	发现氢光谱的精细结构
	波利卡普・库施	美籍德国人	电子磁矩的精密测定
1956	威廉・肖克利	美国	对半导体的研究和发现晶体管效应
	约翰・巴丁	美国	
	沃尔特・豪泽・布喇顿	美国	

续表

年份	获奖者	国籍	获奖原因
1957	杨振宁	美籍华人	对宇称不守恒定律的研究，该定律导致了有关基本粒子的许多重大发现
	李政道	美籍华人	
1958	帕维尔·阿列克谢耶维奇·切连科夫	苏联	发现并解释切伦科夫辐射
	伊利亚·弗兰克	苏联	
	伊戈尔·叶夫根耶维奇·塔姆	苏联	
1959	埃米利奥·吉诺·塞格雷	美籍意大利人	发现反质子
	欧文·张伯伦	美国	
1960	唐纳德·格拉泽	美国	发明气泡室
1961	罗伯特·霍夫施塔特	美国	关于原子核对电子散射的先驱性研究并由此得到原子核结构的理论
	鲁道夫·路德维希·穆斯堡尔	联邦德国	对 γ 射线共振吸收现象的研究以及发现穆斯堡尔效应
1962	列夫·达维多维奇·朗道	苏联	对物质凝聚态理论的研究，特别是液氦理论的研究
1963	耶诺·帕尔·维格纳	美籍匈牙利人	对原子核和基本粒子理论的贡献，特别是发现和应用对称性基本原理的贡献
	玛丽亚·格佩特–梅耶	美籍德国人	发现原子核的壳层结构
	约翰内斯·延森	联邦德国	
1964	查尔斯·哈德·汤斯	美国	产生激光光束的振荡器和放大器的研究工作，微波激射器的制作
	尼古拉·根纳季耶维奇·巴索夫	苏联	
	亚历山大·普罗霍罗夫	苏联	
1965	朝永振一郎	日本	量子电动力学方面的基础性研究
	朱利安·施温格	美国	
	理查德·菲利普·费曼	美国	
1966	阿尔弗雷德·卡斯特勒	法国	发现和发展了研究原子中赫兹共振的光学方法
1967	汉斯·贝特	美籍德国人	核反应理论的贡献，特别是关于恒星能源产生的理论
1968	路易斯·阿尔瓦雷茨	美国	对粒子物理学的决定性贡献，特别是通过发展了氢气泡室技术和数据分析方法从而发现大量共振态

续表

年份	获奖者	国籍	获奖原因
1969	默里·盖尔曼	美国	对基本粒子的分类和相互作用的研究发现
1970	汉尼斯·奥洛夫·哥斯达·阿尔文	瑞典	等离子体物理和磁流体动力学的基本研究和发现
	路易·奈耳	法国	反铁磁性和铁氧体磁性的基本研究和发现
1971	丹尼斯·加博尔	英籍匈牙利人	发明并发展全息照相法
1972	约翰·巴丁	美国	提出了超导微观理论，即常说的 BCS 理论
	利昂·库珀	美国	
	约翰·罗伯特·施里弗	美国	
1973	江崎玲于奈	日本	发现半导体的隧道效应
	伊瓦尔·贾埃弗	美籍挪威人	发现超导体的隧道效应
	布赖恩·戴维·约瑟夫森	英国	从理论上语言了通过隧道势垒的超电流的性质，特别是约瑟夫森效应
1974	马丁·赖尔	英国	对射电天体物理学的开创性研究，特别是发展了孔径综合技术
	安东尼·休伊什	英国	对射电天体物理学的开创性研究，特别是在发现脉冲星方面的关键性作用
1975	奥格·尼尔斯·玻尔	丹麦	发现原子核中集体运动和粒子运动之间的联系，并且根据这种联系发展了有关原子核结构的理论
	本·罗伊·莫特森	丹麦籍美国人	
	利奥·詹姆斯·雷恩沃特	美国	
1976	伯顿·里克特	美国	发现 J/ψ 粒子
	丁肇中	美籍华人	
1977	菲利普·沃伦·安德森	美国	对磁性和无序系统电子结构的基础研究
	内维尔·弗朗西斯·莫特	英国	
	约翰·凡扶累克	美国	
1978	彼得·卡皮查	苏联	低温物理领域的发明和发现
	阿诺·彭齐亚斯	美籍德国人	发现宇宙微波背景辐射
	罗伯特·威尔逊	美国	
1979	谢尔登·格拉肖	美国	关于基本粒子间弱相互作用和电磁相互作用的统一理论的，特别是预言弱中性流的贡献
	阿卜杜勒·萨拉姆	巴基斯坦	
	史蒂文·温伯格	美国	

续表

年份	获奖者	国籍	获奖原因
1980	詹姆斯·沃森·克罗宁	美国	发现中性K介子衰变时存在CP不对称性
	瓦尔·洛格斯登·菲奇	美国	
1981	凯·西格巴恩	瑞典	在发展高分辨率的电子光谱技术中的贡献
	尼古拉斯·布隆伯根	美籍荷兰人	对发展激光光谱技术中的贡献
	阿瑟·伦纳德·肖洛	美国	
1982	肯尼斯·威尔逊	美国	对与相转变有关的临界现象理论的贡献
1983	苏布拉马尼扬·钱德拉塞卡	美籍印度人	有关恒星结构及其演化理论的研究
	威廉·福勒	美国	对宇宙中形成化学元素的核反应的理论和实验研究
1984	卡洛·鲁比亚	意大利	对导致发现弱相互作用传递者，场粒子W和Z的大型项目的决定性贡献
	西蒙·范德梅尔	荷兰	
1985	克劳斯·冯·克利青	联邦德国	发现量子霍尔效应
1986	恩斯特·鲁斯卡	联邦德国	电子光学的基础工作和研制出第一台电子显微镜
	格尔德·宾宁	联邦德国	研制扫描隧道显微镜
	海因里希·罗雷尔	瑞士	
1987	约翰内斯·格奥尔格·贝德诺尔茨	德国	在发现陶瓷材料中的超导电性所作的重大突破
	卡尔·亚历山大·缪勒	瑞士	
1988	利昂·莱德曼	美国	在中微子束方法和通过发现μ子型中微子从而验证轻子二重态结构方面作出了贡献
	梅尔文·施瓦茨	美国	
	杰克·施泰因贝格尔	美国	
1989	诺曼·拉姆齐	美国	发明分离振荡场方法及其在氢激微波和其他原子钟中的应用
	汉斯·格奥尔格·德默尔特	美籍德国人	发展离子陷阱技术
	沃尔夫冈·保罗	德国	
1990	杰尔姆·弗里德曼	美国	电子在质子和被绑定的中子上的深度非弹性散射的开创性研究
	亨利·肯德尔	美国	
	理查·泰勒	加拿大	
1991	皮埃尔-吉勒·德热纳	法国	将研究简单系统中有序现象的方法推广到比较复杂的物质形式，特别是推广到液晶和聚合物的研究中

续表

年份	获奖者	国籍	获奖原因
1992	乔治·夏帕克	法国	发明并发展了粒子探测器，特别是多丝正比室
1993	拉塞尔·赫尔斯	美国	发现新一类脉冲星，为研究引力开辟了新的可能性
	约瑟夫·胡顿·泰勒	美国	
1994	伯特伦·布罗克豪斯	加拿大	发展了中子谱学
	克利福德·沙尔	美国	发展了中子衍射技术的
1995	马丁·佩尔	美国	发现了τ轻子
	弗雷德里克·莱因斯	美国	发现了中微子
1996	戴维·李	美国	发现了在氦-3里的超流动性
	道格拉斯·奥谢罗夫	美国	
	罗伯特·理查德森	美国	
1997	朱棣文	美籍华人	发展了用激光冷却和捕获原子的方法
	科昂·塔努吉	法国	
	威廉·菲利普斯	美国	
1998	罗伯特·劳克林	美国	发现了分数量子霍尔效应
	霍斯特·路德维希·施特默	美籍德国人	
	崔琦	美籍华人	
1999	杰拉德·特·霍夫特	荷兰	阐明物理学中弱电相互作用的量子结构
	马丁纽斯·韦尔特曼	荷兰	
2000	若雷斯·阿尔费罗夫	俄国	发展了用于高速电子学和光电子学的半导体异质结构
	赫伯特·克勒默	美国	
	杰克·基尔比	美国	在发明集成电路中所作的贡献
2001	埃里克·康奈尔	美国	在碱性原子稀薄气体的玻色-爱因斯坦凝聚态方面取得的成就，以及凝聚态物质属性质的早期基础性研究
	卡尔·韦曼	美国	
	沃尔夫冈·克特勒	德国	
2002	雷蒙德·戴维斯	美国	在天体物理学领域作出的先驱性贡献，尤其是在探测宇宙中微子方面取得的成就
	小柴昌俊	日本	
	里卡尔多·贾科尼	美国	在天体物理学领域作出的先驱性贡献，尤其是在发现宇宙X射线源方面取得的成就

续表

<table>
<tr><th>年份</th><th>获奖者</th><th>国籍</th><th>获奖原因</th></tr>
<tr><td rowspan="3">2003</td><td>阿列克谢·阿布里科索夫</td><td>美籍俄罗斯人</td><td rowspan="3">对超导体和超流体理论做出的先驱性贡献</td></tr>
<tr><td>维塔利·金兹堡</td><td>俄罗斯</td></tr>
<tr><td>安东尼·莱格特</td><td>美籍英国</td></tr>
<tr><td rowspan="3">2004</td><td>戴维·格罗斯</td><td>美国</td><td rowspan="3">发现了强相互作用理论中的渐近自由现象</td></tr>
<tr><td>戴维·普利策</td><td>美国</td></tr>
<tr><td>弗朗克·韦尔切克</td><td>美国</td></tr>
<tr><td rowspan="3">2005</td><td>罗伊·格劳伯</td><td>美国</td><td>对光学相干的量子理论的贡献</td></tr>
<tr><td>约翰·霍尔</td><td>美国</td><td rowspan="2">对包括光频梳技术在内的，基于激光的精密光谱学发展作出的贡献</td></tr>
<tr><td>特奥多尔·亨施</td><td>德国</td></tr>
<tr><td rowspan="2">2006</td><td>约翰·马瑟</td><td>美国</td><td rowspan="2">发现宇宙微波背景辐射的黑体形式和各向异性</td></tr>
<tr><td>乔治·斯穆特</td><td>美国</td></tr>
<tr><td rowspan="2">2007</td><td>艾尔伯·费尔</td><td>法国</td><td rowspan="2">发现巨磁阻效应</td></tr>
<tr><td>彼得·格林贝格尔</td><td>德国</td></tr>
<tr><td rowspan="3">2008</td><td>小林诚</td><td>美籍日本人</td><td rowspan="2">发现对称性破缺的来源，并预测了至少三大类夸克在自然界中的存在</td></tr>
<tr><td>益川敏英</td><td>日本</td></tr>
<tr><td>南部阳一郎</td><td>日本</td><td>发现亚原子物理学的自发对称性破缺机制</td></tr>
<tr><td rowspan="3">2009</td><td>高锟</td><td>英国华裔</td><td>在光学通信领域光在纤维中传输方面的突破性成就</td></tr>
<tr><td>威拉德·博伊尔</td><td>美国</td><td rowspan="2">发明半导体成像器件电荷耦合器件</td></tr>
<tr><td>乔治·史密斯</td><td>美国</td></tr>
<tr><td rowspan="2">2010</td><td>安德烈·海姆</td><td>荷兰籍
俄罗斯人</td><td rowspan="2">在二维石墨烯材料的开创性实验研究</td></tr>
<tr><td>康斯坦丁·诺沃肖洛夫</td><td>俄罗斯和美国
双重国籍</td></tr>
<tr><td rowspan="3">2011</td><td>布莱恩·施密特</td><td>美籍
澳大利亚人</td><td rowspan="3">透过观测遥距超新星而发现宇宙加速膨胀</td></tr>
<tr><td>亚当·里斯</td><td>美国</td></tr>
<tr><td>索尔·珀尔马特</td><td>美国</td></tr>
<tr><td rowspan="2">2012</td><td>塞尔日·阿罗什</td><td>法国</td><td rowspan="2">能够量度和操控个体量子系统的突破性实验手法</td></tr>
<tr><td>大卫·维因兰德</td><td>美国</td></tr>
</table>

续表

年份	获奖者	国籍	获奖原因
2013	彼得·希格斯	英国	对希格斯玻色子的预测
	弗朗索瓦·恩格勒	比利时	
2014	赤崎勇	日本	发明高亮度蓝色发光二极管
	天野浩	日本	
	中村修二	美籍日裔	
2015	梶田隆章	日本	发现中微子振荡现象，表明中微子拥有质量
	阿瑟·麦克唐纳	加拿大	
2016	戴维·索利斯	美国	发现了物质的拓扑相变和拓扑相
	迈克尔·科斯特利茨	美国	
	邓肯·霍尔丹	美国	
2017	基普·S. 索恩	美国	在LIGO探测器和引力波观测方面的决定性贡献
	巴里·巴里什	美国	
	雷纳·韦斯	美国	
2018	亚瑟·阿斯金	美国	在激光物理领域的突破性发明
	杰哈·莫罗	法国	
	唐娜·斯特里克兰	加拿大	
2019	詹姆斯·皮布尔斯	加拿大	宇宙学相关研究
	米歇尔·马约尔	瑞士	首次发现太阳系外行星
	迪迪埃·奎洛兹	瑞士	
2020	罗杰·彭罗斯	英国	发现黑洞的形成是对广义相对论的稳定预测
	莱因哈德·根泽尔	德国	发现银河系中心的超大致密物体
	安德烈亚·盖兹	美国	
2021	真锅淑郎	美籍日裔	对地球气候的物理建模、量化可变性和可靠地预测全球变暖的贡献
	克劳斯·阿塞尔曼	美国	
	乔治·帕里西	意大利	发现了从原子到行星尺度的物理系统中无序和涨落之间的相互影响
2022	阿兰·阿斯派特	法国	用纠缠光子进行实验，确立了对贝尔不等式的不成立，开创量子信息科学
	约翰·克劳瑟	美国	
	安东·泽林格	奥地利	

续表

年份	获奖者	国籍	获奖原因
2023	皮埃尔·阿戈斯蒂尼	法国	为研究物质中电子动力学而产生阿秒激光脉冲的实验方法
	费伦茨·克劳斯	匈牙利	
	安妮·勒伊耶	法国瑞典裔	
2024	约翰·霍普菲尔德	美国	基于人工神经网络实现机器学习的基础性发现和发明
	杰弗里·辛顿	加拿大	

参考文献

[1] 东南大学等七所工科院校．物理学［M］．7 版．北京：高等教育出版社，2020.

[2] 吴百诗．大学物理［M］．西安：西安交通大学出版社，2019.

[3] 赵金芳，王登龙．大学物理学［M］．6 版．北京：北京邮电大学出版社，2021.

[4] 吕金钟．大学物理简明教程［M］．2 版．北京：清华大学出版社，2014.

[5] 张三慧．大学物理学［M］．3 版．北京：清华大学出版社，2021.

[6] 赵凯华，罗蔚茵．新概念物理学教程［M］．北京：高等教育出版社，2023.

[7] 张汉壮．力学［M］．4 版．北京：高等教育出版社，2019.

[8] 漆安慎，杜婵英．力学［M］．2 版．北京：高等教育出版社，2012.

[9] 赵凯华，陈熙谋．电磁学［M］．4 版．北京：高等教育出版社，2018.

[10] 周世勋，陈灏原．量子力学教程［M］．4 版．北京：高等教育出版社，2022.

[11] 曾谨言．量子力学教程［M］．5 版．北京：科学出版社，2014.

[12] 教育部高等学校大学物理课程教学指导委员会．理工科类大学物理课程教学基本要求 理工科类大学物理实验课程教学基本要求［M］．2023 年版．北京：高等教育出版社，2023.